大学数学教学丛书

数学分析中的思想方法

崔国忠　郭从洲　王耀革　主编

科 学 出 版 社

北　京

内 容 简 介

本书根据数学分析课程知识点的正常教学顺序设计, 共六十讲. 主要通过极限、实数基本定理、微积分和无穷级数等教学内容介绍数学分析中的思想方法. 书中内容既有细致到具体小知识点的思想方法, 也有覆盖到数学分析大知识体系的思想方法. 通过这些基本思想方法的讲解, 使读者能够在较短时间内掌握数学分析思想, 对数学分析内容有深刻的理解, 也可以掌握挖掘数学思想方法的方法.

本书可作为普通高等院校数学系学生学习数学分析的辅导书和任课教师的教学助手, 也可作为数学爱好者的参考图书.

图书在版编目(CIP)数据

数学分析中的思想方法/崔国忠, 郭从洲, 王耀革主编. —北京:科学出版社, 2023.6
大学数学教学丛书
ISBN 978-7-03-074632-0

Ⅰ.①数⋯ Ⅱ.①崔⋯ ②郭⋯ ③王⋯ Ⅲ.①数学分析-高等学校-教学参考资料 Ⅳ.①O17

中国国家版本馆 CIP 数据核字(2023) 第 013213 号

责任编辑: 张中兴 梁 清 贾晓瑞 / 责任校对: 杨聪敏
责任印制: 张 伟 / 封面设计: 蓝正设计

科 学 出 版 社 出版
北京东黄城根北街 16 号
邮政编码: 100717
http://www.sciencep.com
北京九州迅驰传媒文化有限公司印刷
科学出版社发行 各地新华书店经销
*
2023 年 6 月第 一 版 开本: 720 × 1000 1/16
2024 年 8 月第三次印刷 印张: 19 1/2
字数: 393 000
定价: 79.00 元
(如有印装质量问题, 我社负责调换)

前　言

2018 年, 在科学出版社的帮助下, 我们出版了一套基于结构分析的《数学分析》教材, 希望能以独特的统一方法揭示数学分析经典理论中隐含的数学思想和方法. 经过几年的教学实践和思考, 我们总感觉受教学时长的限制, 仅通过教材无法完全表达其中的内涵, 于是就萌生了单独写一本数学分析教学参考书或者科普读物的想法, 用来介绍数学分析中蕴含的思想方法.

数学分析是以微积分为主要内容的一门数学系主干课程, 它是很多后续课程的基础, 它的很多处理问题的思想方法, 比如定量化分析思想、形式统一思想、化繁为简思想、从特殊到一般的思想等等, 几乎影响了所有的理工科领域. 数学中的思想方法不会是独立存在的, 它一定表现在某个具体的问题当中, 从具体问题中抽象出来, 并应用到一个个的新问题中去. 这个规律就告诉我们, 在数学分析教学中, 教师要通过一个具体的表象或问题, 挖掘其中的数学内涵, 形成基本概念和准确明晰的结论或定理, 并将该结论或定理传递到工程应用中去, 完成一个微知识环, 从而让学生感受到数学内在的能量和魅力.

本书根据数学分析课程知识点的教学顺序撰写, 以 "讲" 的形式区分 "章" 或 "节". 首先, 以概要的形式总结微积分中的思想方法, 延续了自编《数学分析》教材的编写脉络; 其次, 借助本原性问题驱动理论, 从数学理论、历史背景、认知规律、价值体现四个维度, 阐述当时历史视角下人类认知数学的客观过程; 最后, 用 "简单小结" 凝练数学内涵、表述数学思想.

本书的编著目的是希望能够提升学生发现问题、分析问题、解决问题的能力;

让学生感受数学之美, 热爱数学、热爱科学, 探索未知、勇攀知识高峰. 这与 2020 年教育部印发的《高等学校课程思政建设指导纲要》中对理学、工学类专业课程的指导意见完全一致. 借课程思政教学改革的东风, 在信息工程大学基础部和科学出版社的大力支持下, 本书得以出版, 在此表示深深的谢意!

受编者水平限制, 书中难免存在缺点与疏漏, 恳请广大读者不吝指正.

编　者

2023 年 1 月

目　　录

第 1 讲　微分学和积分学中的思想方法

微分学和积分学理论是数学分析的核心理论, 那么, 作为从实践中来到实践中去的数学理论, 这些理论中蕴藏着什么样的分析问题和解决问题的思想方法呢?

微积分思想方法产生的时代, 有大量的现实问题亟待解决, 这些问题主要可以归结为四种类型: 一是研究运动物体的速度和加速度; 二是计算曲线的切线; 三是求函数的最大 (小) 值; 四是求曲线所围的面积、曲面所围的体积等. 由此可以看出, 自然科学中的实际应用问题最终抽象成了数学问题. 这些问题吸引了当时的数学家, 他们为解决这些问题做出了出色的工作, 也使微积分得以诞生, 其中最杰出的工作应归功于英国科学家 Newton (牛顿) 和德国科学家 Leibniz (莱布尼茨), 显然, 他们是在前人工作的基础上发明了微积分, 这些人有 Galileo (伽利略)、Kepler (开普勒)、Cavalieri (卡瓦列里)、Descartes (笛卡儿)、Fermat (费马)、Barrow (巴罗) 等一大批同样杰出的科学家.

上面的四类问题, 按现在的观点, 前三类属于微分学, 后者属于积分学. 现在让我们以其中的两个问题为例, 将这两个问题置于当时条件下加以研究和解决, 以体现数学理论解决实际问题的思想和方法.

一、微分学中的思想方法

此处, 我们仅以微分学的核心概念——导数为例, 分析导数定义形成过程中隐藏的分析问题、解决问题的数学思想. 我们将在后面内容中分析微分的概念中隐藏的数学思想.

我们以瞬时速度问题为例, 从问题的提出、数学模型的建立、求解过程分析到问题的求解等各个阶段中, 分析、总结、提炼出隐藏在过程中的分析问题、解决问题的思想方法.

问题一　直线运动物体的瞬时速度 (率) 问题.

数学建模抽象为数学问题　已知直线运动物体的距离 s 与时间 t 的关系式 $s = s(t)$, 计算物体在任一时刻 t_0 时的速度 (速率) $v_0 = v(t_0)$.

研究及求解过程分析　这个在今天看来非常简单的问题, 在当时历史条件下是世界性难题, 让我们合理设置当时的问题情境.

我们首先确定解决问题的思路, 这是任何问题求解的第一步. 解题思路就是解题的线路、轨迹或方向. 确立思路就是明确解题的方向, 确定用什么理论或哪个定理 (结论) 解决问题, 因此, 思路确立阶段要明确方向, 解决 "用什么" 的问题.

1. 确立解决问题思路

我们采用如下的程序和方法确立思路: 通过分析问题中已知的条件, 要证明或求解的结论, 与已知的理论进行类比, 寻找与求解的问题关联最紧密的已知理论, 由此确定用什么理论解决问题. 我们把这种确立思路的方法称为结构分析方法.

(1) **分析结构** 问题结构 (题型) 相对简单, 是研究运动物体的速度问题.

(2) **抓住特点** 问题的特点体现在 "变速" 上.

(3) **类比已知** 人们对物体的运动认识是从最简单的、最特殊的情形开始的. 最简单的情形是匀速直线运动, 此时, 路程、速度、时间三者的关系最简单, 可以通过实验观察得到 $s = vt$ 或 $v = \dfrac{s}{t}$, 此时, v 是常数, 要计算 v, 只需测量一下在时刻 t 内物体运动的距离 s 即可. 因此, 与要研究的变速直线运动的速度问题关联最紧密的已知理论是匀速直线运动的速度计算公式.

(4) **确立思路** 由此确立问题研究和解决的思路是利用已知的匀速直线运动的速度公式进行求解.

2. 设计求解技术路线

确立了问题研究的思路, 就必须在此思路下设计解决问题的具体方法, 即设计具体的解决问题的步骤和方法. 为此, 我们继续对问题进行进一步的分析.

1) 近似研究的数学思想

我们不妨从认知规律的角度分析. 问题一是在认识了简单的匀速直线运动后对物体运动认识的自然发展, 符合人类的认知规律. 那么, 如何认识和计算变速直线运动物体的速度? 显然, 此时物体在任一时刻的运动速度都不相同, 自然需要引入一个新的概念来刻画它, 这就是瞬时速度.

那么, 如何计算瞬时速度? 此时, 已知的理论基础只有匀速直线运动物体的速度计算公式, 没有直接计算瞬时速度的公式. 为了解决这个问题, 我们从科学研究的方法论的角度出发, 简单梳理一下实际问题解决的数学思想和过程, 设计具体的求解技术路线.

再次类比已知和未知. 已知的理论公式是匀速直线物体的速度计算公式, 要求解的或未知的是非匀速或变速运动的物体的速度, 显然, 没有直接的公式用于计算和求解, 不能直接实现思路.

在不能直接实现思路得到准确解时, 从科学研究角度看, 可以换一种研究思想—— **近似研究**或**近似求解**. 虽然数学是最讲究严谨准确的学科, 但是, 在用数学理论解决实际问题的过程中, 也同样遵循人类的认知规律, 即对陌生事物的认识都是从模糊、近似到逐步的精确, 直到准确地认识规律和过程, 要涉及近似、精确和准确的关系处理. 一方面, 科学和技术中尽量追求准确, 只有准确, 才能准确刻画自然现象, 达到对自然现象的准确认识; 另一方面, 追求绝对的准确是没有意义的, 也是不可能的, 因为对自然现象的认识本身就是近似的, 这表现在描述自然现象的数学模型的建立过程中已经忽略了一些次要因素, 或视为理想状态, 已进行了一些近似. 比如, 自由落体物体路程公式 $s(t) = \frac{1}{2}gt^2$ 的建立, 就忽略了空气的阻力; 电荷称为点电荷是将其视为一个没有大小的点, 如此等等. 近似也表现在模型的求解过程中, 特别是对复杂模型的求解. 一般来说, 数学模型的解析求解或准确数值解是很困难的, 甚至是不可能的, 大多情形是计算近似解. 近似还表现在实际操作和应用过程中, 因为即使得到了准确解, 在应用中由于工具和技术的限制也不可能达到完全的准确. 如坦克的设计, 要在威力、射程、综合能力等各项指标上进行优化设计, 以达到某种需求. 中国 99 式主战坦克, 采用 125 毫米滑膛炮, 炮管长度是口径的 50 倍, 达到 6.25 米. 在实际制造中, 由于技术上的误差, 最终制造出来的炮管长度和口径都不是严格科学意义上的相应的数值, 制造工艺总会造成一定的误差. 还有, 我们知道圆的面积计算公式是 $S = \pi r^2$, 由于 π 是无理数 (无限不循环小数), 因此, 要得到圆的面积的准确值是不可能的, 同样, 寻求球的体积的准确值也是不可能的. 因此, 认识和改造自然的每一步都蕴含了近似的处理思想.

所以, 追求绝对的准确是 "没有意义的". 即使现在是数字化时代, 这也是某种近似下的数字化, 当然, 这绝对不能否定准确的科学意义, 正是对准确的不懈追求, 才推动科学理论的发展. 同时, 在实际应用中, 过度追求精确和准确还存在一个制约因素——成本因素. 在实际应用中, 越是追求精确、准确, 需要付出的成本越高, 取得的效益就会受到制约, 因此, 实际应用中, 我们要做到的是准确、精确、近似之间的协调与平衡, 以便达到实际应用中所追求效益的最大化. 再举一个例子, 对常规武器的设计, 必须追求精度, 如导弹的精度要以米级设计, 而原子弹等核武器的命中精度就没有必要追求如此高的精度, 以便降低成本. 再如, 卫星导航与定位, 民用和军用的不在一个数量级上, 也是应用中的成本问题. 因此, 从实践中来到实践中去的数学理论的循环发展过程中隐藏了深刻的近似的数学思想, 我们认识数学, 不论从分析研究和解决问题的思想方法上, 还是从数学理论上, 都应该理解和把握 "近似的思想". 当然, "近似思想的数学不是一种近似的数学而是关于近似关系的数学".

因此, 严谨的数学理论, 正是从近似研究开始, 进而研究在如何由近似到达精确、准确的过程中, 抽象和发展而形成的理论体系. 在没有直接可供应用的理论解决问题的情形下, 先从近似的思想下对问题进行研究以求得其近似解, 由此确定了对问题进行近似研究的思想方法. 在近似研究的思想下, 就很容易设计具体的技术路线.

2) 技术路线设计

再回到变速直线运动物体的瞬时速度的问题上来. 利用近似研究的思想, 在得到准确的瞬时速度之前, 先从近似研究的角度对问题进行求解, 为此, 考虑引入一个近似替代量.

这决定了问题求解方法的设计思路——从近似研究开始. 利用这个思路, 再进一步决定求解的技术路线, 设计具体的研究方法.

技术路线的确立需要分析已知的条件和要证明的结论, 这里所说的分析是指从各个角度挖掘条件和要证明的结论中隐藏的信息, 寻找它们的结构特点, 以便找出二者之间的联系, 搭建从已知到未知的桥梁.

分析问题一的已知条件, 此条件是 "匀速直线运动物体的速度计算公式", 这个公式描述了一段时刻的运动速度, "一段时刻" 在时间轴上从几何上看对应的是一个区间段, 从公式的代数形式看具有平均的意识; 而要求的瞬时速度是某一时刻的速度描述, "某一时刻" 在时间轴是一个点. 因而, 近似求解的思路是如何将变速运动问题的某一时刻 (局部) 的瞬时速度转化为匀速问题的匀速速度进行计算, 以便利用已知的公式近似求解. 比较二者的区别与联系, 要解决的核心问题是: 如何将 "一个点" 转化为 "一段", 或用 "一段" 来近似 "一个点"; 如何将某时刻点处的瞬时速度转化为某一段的匀速的速度. 当然, "点" 和 "段" 是有明显的区别, 用 "一段" 精确表示 "一点" 是不可能的, 但是, 若考虑到实际问题的研究是先求近似解, 即从近似角度出发很容易确定思路——用 "一段" 近似代表 "一点". 于是, 利用掌握的平均的概念, 引入瞬时速度的一个近似量——平均速度, 即先计算包含某一时刻的某个时段内的平均速度, 用此平均速度近似代替这个时刻的瞬时速度, 由此得到瞬时速度的一个近似, 这样, 从近似角度就可以解决问题一. 当然, 选择包含某一时刻的时段的方式不同, 可以得到不同的近似方法, 这是具体的技术路线问题. 先解决局部 "一段" 的问题, 然后再过渡到具体的 "点", 正是从近似的认识规律的体现.

现在, 我们近似计算 t_0 时刻的瞬时速度 $v(t_0)$. 任取时刻 t_1 和 t_2, 使得 $t_0 \in (t_1, t_2)$, 利用已知的理论, 可以计算出物体在 t_1 到 t_2 时段内的平均速度 $\bar{v}(t_1, t_2)$:

$$\bar{v}(t_1, t_2) = \frac{s(t_2) - s(t_1)}{t_2 - t_1},$$

由此得到一个近似 $v(t_0) \approx \bar{v}(t_1, t_2)$. 于是, 从近似角度看, 问题已经得到解决. 当然, 既然是近似, 方法和结果都不是唯一的.

上述的近似结果中, 从表示形式上不易看到与 t_0 时刻的关系, 我们换一种方

式, 取时刻增量 Δt, 采用如下近似:

$$v(t_0) \approx \bar{v}(t_0, t_0 + \Delta t),$$

这种近似方式更清晰地表示出了二者之间具有关系. 当然, 取不同的 Δt, 得到的 $v(t_0)$ 的近似值也不相同, 可以合理猜测, Δt 越小, $\bar{v}(t_0, t_0 + \Delta t)$ 越近似于 $v(t_0)$, 即二者的误差就越小, 至此, 我们获得了一种最简单的求 $v(t_0)$ 近似值的方法, 初步解决了瞬时速度 $v(t_0)$ 问题.

正是由于近似方法和结果的不唯一性, 我们在进行近似时, 一般遵循 "简单" 的原则.

从应用角度看, 在实际应用中, 采用哪个值 $\bar{v}(t_0, t_0 + \Delta t)$ 作为 $v(t_0)$ 的近似, 需要看实际应用具体的问题, 一般来说, 要体现 "能用" 的原则.

至此, 从近似角度解决了问题一. 这样的近似方法和结果在当时的历史条件下, 是可行且可用的, 推动了当时重大问题的解决, 其思想方法进一步抽象形成的理论更是深刻地促进了社会的进步, 科学的发展.

3. 从近似到准确

探知问题的本质是科学家的职责和追求. 如何通过上面的近似值求得其准确值, 在理论研究和实际应用中都具有非常大的意义, 众多科学家为此作了大量的工作, 推动了十七世纪数学的发展, 由此发明的微分学理论便是数学分析的核心内容之一.

其解决的关键理论, 在今天看来非常简单, 就是引入极限. 由 $v(t_0)$ 和 $\bar{v}(t_0, t_0 + \Delta t)$ 的定义可知, 当 Δt 越小时, $\bar{v}(t_0, t_0 + \Delta t)$ 就越接近于 $v(t_0)$, 因而, 我们可以猜想, Δt 趋近于 0 时, $\bar{v}(t_0, t_0 + \Delta t)$ 趋近于 $v(t_0)$, 借用极限符号表示为

$$v(t_0) = \lim_{\Delta t \to 0} \bar{v}(t_0, t_0 + \Delta t),$$

将此式用已知的路程函数表示为

$$v(t_0) = \lim_{\Delta t \to 0} \frac{s(t_0 + \Delta t) - s(t_0)}{\Delta t},$$

这样, 瞬时速度就可以利用路程函数借助极限工具计算出来.

至此, 问题一的速度问题得到科学的解决.

4. 结论的抽象与总结

事实还不仅如此, 观察上述的极限结构, $\dfrac{s(t_0 + \Delta t) - s(t_0)}{\Delta t}$ 正是函数增量与引起函数增量的自变量增量的比值, 而借助于这种由近似到精确, 再到准确的处

理问题的思想, 自然界中很多量 (如速度、加速度等各种反映变化快慢的变化率) 都可以转化为如上形式的函数增量与自变量增量的比值的极限. 数学重要的功能之一就是高度的抽象性, 因此, 在研究解决大量的上述类似的具体问题过程中, 将各种问题的背景去掉, 经过数学上的高度抽象之后, 将函数增量与自变量增量的比值的极限抽象形成了数学上的导数的概念, 因此, 借助于导数的定义, 则

$$v(t_0) = \lim_{\Delta t \to 0} \frac{s(t_0 + \Delta t) - s(t_0)}{\Delta t} = s'(t_0),$$

于是, 利用导数的计算公式, 速度问题得到解决. 而对函数的导数进行系统的研究就形成了函数的微分理论, 这是古典的数学分析的核心内容之一.

由此可以看出, 微分理论正是在研究大量的类似于上述问题过程中, 从近似到准确抽象而形成的严谨的数学理论. 在这个过程中, 基于人类的认知规律, 遵循着科学研究的一般性理论在数学中的应用, 体现着丰富的分析问题、解决问题的数学分析方法.

二、 积分学的思想方法

我们以积分学中的核心概念——定积分的定义为例, 分析定义形成过程中, 分析问题、解决问题的数学思想方法. 由于和问题一的过程类似, 具体的方法有差异, 我们略加说明.

问题二　平面封闭曲线所围的面积问题.

数学建模抽象为数学问题　在二维平面坐标系内, 给定一条封闭曲线, 计算此封闭曲线所围的区域面积.

问题简化　对问题简化是问题研究的第一步, 这是一般性的科学研究思想方法. 因此, 面对实际要解决的问题时, 先分析问题的结构, 类比已知, 若能进行简化, 应先对其进行简化. 结构越简单, 越容易确定思想, 越容易设计方法.

类比已知, 仍基于认知规律, 充分合理地假设, 此时应该已知的是简单结构的图形的面积, 结构简单体现在图形的规则上, 规则的特性又体现于边界线的简单——直线边界, 因此, 我们已知的是规则的几何图形的面积计算公式, 这些规则的图形应该包括矩形、特殊的三角形、梯形等. 由于问题二的边界线为任意的曲线, 没有任何特征, 因此, 能否将问题二的图形边界简化为尽可能多的直线边界, 以尽可能与已知的关联起来是问题二简化的主题思路.

在上述思路下, 我们可以将任意平面封闭曲线所围的面积, 通过对区域的分割, 利用面积是整体量的结构特征——具备可加性, 转化为曲边梯形面积的代数和, 下面图示给出一种简化方法. 因而, 问题二的本质问题是曲边梯形的面积问题, 抽象为数学问题如下.

设 $y = f(x) > 0, x \in [a,b]$, 计算由曲线 $y = f(x)$, 直线 $x = a, y = b$ 及坐标轴 $y = 0$ 所围图形的面积.

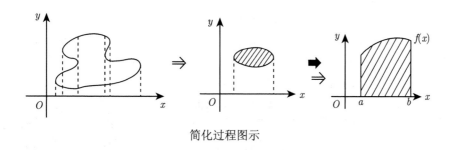

简化过程图示

求解过程简析　平面图形的面积计算问题是人类认识和改造自然的活动中早期遇到的最重要问题之一, 在土地的丈量、分配中有着重要的作用.

1. 确立解决问题思路

现在我们可以猜测一下人类对平面几何图形的面积的认识进程. 可以设想, 最早认识的是最简单规则的图形的面积, 如正方形、长方形的面积, 然后是较规则的直角三角形、等边三角形、梯形等图形的面积, 再发展到对正多边形面积的计算, 再发展到看似简单、规则, 实则充满变化的圆的面积, 这是此时的已知理论, 当然, 历史上, 各种理论的发展是交织在一起, 并没有明确的分界线.

类比已知, 从几何上看, 曲边梯形不属于上述已知的规则图形, 没有直接的计算公式, 得不到准确的求解, 因此, 问题二求解的思路仍是先从近似的认识开始, 利用已知的规则图形的面积计算公式进行近似的求解.

2. 设计求解技术路线

仍是在近似研究的思路下设计具体的研究方法. 事实上, 在面积的研究过程中一直存在着近似研究. 如在圆的面积研究过程中,《墨经》就有圆的抽象的数学定义了, "圆, 一中同长也".《九章算术》就有圆面积的计算公式, "半周半径相乘得积步". 当然, 此时人们已经掌握了一个重要结论, "周三径一". 这也是一个近似的结论, 即取 $\pi = 3$, 这就反映了认识进程中的近似. 为追求更精确的 π 值, 各国数学家都进行了艰苦细致的工作. 我国魏晋时期数学家刘徽于公元 263 年撰写《九章算术注》, 利用割圆术, 把圆内接正多边形的面积一直计算到正 3072 边形 (6×2^9), 得到 $\pi \approx 3.1416$, 而祖冲之计算到圆内接正 24576 边形 (6×2^{12}) 的面积, 将 π 值精确到 3.1415926 与 3.1415927 之间, 使得圆的面积的计算越来越精确, 达到了当时世界领先水平, 但是, 由于 π 是无理数, 准确给出某个圆的面积的值是不可能的. 换句话说, 由于取 π 为近似值, 因此, 所有圆的面积的计算都是近似值,但是这些近似的结果都不影响其在工程技术中的应用, 再次体现了应用中的近似问题.

随着人类活动的进一步深入, 对更一般的平面图形面积的计算成为研究重点, 而技术的发展也使问题的解决成为可能. 事实上, 公元前 5 世纪, 古希腊的 Antiphon(安蒂丰, 约前 480—前 410, 希腊数学家、哲学家, 是智人学派的代表人物, 在数学方面的突出成就是用穷竭法讨论化圆为方问题, 被认为穷竭法的鼻祖) 在研究化圆为方的问题时提出了穷竭法, Archimedes (阿基米德) 完善了穷竭法, 并广泛用于面积的计算, 刘徽的割圆术也使用穷竭法. 穷竭法的直接定义为 "在一个量中减去比其一半还大的量, 不断重复这个过程, 可以使剩下的量变得任意小", 这里, 仍体现近似的思想. 在实际应用中, 穷竭法常用于近似计算某个量, 通过 "穷竭", 计算出的近似量与所求的量之间的差能够任意小, 这实际上已经蕴藏了极限的思想. 下面, 我们将用穷竭法来研究问题二, 依据近似研究的思想设计具体的求解方法.

问题二求解的思想和问题一的求解思想相类似, 先从近似计算的研究入手. 不妨假设现在仅仅知道矩形面积的计算公式, 因此, 解决问题的关键就是如何将不太规则的图形转化为矩形. 比较两图形的结构, 从近似计算的角度看, 很容易将其转化为矩形, 只需将其曲形的顶边拉平, 这就需要一个合适的高度, 按此高度拉平就可以得到近似值. 当然, 高度的选择形式不同, 得到不同的近似计算方法. 我们这里不妨取 $f(a)$ 为高进行拉平, 就得到原曲边梯形的一个近似矩形, 利用此矩形的面积, 记为 s_1, 就得到原面积 s 的一个近似: $s \approx s_1 = f(a)(b-a)$.

下面来进行误差分析. 此时的误差比较大, 产生误差的原因是 $f(x)$ 在 $[a, b]$ 上存在变化幅度, 以 $f(a)$ 作为整条曲边的平均产生了误差. 为缩小误差, 进一步分析影响误差大小的因素. 一般来说, 底边的宽度越小, 对应曲边的振幅也越小. 因此, 为缩小误差, 最直接的办法是缩小区间 $[a, b]$, 但是 $[a, b]$ 是给定的, 一个变通的、间接的办法就是将区间 $[a, b]$ 分割. 比如, 作如下分割:

$$[a, b] = [a, a_1] \cup [a_1, b], \quad 其中 \quad a_1 = \frac{a+b}{2}.$$

$[a, a_1], [a_1, b]$ 上对应的面积记为 s_{21}, s_{22}, 可得到如下近似:

$$s \approx s_2 \equiv s_{21} + s_{22} = f(a)(a_1 - a) + f(a_1)(b - a_1).$$

此时, s_2 作为 s 的近似, 仍有一定的误差, 虽然误差比用 s_1 代替 s 的误差要小. 可以设想, 要继续提高精度, 利用穷竭方法将 $[a, b]$ 分割得更细, 比如插入 $n-1$ 个分点 $a_1, a_2, \cdots, a_{n-1}$, 作如下分割

$$[a,b] = [a,a_1] \cup [a_1,a_2] \cup \cdots \cup [a_{n-1},b],$$

获得 s 的近似值

$$s \approx s_n \overset{\triangle}{=} f(a)(a_1-a) + \cdots + f(a_{n-1})(b-a_{n-1}),$$

并且, 随着分割越来越细, 即 $\max\limits_{1 \leqslant i \leqslant n}(a_i - a_{i-1})$ 越来越小, s_n 越来越逼近 s, 即用 s_n 代替 s 的误差就越小. 因此, 从近似研究的角度, 问题得到了基本的解决——可以得到一个近似值, 尽管还不一定能得到误差.

显然, 分割不同, 分点的选择不同, 得到的近似结果也不同. 在实际应用中, 遵循简单可行的原则就可以实现对面积的近似计算和应用. 至此, 实践中的二维平面封闭图形的面积问题得到解决.

进一步发展　从理论上讲, 追求准确仍是科学理论研究的目标之一. 那么, 能否通过上述近似值的计算进一步获得准确值呢? 通过上述分析和问题一的解决过程可以发现, 同样可以借助极限工具, 实现从近似过渡到准确, 即 $s = \lim\limits_{\lambda \to 0} s_n$, 其中 $\lambda = \max\limits_{1 \leqslant i \leqslant n}(a_i - a_{i-1})$, $a_0 = a, a_n = b$. 至此, 平面图形面积问题得到科学的解决.

抽象与总结　自然界有很多量, 如几何体上分布的质量、力所做的功等, 都可以表示成这类极限. 于是, 将所有这样的量的背景去掉, 进行数学上的抽象, 就形成了定积分的概念. 因此, 借用定积分符号, 上述面积可表示为

$$s = \lim_{\lambda \to 0} s_n = \int_a^b f(x)\,\mathrm{d}x,$$

对定积分进行系统的分析研究, 便形成了积分理论, 这便是数学分析的又一核心内容.

至此, 给出的两个问题都得到了解决. 随着这两个问题的解决, 以及这两个问题解决过程中相关理论的进一步发展完善, 前面所提到的十七世纪所归纳出来的四类问题得到全部解决.

三、简单小结

问题一和问题二的解决的核心思想基本是相同的, 都是先进行近似计算, 然后通过极限得到准确值. 这种近似的思想在数学分析及其后续的课程中也称为无穷小分析的思想和方法, 因为这个过程都涉及某个量的无穷小变化过程以及由此无穷小改变所引起的函数分析性质的研究. 因此, 可以说, 数学分析是以极限理

论为基础, 以无穷小分析为主要方法, 研究函数的微分和积分等分析性质的一门学科.

　　当然, 基于核心思想解决问题的过程中, 还贯穿着更多其他的分析问题、解决问题的思想方法, 如解决问题的思路确立和方法设计的分段式方法、结构简化、类比已知的方法、数学理论在实际应用中的近似思想及其原则、数学理论源于实践的抽象性、数学理论自身的严谨性等, 这些思想方法都是我们在数学理论的学习中、应用中特别要关注的.

第2讲　结构分析和形式统一的思想方法

　　结构分析方法和形式统一方法是我们在课程教学实践过程中探索总结出来的、独具特色的有针对性的教学方法，是贯穿教学全过程的重要方法. 因此, 在进入课程学习之初, 有必要对其进行框架式的了解, 因此, 本讲对结构分析方法和形式统一方法进行介绍, 当然, 所给的应用实例可能涉及教材的大部分内容, 我们先从外貌对此进行感性认识, 随着课程教学的深入会加深对其的深刻理解.

一、教学背景分析

　　数学分析是新生进入大学阶段接触到的第一门最重要的专业基础课程, 该课程理论体系庞大, 累计效应强, 又具有数学学科所特有的严谨的逻辑性、理论的抽象性、应用的广泛性、内容的枯燥性, 使得该课程的学习非常困难, 使其成为大学生畏惧的课程, 成为学生成长的拦路虎. 面对这样的困境, 教师感受到了一定的压力, 数学分析应该怎么教? 应该怎么学? 是摆在教师和学生面前亟待解决的问题. 特别是随着高等教育的发展, 对数学分析的教学提出了新的时代要求: 在教学过程中, 不仅要进行理论教学, 让学生掌握学习专业课的理论工具; 更要在知识教学的过程中, 加强数学素养和数学应用能力的培养, 以体现数学分析的时代功能. 因此, 进入二十一世纪以来, 从国家层面开展了教育转型和教学改革, 将学习能力的培养提到了新高度; 将这些指导方针贯彻到数学分析的教学中, 对教学提出了时代性的新要求, 这又是摆在数学分析教学面前亟待解决的新的时代课题.

　　在长期的教学中, 面对新形势、新任务、新压力, 回应时代的新要求, 也是为了破解我们教学中面临亟待解决的问题, 我们对数学分析教与学的过程进行了研究, 提出了基于结构分析和形式统一的教学思想和方法, 其出发点是在传输理论的同时, 重点关注数学理论的应用, 即如何利用数学理论分析问题和解决问题; 重点关注数学教学中突出 "讲理" 的特色, 体现数学的逻辑性特征. 教学实践证明, 基于结构分析和形式统一的思想方法的应用, 有效地解决了教学过程中的问题, 为数学分析的教学提出了新的思路和方法, 取得了明显的效果.

二、 结构分析法和形式统一法

1. 结构分析法和形式统一法

数学理论的学习归根结底是要用的, 数学分析的教育就是从思维方式上、从研究工具上、从研究理论上, 为其他学科中的问题或现实生活中的问题或现实工作中的问题提供解决的方式和方法. 数学分析中题目, 不论计算题、证明题或其他类型的题目, 和其他学科或现实中的问题的解决一样, 都要经历两个阶段: 解题思想的形成阶段和具体方法及路线的设计阶段. 第一个阶段确立问题解决的方向, 解决用什么的问题, 即利用哪个已知的理论 (定理或结论) 解决问题, 由此确立解决问题的思路; 第二个阶段确定具体的方法, 解决怎么用的问题, 即设计具体的技术路线, 确定解决问题的具体方法. 只有完成了上述两个阶段, 才能实现整个问题的解决. 这种解决问题的过程分析也体现了数学思维方式的逻辑性和数学教学的"讲理" 性.

进入大学阶段的新生, 学生的数学思维方式还没有完全形成, 遇到问题, 尽管掌握了相关的理论, 不知道用哪一个, 不知道怎么用. 教师在教的过程中, 大多是传统教科书式的教学模式, 给出一个定理, 直接进行证明, 再给出几个应用举例; 至于定理为什么这样证明? 例子为什么要用此定理解决? 为什么要用这样的方法解决? 对这些问题, 教师在教学过程中常常疏于涉及, 所缺少的正是数学课程中最应该做到的 "讲理" 的特色, 以致学生明明掌握了某个定理或结论, 却不知道该定理或结论用于干什么, 怎么用. 这些正是教学过程中, 师生共同面对的难题.

这些难题正是上述两个阶段要解决的问题, 为解决这些问题, 我们分别提出了结构分析和形式统一的方法.

结构分析方法就是对结论、定理、题目的结构进行分析, 挖掘其结构特点, 确定定理或结论的作用对象特征, 同样对题目进行结构分析, 挖掘结构特点, 与已知定理或结论的结构特征进行类比, 择其结构特征相同或相似的定理或结论, 用于题目的求解, 由此确定 "用什么" 的问题.

形式统一方法就是对待求解的题目进行分析, 和确定的要使用的定理或结论进行类比, 看二者在结构形式 (条件和结论) 上的差异, 然后设计方法将题目的条件或结构在形式上和定理或结论的结构形式进行统一, 为使用定理或结论创造条件, 即对题目的条件和已经确定的用于研究此题的定理或结论进行形式统一, 按定理或结论的结构进行标准化处理, 由此确定具体的解题的技术路线和方法.

我们将结构分析和形式统一方法总结为 24 字方针: 分析结构, 挖掘特点, 类比已知, 确立思路, 形式统一, 设计方法.

在教学过程中, 我们通过结构分析和形式统一, 突出了每一步的为什么, 明确了方法的成因, 展示了思路和方法形成过程, 充分展示了数学的思维方式和方法,展示了数学课程的魅力, 因此, 我们的教材也自始至终地贯穿着结构分析和形式统一的思想方法.

2. 结构分析法的理论基础

我们提出的结构分析方法基于以下的理论基础.

(1) 数学分析的研究对象主要是初等函数, 而初等函数是由五类基本初等函数 (幂函数、指数函数、对数函数、三角函数和反三角函数) 经过有限次运算与复合得到的. 五类基本初等函数结构不同, 各自具有鲜明的结构特征, 从而具有不同的性质, 因此, 从研究对象上就为结构分析法提供了根据.

(2) 从理论的应用角度看, 任何一个结论或定理都具有相对的应用范围, 不可能解决所有的问题. 定理的结构特征正是标示其作用对象范围的核心要素, 挖掘出结构特征, 就可以把握定理的用途, 从而确定其作用对象的特征, 这样, 从结构上将定理或结论与其作用对象关联起来, 进而确定解决问题的思路.

(3) 结构分析的思想方法也是一般科学研究思想的应用与体现. 从现实问题解决过程中, 提炼抽象形成的科学研究的思想也是指导数学分析学习和解决数学问题的一般求解思想. 数学分析中的题目, 不论是计算题还是证明题, 其求解和现实问题的求解, 就思路而言都是一样的, 因此, 结构分析方法同样适用于其他学科题目的求解.

3. 应用举例

下面, 我们通过几个例子说明结构分析和形式统一方法的应用.

1) 重要极限 $\lim\limits_{x \to +\infty} \left(1 + \dfrac{1}{x}\right)^x = \mathrm{e}$ 的结构分析与应用

结构分析　此重要极限公式给出了一类重要的函数极限结论, 从函数 $\left(1 + \dfrac{1}{x}\right)^x$ 的结构分析: ① 这是幂指结构, 此公式给出了幂指结构的函数极限; ②从极限过程看, 当 $x \to +\infty$ 时, $1 + \dfrac{1}{x} \to 1, x \to +\infty$, 此公式的结构特点还可以抽象为结构为 1^∞ 或 $(1+0)^\infty$ 或更准确的 $(1+0)^{\frac{1}{0}}$ 形式 (此处 0 表示一个无穷小量, $\dfrac{1}{0}$ 表示一个与此无穷小量具有倒数关系的无穷大量) 的极限. 上述两个特点是此重要极限公式作用对象的特点, 当研究的极限结构具有上述特点时, 可以考虑利用重要极限来处理, 用到的具体技术方法就是形式统一法——化为标准形即可.

例 1　计算 $\lim\limits_{x \to \infty} \left(\dfrac{x^2 - 1}{x^2 + 1}\right)^{x^2 + 2}$.

结构分析　从结构看, 函数具有幂指结构, 且当 $x \to \infty$ 时, $\dfrac{x^2 - 1}{x^2 + 1} \to 1, x^2 +$

$2 \to \infty$, 因此, 函数具有 1^{∞} 结构, 由此确定求解思路——利用此重要极限求解. 因此, 具体技术路线的设计: 通过变量代换进行形式统一, 将所求极限统一为标准的 $(1+0)^{\infty}$ 来完成, 即先将底 $\dfrac{x^2-1}{x^2+1}$ 化为 $1+0$ 结构, 用初等方法即可实现 $\dfrac{x^2-1}{x^2+1} = 1 - \dfrac{2}{x^2+1}$, 此时无穷小量为 $\dfrac{-2}{x^2+1}$; 再将幂分离出 $\dfrac{-2}{x^2+1}$ 的倒数 $\dfrac{x^2+1}{-2}$, 完成形式统一.

解 利用此重要极限, 则

$$
\text{原式} = \lim_{x \to \infty} \left(1 - \frac{2}{x^2+1} \right)^{-\frac{x^2+1}{2}\left(-\frac{2}{x^2+1}\right)\cdot(x^2+1+1)}
$$

$$
= \lim_{x \to \infty} \left[\left(1 - \frac{2}{x^2+1} \right)^{-\frac{x^2+1}{2}} \right]^{-2} \cdot \left(1 - \frac{2}{x^2+1} \right) = \mathrm{e}^{-2}.
$$

注 具体形式统一的方法并不唯一, 如此题可以如下求解:

$$
\text{原式} = \lim_{x \to \infty} \left(1 - \frac{2}{x^2+1} \right)^{x^2+1+1}
$$

$$
= \lim_{x \to \infty} \left[\left(1 - \frac{2}{x^2+1} \right)^{-\frac{x^2+1}{2}} \right]^{-2} \cdot \left(1 - \frac{2}{x^2+1} \right) = \mathrm{e}^{-2}.
$$

例 2 计算 $I = \lim\limits_{x \to \infty} \left(\sin \dfrac{1}{x} + \cos \dfrac{1}{x} \right)^{2x}$.

结构分析 从函数 $\left(\sin \dfrac{1}{x} + \cos \dfrac{1}{x} \right)^{2x}$ 的结构看, 具有幂指结构特征; 在 $x \to \infty$ 极限过程中, 其又具有 $(1+0)^{\infty}$ 的结构特征, 由此确定解题思路: 用此重要极限求解. 具体的技术路线的设计是从底到幂, 按公式的标准形式进行逐步的形式统一, 由此形成具体的解题方法.

解 由于

$$
I = \lim_{x \to \infty} \left(1 + \sin \frac{1}{x} + \cos \frac{1}{x} - 1 \right)^{2x} \qquad \text{——底的形式统一}
$$

$$
= \lim_{x \to \infty} \left(1 + \sin \frac{1}{x} + \cos \frac{1}{x} - 1 \right)^{\frac{1}{\sin \frac{1}{x} + \cos \frac{1}{x} - 1} \cdot 2x \left(\sin \frac{1}{x} + \cos \frac{1}{x} - 1 \right)}
$$

$$
\qquad\qquad\qquad\qquad\qquad\qquad\qquad\qquad\qquad\qquad \text{——幂的形式统一}
$$

$$= \lim_{x \to \infty} \left[\left(1 + \sin \frac{1}{x} + \cos \frac{1}{x} - 1 \right)^{\frac{1}{\sin \frac{1}{x} + \cos \frac{1}{x} - 1}} \right]^{2x \left(\sin \frac{1}{x} + \cos \frac{1}{x} - 1 \right)},$$

至此, 其主要结构就和标准的重要极限的结构从形式上进行了统一, 由此得到结论

$$\lim_{x \to \infty} \left(1 + \sin \frac{1}{x} + \cos \frac{1}{x} - 1 \right)^{\frac{1}{\sin \frac{1}{x} + \cos \frac{1}{x} - 1}} = \mathrm{e}.$$

为完成计算, 还需要计算极限 $\lim\limits_{x \to \infty} x \left(\sin \dfrac{1}{x} + \cos \dfrac{1}{x} - 1 \right)$.

仍然利用结构分析和形式统一方法进行计算. 从结构看, 函数 $x \left(\sin \dfrac{1}{x} + \cos \dfrac{1}{x} - 1 \right)$ 涉及两类因子: 幂结构因子 x 和三角函数因子. 在极限结论中, 涉及这两类因子的极限, 或者说在极限过程中建立此两类因子间联系的已知公式就是另一个重要极限 $\lim\limits_{t \to 0} \dfrac{\sin t}{t} = 1$, 由此确定解题思路: 具体方法仍是从极限过程到函数及其组成因子的形式统一, 注意由于此重要极限中涉及因子 x 和正弦函数 $\sin x$, 在涉及幂因子和其他三角函数的极限时, 为利用此重要极限需要将其他的三角函数因子利用三角函数的性质转化为正弦函数因子, 这也是形式统一的要求. 由于

$$\begin{aligned}
\lim_{x \to \infty} x \left(\sin \frac{1}{x} + \cos \frac{1}{x} - 1 \right) &= \lim_{t \to 0} \frac{\sin t + \cos t - 1}{t} \quad \text{——极限过程的形式统一} \\
&= \lim_{t \to 0} \left[\frac{\sin t}{t} + \frac{\cos t - 1}{t} \right] \quad \text{——初等方法进行结构简化} \\
&= \lim_{t \to 0} \left[\frac{\sin t}{t} - \frac{2 \sin^2 \dfrac{t}{2}}{t} \right] \quad \text{——再次形式统一, 将三角函数因子统一到正弦因子形式} \\
&= \lim_{t \to 0} \left[\frac{\sin t}{t} - \left(\frac{\sin \dfrac{t}{2}}{\dfrac{t}{2}} \right)^2 \frac{t}{2} \right] \quad \text{——统一为标准形式} \\
&= 1 - 1 \times 0 = 1,
\end{aligned}$$

利用此结论, 则 $I = \mathrm{e}^2$.

注 学习了 L'Hospital 法则后, 可以利用此法则处理幂指结构的极限, 方法是对数方法.

2) Cauchy 中值定理的结构分析及应用

定理 1 若函数 $f(x)$ 和 $g(x)$ 满足如下条件:

(1) 在 $[a, b]$ 上连续;

(2) 在 (a, b) 内可导;

(3) $g'(x) \neq 0$,

则存在 $\xi \in (a, b)$, 使得

$$\frac{f'(\xi)}{g'(\xi)} = \frac{f(b) - f(a)}{g(b) - g(a)}.$$

结构分析 从结论看, 此定理研究中值问题, 由此确定该定理的作用对象特征为中值问题; 从结论的结构看, 两个分离的结构特征, 即中值点和端点分离于等式的两端, 两个端点在分母和分子中也具有分离结构. 抓住这两个结构特征, 在证明中值问题时, 通过分离端点、分离中值点, 利用形式统一法进行标准化处理, 就可以为中值定理的应用提供思路方法.

例 3 证明: 对任意 $b > a > 0$, 存在 $\xi \in (a, b)$, 使得

$$ae^b - be^a = (1 - \xi)e^\xi(a - b).$$

结构分析 题型结构: 中值问题, 确定使用中值定理解决. 关键问题: 使用哪个中值定理? 对什么函数使用中值定理? 如何用? 为此, 类比中值定理的两个分离的结构特征, 利用形式统一的思想对要证明的等式进行转化, 首先, 分离中值点和端点, 进行等式两端的形式统一, 此时结论转化为

$$(1 - \xi)e^\xi = \frac{ae^b - be^a}{a - b};$$

注意到右端的两个端点还没有分离, 再次形式统一分离端点, 结论再转化为

$$(1 - \xi)e^\xi = \frac{\dfrac{1}{b}e^b - \dfrac{1}{a}e^a}{\dfrac{1}{b} - \dfrac{1}{a}}.$$

通过右端, 类比中值定理, 就可以形成具体的求解方法.

证明 法一 利用 Lagrange 中值定理证明.

记 $F(x) = xe^{\frac{1}{x}}$, 在 $\left[\dfrac{1}{b}, \dfrac{1}{a}\right]$ 上利用 Lagrange 中值定理即得所证明的结论.

法二 利用 Cauchy 中值定理证明.

记 $F(x) = \dfrac{1}{x}e^x$, $G(x) = \dfrac{1}{x}$, 在 $[a,b]$ 上利用 Cauchy 中值定理即可.

从上述两个方面的应用可知, 任何一个定理或结论, 都有其结构特征, 由此确定其作用的对象; 在问题的求解时, 应先分析结构, 确定其结构特征, 与已知的定理或结论类比, 由此确定用哪个定理去求解, 从而确定解题思路.

结构分析时, 应遵循从大到小的次序进行, 即先从大——整个题目——分析题型, 确定结构特征, 形成思路; 再从小——条件和结论——分析形式, 与已知类比, 对比差异, 形式统一.

从上述分析和求解的过程可知, 从分析过程中体现分析问题的思想方法, 从方法设计中体现解决问题的思想方法, 从而体现数学教育中分析问题和解决问题的能力的培养; 每一步都可以设计为问题进行启发式、探讨式的教学, 都可以讲解出 "为什么", 体现数学课堂中 "最讲理" 的特色.

再通过例子进一步体会其应用.

例 4 设 $f(x) \in C^1[0,1]$, $f(1) = 2\displaystyle\int_0^{\frac{1}{2}} xf(x)\mathrm{d}x$, 证明: 存在 $\xi \in (0,1)$ 使得 $f(\xi) + \xi f'(\xi) = 0$.

结构分析 从结论看, 题型是函数的零点或方程的根或更一般的中值问题, 类比已知, 与此类问题相关的常用的处理工具有连续函数的介值定理、Rolle 定理、微分中值定理甚至更一般的 Taylor 展开式. 从本题结论的结构形式看, 由于等式的左端涉及导数的介值, 没有涉及函数的端点值, 可以优先考虑 Rolle 定理, 由此确定思路. 方法设计: 根据 Rolle 定理的结构, 需要将左端转化为某个函数的导数, 由此确定具体的方法——构造函数, 确定其两个等值点, 当然, 等值点通常在区间端点和包含特殊信息的点中选择.

证明 令 $F(x) = xf(x)$, 则 $F(1) = f(1)$, 由条件

$$f(1) = 2\int_0^{\frac{1}{2}} xf(x)\mathrm{d}x,$$

利用积分第一中值定理, 存在 $\zeta \in \left(0, \dfrac{1}{2}\right)$, 使得

$$f(1) = 2\int_0^{\frac{1}{2}} xf(x)\mathrm{d}x = \zeta f(\zeta)2 \times \frac{1}{2} = F(\zeta)$$

因而, $F(1) = F(\zeta)$, 由 Rolle 定理, 存在 $\xi \in (0,1)$ 使得

$$F'(\xi) = f(\xi) + \xi f'(\xi) = 0.$$

例 5 设 $f(x) \in R[a,b]$, 证明: 存在 $\xi \in [a,b]$ 使得

$$\int_a^\xi f(x)\mathrm{d}x = \int_\xi^b f(x)\mathrm{d}x.$$

结构分析 从结论形式看, 这是一个介值问题, 没有涉及导函数形式, 因此, 可以考虑用连续函数的介值定理来证明. 为此, 根据结论形式构造函数, 把问题转化为这个函数的介值问题, 函数的构造也很简单, 通常最直接的方法是将介值变为变量即可构造辅助函数, 由此转化为此函数的零点问题, 特别注意, 在一些特定的点处验证条件成立.

证明 令

$$h(t) = \int_a^t f(x)\mathrm{d}x - \int_t^b f(x)\mathrm{d}x,$$

由于 $f(x) \in R[a,b]$, 故 $h(t) \in C[a,b]$. 显然 $h(a) = -h(b) = -\displaystyle\int_a^b f(x)\mathrm{d}x$.

若 $h(a) = 0$, 取 $\xi = a$; 若 $h(a) \neq 0$, 则 $h(a) \cdot h(b) < 0$, 由连续函数的介值定理: $\xi \in [a,b]$ 使得 $h(\xi) = 0$, 即 $\displaystyle\int_a^\xi f(x)\mathrm{d}x = \int_\xi^b f(x)\mathrm{d}x$.

例 6 设 $f(x)$ 在 $[0,1]$ 上可微且 $|f'(x)| \leqslant M, x \in [0,1]$, 证明: 对任意正整数 n, 都有

$$\left| \int_0^1 f(x)\mathrm{d}x - \frac{1}{n}\sum_{i=1}^n f\left(\frac{i}{n}\right) \right| \leqslant \frac{M}{2n}.$$

结构分析 题型为涉及定积分的估计, 需要用定积分相关理论进行研究. 从结论的形式看, 涉及估计的两个因子结构完全不同, 必须进行形式统一, 统一后用已知的理论进行估计, 需要根据每一步的结构选择具体的处理方法.

证明 由于

$$\text{左} = \left| \sum_{i=1}^n \int_{\frac{i-1}{n}}^{\frac{i}{n}} f(x)\mathrm{d}x - \frac{1}{n}\sum_{i=1}^n f\left(\frac{i}{n}\right) \right| \quad \text{——形式统一为有限和}$$

$$= \left| \sum_{i=1}^n \left[\int_{\frac{i-1}{n}}^{\frac{i}{n}} f(x)\mathrm{d}x - \frac{1}{n}f\left(\frac{i}{n}\right) \right] \right| \quad \begin{array}{l}\text{——形式统一后进行合并简化, 求和项又是} \\ \text{两类不同结构, 再次形式统一}\end{array}$$

$$= \left| \sum_{i=1}^n \left[\int_{\frac{i-1}{n}}^{\frac{i}{n}} f(x)\mathrm{d}x - \int_{\frac{i-1}{n}}^{\frac{i}{n}} f\left(\frac{i}{n}\right)\mathrm{d}x \right] \right|$$

$$= \left| \sum_{i=1}^{n} \int_{\frac{i-1}{n}}^{\frac{i}{n}} \left[f(x) - f\left(\frac{i}{n}\right) \right] \mathrm{d}x \right| \text{——差值结构, 微分中值定理作用对象特征}$$

$$= \left| \sum_{i=1}^{n} \int_{\frac{i-1}{n}}^{\frac{i}{n}} f'(\xi_i)\left(x - \frac{i}{n}\right) \mathrm{d}x \right| \text{——此时可以计算和估计}$$

$$\leqslant \sum_{i=1}^{n} M \int_{\frac{i-1}{n}}^{\frac{i}{n}} \left(\frac{i}{n} - x\right) \mathrm{d}x$$

$$= \sum_{i=1}^{n} M \frac{1}{2n^2} = \frac{M}{2n},$$

至此, 结论得证.

三、 简单小结

结构分析和形式统一方法是我们在教学改革的实践过程中, 为贯彻学习能力的培养, 强化数学分析教育的时代功能而探索形成的一种新的教学尝试, 从教学实践看, 取得的效果是非常明显的, 我们将在后续的教学中不断进行发展和完善.

第3讲　数学概念的定量化思想
——从数列极限的定量化定义谈起

数列极限是微积分学中一个非常重要的核心概念，也是大学生进入大学阶段学习时接触到的第一个重要概念，其重要性是不言而喻的，但这一概念也是他们学习进程中第一个拦路虎，还是众多教师在教学中感到最难教学的一个概念，甚至在很长的一段时间内，教学改革中曾有一种呼声：弱化数列极限定义的教学，这也反映出这个概念在教与学中困难性。

当然，此重要概念中，从定义的形成到定义的应用也都隐藏着丰富的解决问题的数学思想方法，只有充分并深刻地了解和掌握这些思想方法，才能达到对极限概念的熟练，也才能感受到掌握极限概念并非那么难。

为此，我们分两讲对极限概念进行分析理解。本讲我们介绍数列极限的定义从定性到定量的形成过程中的思想方法。

数列是微积分学中的重要概念，引入数列之后，很自然的一个问题是，对数列，我们更关心的问题是什么？

从数列产生的背景和现实应用来看，最关心的是数列最终的逼近结果——数列的变化趋势及趋势的可控性问题，数列变化趋势的含义很容易理解。所谓趋势可控是指控制了某个确定的数，就可以实现对数列的精确控制。所谓精确控制是指由数列控制其最终的趋势或由趋势控制数列都可以达到随意控制的程度，或者说，相应的误差可以任意小。因此，数列的趋势和可控性是理解数列的重要因素。

那么，数列的变化趋势是什么？数列能否控制？对简单结构的数列，通过观察较容易确定这两个指标。先看下述几个数列。

数列 $\left\{\dfrac{1}{n}\right\}$，显然 $\dfrac{1}{n} \to 0$，数列的趋势是 0，具有趋势明确确定且可控的特征。

数列 $\{n\}$，$n \to +\infty$，其趋势明确，但不确定，趋势不可控，因为 $+\infty$ 不是确定的数。

数列 $\{(-1)^n\}$，就整个数列来讲，数列是跳跃性的，没有明确的趋势，更谈不上趋势的可控性，或者说趋势不可控。

对复杂的结构，仅通过观察得不到上述指标，如 $\left\{\left(1+\dfrac{1}{n}\right)^n\right\}$。

从上述分析的具体数列中可知，有些数列趋势明确，且趋势可以控制，有些数列虽有明确的趋势, 但是趋势不可控, 还有些数列, 变化趋势不明确, 更谈不上趋势的可控性. 显然, 第一种是 "好数列", 是我们将要研究的主要对象, 趋势及其可控性是研究的主要内容, 在数学上, 我们将 "好数列" 的趋势抽象并引入 "极限" 概念来表示. 于是, 数列的极限是否存在? 判断极限存在即数列收敛的方法有哪些? 如何计算数列的极限? 便是我们研究的主要内容. 而首要解决的问题就是如何用数学语言给出极限的定义.

极限并不是一个陌生的概念, 在中学阶段, 我们已经学习了极限的概念, 首先, 回顾一下中学的定义: a 是数列 $\{x_n\}$ 的极限是指当 n 充分大时, x_n 越来越接近于 a. 这是一个描述性的定义, 是定性的语言, 存在很大的缺陷: 不严谨, 缺乏定量的刻画, 缺乏可操作性, 只能处理非常简单的数列极限问题. 因此, 为给出极限概念的严谨的数学表达, 必须用定量的数学语言刻画两个过程: ① n 充分大; ② x_n 越来越接近于 a. 仔细分析 ① 和 ②, 其本质是相同的, 都是充分接近的意思. 事实上, 若将 $+\infty$ 视为一个广义意义下确定的量, 则 ① 的含义是 n 充分接近于 $+\infty$. 因此, 极限定义的定量表示关键在于如何用定量的关系式表示出两个量的充分接近. 我们知道: 两个量的远近用二者之间的距离表示, 因此, 我们必须借助距离的概念将二者充分接近的含义表达出来. 从字面上理解, 充分接近就是二者之间的距离非常小, 距离是一个实量 (数), 因此, 问题最终归结为 "用什么样的实量 (数) 表示距离充分小". 首先要明确的是, 任何一个确定的实数都不能表示出 "充分小" 的含义, 因为**充分接近、充分小表示的是一个变化着的动态的过程**, 一个确定的实数是一个静态的量, 从这种属性上可以看出, 任何一个确定的量都不能表示充分接近、充分小的含义. 因此, 引入的量必须具备某种任意性, 用于体现动态变化的过程. 如, $\dfrac{1}{100}$ 是一个小的量, $|a-1| < \dfrac{1}{100}$ 表示 a 接近于 1 及其接近的确定的程度, $|b-1| < \dfrac{1}{1000}$ 表示 b 也接近于 1, 且 b 比 a 更接近于 1, 但是, 都表示不出无限接近或充分接近的意思. 其次, 还需要明确的是, 引入的量既要表示出充分小、充分接近的意思, 还必须具有确定性或给定性, 因为只有具有确定性, 才有可控性, 才具有可操作性, 才能进行证明或计算. 因此, 要引入的量必须是一个具有任意性和给定性的充分小的量, 暂且记这个量为 ε, 当给定之前, 它具有任意性, 要多小有多小, 用以刻画接近的程度, 一旦给定, 它又是确定的, 便于数学上的计算、研究与论证, 这就是**量的二重性**. 借助于这个 ε 就可以刻画 x_n 充分接近于 a, 用数学表达式表示为 $|x_n - a| < \varepsilon$, 比如, 要使 x_n 充分接近于 a 的接近程度为 $1/100$, 只需在小于 $1/100$ 的范围内取定一个值为 ε 即可; 要使 x_n 充分接近于 a 的接近程度为 $1/10000$, 只需在小于 $1/10000$ 的范围内取定一个值为 ε 即可. 这就是 ε 给定前的任意性, 它根据需要而选取, 当然, 一旦选定, 它就确定

下来了, 就可以将其视为一个量进行计算或进行论证了. 剩下的问题就是如何刻画 n 充分大或 n 充分接近于 $+\infty$ 这个过程, 如果借用符号 $+\infty$ 和上述表示, 这个过程可以表示为 $|n - (+\infty)| < \varepsilon$, 但是, 由于 $+\infty$ 仅仅是一个符号, 因此, 这个表示并不合适, 为此, 将上述表示进行等价转化, 分离出 n, 可以表示为

$$(+\infty) - \varepsilon < n < (+\infty) + \varepsilon,$$

后半部分显然成立, 因此, 关键在于刻画前半部分. 注意到 $+\infty$ 和 ε 的含义, 此部分的含义是 "n 是一个充分大的量", 要多大就有多大, 从这个意义上讲, 这个量与 ε 有相同的性质, 因此, 为将其转化为可以控制的量的表示, 类似于 ε 的引入, 我们引入一个确定的充分大的量 $N>1$, N 和 ε 一样具有双重属性——任意性和确定性, 在给定前是任意的, 因此, 可以取得充分大, 以刻画 n 充分大的性质要求; 一旦取定, 它又是确定的, 便于运算和控制. 因此, "n 充分大" 用数学语言就可以表示为: 对任意充分大的 N, $n > N$. 注意到 ① 和 ② 的逻辑关系, n 充分大的程度决定了 x_n 充分接近于 a 的程度, 换句话说, 要使 $|x_n - a| < \varepsilon$, 必须有成立的条件, 即必须有一个 N, 要求 $n > N$ 时才成立 $|x_n - a| < \varepsilon$, 因而, 从逻辑关系上, N 是一个由 ε 确定的充分大的量, 这样, 基本问题就解决了. 将上述分析过程中的思想用严谨的数学语言表达出来, 并注意到逻辑关系, 就可以如下给出极限的严格的数学定义了.

定义 1 设 $\{x_n\}$ 是给定数列, a 是给定的实数, 如果对 $\forall \varepsilon > 0$, 存在 $N \in \mathbf{Z}^+$, 使 $n > N$ 时, 都成立 $|x_n - a| < \varepsilon$, 称数列 $\{x_n\}$ 收敛, a 称为 $\{x_n\}$ 的极限, 也称 $\{x_n\}$ 收敛于 a. 记为 $\lim\limits_{n \to +\infty} x_n = a$ 或简记为 $x_n \to a \ (n \to +\infty)$.

至此, 我们建立了极限的定量式定义, 有了定量式定义, 就可以除去直观, 给出极限结论的严谨的证明了.

例 1 证明 $\lim\limits_{n \to +\infty} \dfrac{n^2 + 10000}{-n^3 + n^2 + n} = 0$.

证明 对任意的 $\varepsilon > 0$, 取 $N = \left[\dfrac{4}{\varepsilon}\right] + 100$, 则当 $n > N$ 时有

$$n^2 > N^2 > 10000,$$

$$\begin{aligned} n^3 - n^2 - n &= \frac{1}{2}n^3 + \frac{1}{2}n^3 - 2n^2 + n^2 - n \\ &= \frac{1}{2}n(n^2 - 2n) + n(n - 1) > 0, \end{aligned}$$

故 $|x_n - 0| = \dfrac{n^2 + 10000}{n^3 - n^2 - n} \leqslant \dfrac{2n^2}{2^{-1}n^3} = \dfrac{4}{n} < \dfrac{4}{N} < \varepsilon$, 故 $\lim\limits_{n \to +\infty} \dfrac{n^2 + 10000}{-n^3 + n^2 + n} = 0$.

　　这样, 利用定量式定义, 就可以验证复杂的极限结论, 体现了定量式定义的优势和在解决问题时的主要作用, 还体现了数学理论的应用特征. 当然, 上述证明过程中的每一步也隐藏着分析问题、解决问题的思想方法, 体现定量式定义如何应用. 关于定义的具体应用问题我们在下一讲介绍.

　　因此, 从数列极限定义的严谨、完善的过程中, 我们必须感受到数学概念从中学到大学, 从定性的描述到定量的刻画的变化, 体现了数学概念的特征, 体现了数学理论发展的规律; 当然, 在上述定量化的过程中, 隐藏着数学概念在实际应用中如何定量化的思想方法, 通过定量化分析, 也使得我们对极限概念中涉及的量有了更深刻的理解.

第4讲 数列极限定义中的思想方法

数列极限是一个非常重要的概念, 也是最难教、最难学的概念之一, 究其原因, 应该在于在教与学的过程, 双方对极限概念的理解从深度到广度, 以及对隐藏在应用过程的分析问题与解决问题的思想方法把握还不到位. 本讲我们对极限定义及其应用进行多角度的分析, 挖掘隐藏在其中的思想方法.

一、极限的定义及其分析

定义 1 设 $\{x_n\}$ 是给定数列, a 是给定的实数, 如果对 $\forall \varepsilon > 0$, 存在 $N \in \mathbf{Z}^+$, 使 $n > N$ 时, 都成立 $|x_n - a| < \varepsilon$, 称数列 $\{x_n\}$ 收敛, a 称为 $\{x_n\}$ 的极限, 也称 $\{x_n\}$ 收敛于 a. 记为 $\lim\limits_{n \to +\infty} x_n = a$ 或简记为 $x_n \to a \, (n \to +\infty)$.

极限是最重要的概念之一, 我们从不同角度对涉及的量和定义的结构作进一步分析与理解.

(1) 从概念的**属性**看, 上述定义既是定性的, 也是定量的. 定性是指对性质的描述, 如本定义中的 "数列 $\{x_n\}$ 收敛" 就是定性的; 此定义还是定量的, 定量是指定义中涉及定量关系的刻画, 如本定义中的 "$\{x_n\}$ 收敛于 a" 就是定量的.

(2) 从**逻辑关系**上看, 定义中的量 a 是一个独立的量, 量 ε 也是一个给定的独立的量, N 不是一个独立量; 从定义中, 量的出现顺序是, 先给定 ε, 才能确定 N, 体现的逻辑关系是, N 由 ε 和 a 及其数列本身的结构所确定, 事实上, N 是由通过求解一个与 ε 和 a 及数列有关的不等式所得到的, 因此, N 是由数列本身和其极限及给定的 ε 确定的一个量, 由于通过不等式的求解确定, 其不唯一且与 ε 有关. 定义中两个式子的逻辑关系是: "$n > N$" 是 "$|x_n - a| < \varepsilon$" 成立的条件.

(3) 从极限表达式 $\lim\limits_{n \to +\infty} x_n = a$ 的**结构**看, 此表达式也反映出刻画极限的两个过程: 自变量 (下标变量) 的极限 (变化) 过程, 即 $n \to +\infty$, 定义中的 "$n > N$" 刻画了这个过程, 上述过程中自变量的结构形式是 "n"; 数列的变化过程, 即 $x_n \to a$, 定义中 "$|x_n - a| < \varepsilon$" 刻画了这个过程, 此过程中数列的结构为整体形式 $|x_n - a|$. 因此, $\lim\limits_{n \to +\infty} x_n = a$ 有时也简写为 $x_n \to a \, (n \to +\infty)$. 了解极限的结构对利用定义证明简单数列的极限是非常重要, 也是非常必要的.

要熟悉从多角度对定义和定理进行分析, 以便了解和掌握其结构, 为进一步的应用作准备.

再对极限定义中所涉及的量进行进一步的分析总结.

(1) 从定义看出, 数列的极限就是数列充分接近的量, 用极限揭示出了数列的最终变化趋势, 即数列 x_n 充分接近并趋向于 a; 而 ε 就是用来表明接近程度的量, 是一个要多小就有多小的、充分小的量. ε 具有双重性: 既是任意的, 也是确定的, 在给定前它是任意的, 可以任意取值, 以便于表示充分接近或无限逼近的程度, 但是, 一旦给定, 它又是一个确定的数, 以便使得相关的过程或相关的量都是确定的、可操作的或可控的, 从而使得关于极限的计算和证明变得是可行的, 这是数学概念的特性.

(2) ε 的任意性还有一个含义. 从理论上讲, 要验证 x_n 充分接近于 a, 等价于验证 $|x_n - a|$ 要多小就有多小, 需要验证对所有小的数 ε, 都有 $|x_n - a| < \varepsilon$, 这是一个无限验证的过程, 是无法一一验证的, 因此, 借助于具有任意属性的量 ε 将一个无限的验证过程转化为一个可以进行的确定的过程, 隐藏着类似于数学归纳法的思想.

(3) 由 ε 的任意性, 定义中的表达式 $|x_n - a| < \varepsilon$ 可以写为

$$|x_n - a| < M\varepsilon,$$

或

$$|x_n - a| < M\varepsilon^k,$$

或更一般的形式

$$|x_n - a| < f(\varepsilon),$$

其中 $M>0, k>0$ 为常数, $f(\varepsilon)$ 是一个正函数且当 ε 任意小时 $f(\varepsilon)$ 也任意小. 同样的道理, 上式中的 "<" 也可以换为 "≤".

(4) 数列的收敛性与数列的前面有限项无关, 这也反映了数列最重要的是 "趋势" 的特性.

(5) 极限的**几何意义**. 将定义中的不等式用数轴上区间的几何形式表示就得到极限的几何意义: $x_n \to a$ 等价于对 $\forall \varepsilon>0$, 存在 $N \in \mathbf{Z}^+$, 使 $n > N$ 时, $x_n \in U(a,\varepsilon)$, 即数列的第 N 项以后的元素 $\{x_n\}(n > N)$ 都落在邻域 $U(a,\varepsilon)$ 内, 故区间 $(a - \varepsilon, a + \varepsilon)$ 外至多有数列的有限 N 项.

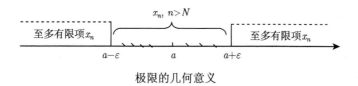

极限的几何意义

从几何意义上, 可以进一步理解可控性问题. 在上述极限定义下, 可以将数列的元素控制在 a 的 ε 邻域内.

(6) 从定义形式看, 通过 N, 将数列分为具有不同性质的两段: $n > N$ 时, 具有性质 $|x_n - a| < \varepsilon$; 当 $n \leqslant N$ 时, $x_1, x_2, \cdots, x_N$ 视为确定的常数. 这为后续数列研究中的分段处理方法提供了依据.

总之, 极限的定义将中学学习的描述性的、定性的定义转化为定量的定义, 所有的过程都用确定的量来表示, 非常严谨又易于操作, 便于研究, 这正是数学理论的特征.

有了极限的定义, 我们就可以利用定义计算或证明一些简单的具体数列的极限结论, 导出数列极限的运算性质和其他性质, 由此构建起极限的理论.

二、 极限定义的应用

1. 具体数列极限结论证明中的放大法

根据定义的结构, 要验证结论 $\lim\limits_{n \to +\infty} x_n = a$, 需要研究的对象是 $|x_n - a|$, 要研究的内容是确定是 $|x_n - a| < \varepsilon$ 成立的条件, 即确定 N, 使得 $n > N$ 时, 成立 $|x_n - a| < \varepsilon$, 由此形成了放大方法: 通过对放大对象 $|x_n - a|$ 进行放大处理, 分离出刻画极限变量 n, 形成一个简单的放大结果, 进而确定 N, 使得对应的要求成立. 放大法中的重点和难点有两个.

(1) 放大过程. 对刻画数列极限的控制对象 $|x_n - a|$ 放大处理, 从中分离出刻画自变量变化过程中的自变量 n, 即

$$|x_n - a| < \cdots < G(n),$$

其中 $G(n)$ 满足原则:

(a) $G(n)$ 应是单调递减的, 因而, $n > N$ 时, 成立

$$|x_n - a| \leqslant G(n) \leqslant G(N),$$

这样, 可以将自变量的形式由 n 转化为 N;

(b) $G(n) \to 0$, 因而, 成立当 n 充分大时有 $G(n) < G(N) < \varepsilon$;

(c) $G(n)$ 尽可能简单, 以便求解 $G(N) < \varepsilon$, 进而确定 N.

就具体的放大方法而言, 首先要去掉绝对值号, 然后再根据具体结构特征利用各种放大技术进行放大处理. 主要的处理原则是: 确定结构中的主要因子和次要因子 (以分离的变量为参考), 不断甩掉次要因子, 保留主要因子以简化结构, 这也是矛盾分析方法在数学中的应用.

(2) 求解不等式 $G(N) < \varepsilon$, 得到 N. 由于这是不等式的求解, 得到的是一个解集, 解不唯一, 从中选出一个为 N 即可.

通过求解关系式确定了 N, 按定义中的逻辑关系, 给出严谨的证明过程即可.

放大法的**主要思路**是: 通过对刻画数列极限的控制对象 $|x_n - a|$ 的放大, 把复杂结构的控制对象放大为最简单的结构, 以便求解不等式 $G(N) < \varepsilon$ 以确定 N.

当然, 具体的证明过程就是根据放大方法分析确定的 N, 严格按照定义要求的逻辑性进行验证即可.

当然, 在具体的应用过程中, 根据具体的结构不同, 放大法的应用程序可能不同.

由于定义只能作用于简单结构, 下面, 我们以基本初等函数类中的最简结构——幂结构为主为例, 即数列结构中以幂结构为组成结构, 给出放大法的具体应用.

数列的最简结构中, 以幂结构因子 $n^a (a > 0)$ 为主要因子, 在 $n \to +\infty$ 条件下, n 越大, 起的作用也越大, 因此, 最高幂次的幂结构因子是主要因子, 因此, 在对 $|x_n - a|$ 进行放大的过程中, 通常利用主项控制技术控制次要项以实现结构简化.

例 1　证明 $\lim\limits_{n \to +\infty} \dfrac{n^2 + 10000}{-n^3 + n^2 + n} = 0$.

结构分析　题型为具体数列极限结论的验证. 类比已知: 假设仅知道数列极限的定义. 由此确定思路: 用极限定义证明. 结构特点: 数列结构为最简的幂结构, 由此确定具体的方法是放大法. 在设计具体的技术路线时, 可以根据下述的分析过程设计.

放大对象为 $\left| \dfrac{n^2 + 10000}{-n^3 + n^2 + n} - 0 \right|$, 先去掉绝对值号. 显然, $n > 3$ 时, $|x_n - 0| = \dfrac{n^2 + 10000}{n^3 - n^2 - n}$; 要使上式尽可能地简单, 在放大过程中, 必须使分子和分母同时**达到最简**——多项简化到一项, 只保留最关键的、起最重要作用的项即**主要因子**——n 的最高次幂项 (对 $n^k (k > 0)$ 结构, k 越大, 当 n 充分大时变化越大 (快)). 达到这一目的的方法也很简单: 用最高次幂项控制其余项 (**主项控制副项, 主要因子控制次要因子**). 因此, 分子要保留最高次幂 n^2 项, 必须去掉常数项 10000, 或用最高次幂 n^2 来控制此常数, 显然要使 $10000 \leqslant n^2$, 只需 $n > 100$, 此时可得 $n^2 + 10000 \leqslant 2n^2$, 达到分子最简且保留主项的目的; 当然, 化简方法形式和结果都不是唯一的, 如还可以限制 $10000 < 100n^2$, 此时只需 $n > 10$, 分子简化为 $n^2 + 10000 < 11n^2$; 由于化简结果的不唯一性, 可以寻求相对简单的化简.

对分母的化简. 为保证整个分式的放大, 我们必须以缩小的方式处理分母, 为此, 我们采用分项的方式来处理: 从最高的主项中分离出一部分用以控制其余项,

如从 n^3 分出一半 $\dfrac{1}{2}n^3$, 则

$$n^3 - n^2 - n = \frac{1}{2}n^3 + \frac{1}{2}n^3 - n^2 - n,$$

由于 $n > 4$ 时, 有 $\dfrac{1}{2}n^3 - n^2 - n > 0$, 因而, 有

$$n^3 - n^2 - n = \frac{1}{2}n^3 + \frac{1}{2}n^3 - n^2 - n > \frac{1}{2}n^3,$$

达到了使分母最简的目的.

故当 $n > \max\{100, 4\} = 100$ 时, 同时成立 $10000 \leqslant n^2$ 和 $\dfrac{1}{2}n^3 - n^2 - n > 0$, 分子和分母同时达到最简, 此时

$$|x_n - 0| = \frac{n^2 + 10000}{n^3 - n^2 - n} \leqslant \frac{2n^2}{2^{-1}n^3} = \frac{4}{n},$$

因而, $n > N$ 时,

$$|x_n - 0| \leqslant \frac{4}{n} < \frac{4}{N},$$

故要使 $|x_n - 0| < \varepsilon$, 只需 $\dfrac{4}{N} < \varepsilon$, 求解不等式得 $N > \dfrac{4}{\varepsilon}$.

要使上述过程同时成立, 条件必须同时得到满足, 即 N 必须同时满足 $N > 100$ 和 $N > \dfrac{4}{\varepsilon}$, 为此, 取 $N = \left[\dfrac{4}{\varepsilon}\right] + 100$ 即可, 当然, 选取方法不唯一.

注意放大过程中的放大思想: 分析各个部分的结构, 确定主要因子 (关键要素), 用主要因子控制次要因子, 用 "合" 或 "并" 的思想达到简化结构的目的, 这也是抓主要矛盾的解决问题的哲学方法的具体应用. 将上述分析过程用严谨的数学语言表达出来就是具体的证明过程.

证明 对任意的 $\varepsilon > 0$, 取 $N = \left[\dfrac{4}{\varepsilon}\right] + 100$, 则当 $n > N$ 时有

$$|x_n - 0| = \frac{n^2 + 10000}{n^3 - n^2 - n} \leqslant \frac{2n^2}{2^{-1}n^3} = \frac{4}{n} < \frac{4}{N} < \varepsilon,$$

故 $\displaystyle\lim_{n \to +\infty} \frac{n^2 + 10000}{-n^3 + n^2 + n} = 0$.

抽象总结 (1) 从定义和证明过程中可以看出, 证明过程中的重点和难点是 N 的确定, 确定 N 后就可以按照定义的逻辑要求进行验证.

(2) 从证明过程看, 就是简单的几步, 但是, 在简单的证明过程中, 隐藏在背后的内容非常丰富, 体现在上述分析的过程中, 揭示了或回答了证明过程中的每一步的 "为什么"; 这些东西也应该必须是数学教学课堂上要讲解的, 最能体现数学课程 "最讲理" 的特性.

(3) 证明过程中, 一定要注意数学表达的逻辑性、简洁性、严谨性、准确性, 这是数学素养的体现.

(4) 从分析过程中, 可以提炼出结构简化的思想和主项控制的方法.

(5) 总结如何从定义中提炼出放大法的思想.

对由基本初等函数类中的其他结构因子组成的数列, 也可以利用定义验证对应的简单的极限结论, 此时, 由于定义只能处理简单的结构, 我们以独立的因子结构为例, 给出基于放大法思想的不等式的求解法, 即此时由于结构的基本特征, 不能再进行放大处理, 可以直接转化为不等式的求解用于确定 N.

例 2 用极限的定义证明 $\lim\limits_{n \to +\infty} \sin \dfrac{1}{n} = 0$.

结构分析 题型为简单的极限结论的验证. 思路已经在题目要求中明确: 用极限定义证明. 具体方法的设计: 由于数列的结构是基本初等函数结构, 不能再放大处理, 只能基于基本不等式的求解来处理.

由于 $\left| \sin \dfrac{1}{n} - 0 \right| < \varepsilon$ 等价于 $-\varepsilon < \sin \dfrac{1}{n} < \varepsilon$, 在 $n > 0$ 的条件下, 只需满足 $0 < \sin \dfrac{1}{n} < \varepsilon$, 利用基本初等函数的性质, 只需成立 $0 < \dfrac{1}{n} < \arcsin \varepsilon$, 只需 $\dfrac{1}{\arcsin \varepsilon} < n$, 由此确定 N 的解集.

证明 对任意的 $\varepsilon > 0$, 取 $N = \left[\dfrac{1}{\arcsin \varepsilon} \right] + 1$, 则 $N > \dfrac{1}{\arcsin \varepsilon}$, 因而, 当 $n > N$ 时有

$$0 < \frac{1}{n} < \frac{1}{N} < \arcsin \varepsilon,$$

因而, $0 < \sin \dfrac{1}{n} < \varepsilon$, 故 $\left| \sin \dfrac{1}{n} - 0 \right| = \sin \dfrac{1}{n} < \varepsilon$, 所以 $\lim\limits_{n \to +\infty} \sin \dfrac{1}{n} = 0$.

抽象总结 本题中的数列结构为最基本的初等结构, 不能进行结构简化以实现放大处理, 为此, 寻求使得 $|x_n - a| < \varepsilon$ 成立的充分条件, 这就是不等式的求解.

极限定义只能验证简单数列的极限结论, 更复杂或一般的数列极限的计算或论证, 需要更进一步的极限的性质和计算理论.

2. 抽象数列极限证明的分段控制方法

我们继续讨论定义在处理抽象数列的极限问题中的应用, 即已知某个数列的极限, 研究与此相关的另外数列的极限的问题. 这类问题相对复杂, 需要通过数列间的关系来证明其极限关系. 这类问题解决的主要方法仍是结构分析法, 总体思路是通过分析已知条件和要证明结论之间的结构, 通过形式上的统一, 建立已知和未知之间的桥梁, 或用已知来控制未知, 从而达到目的.

例 3 设 $x_n \geqslant 0$, 若 $\lim\limits_{n\to+\infty} x_n = a \geqslant 0$, 证明 $\lim\limits_{n\to+\infty} \sqrt{x_n} = \sqrt{a}$.

结构分析 题型为抽象数列的极限结论的验证. 类比已知: 只有定义可用. 确立思路: 用定义证明. 方法设计: 为设计具体的方法, 我们对已知和未知的结构进行进一步的分析. 由定义, 需要研究的对象 (未知) 是 $\left|\sqrt{x_n} - \sqrt{a}\right|$, 已知的条件形式 (已知) 是 $|x_n - a|$, 因此, 具体方法设计的思路是如何建立二者的联系, 即用已知条件 $|x_n - a|$ 来控制要研究的对象 $\left|\sqrt{x_n} - \sqrt{a}\right|$, 或从 $\left|\sqrt{x_n} - \sqrt{a}\right|$ 中分离出 $|x_n - a|$, 转化为用 $|x_n - a|$ 来控制的量. 这是具体方法设计的总体思路. 类比二者的结构, 问题转化为如何把未知的要控制的量 $\left|\sqrt{x_n} - \sqrt{a}\right|$ 转化为已知的量或用已知的量 $|x_n - a|$ 来控制, 也即如何去掉量中的根号. 显然, 有理化正是去掉根号、解决这类问题的一个有效方法. 事实上, 通过有理化得到

$$\left|\sqrt{x_n} - \sqrt{a}\right| = \frac{|x_n - a|}{\sqrt{x_n} + \sqrt{a}},$$

这个表达式中, 已经出现了我们想要的已知量 $|x_n - a|$, 建立了已知和未知的联系, 但是, 观察上式结构, 除了需要的已知项 (包括常数) 外, 还有不确定或不明确的项 $\sqrt{x_n}$, 因此, 下一步要甩掉无关的、不确定的项, 即控制分母, 此时, 为了对整体进行放大处理, 需要对分母进行缩小, 即寻找它的一个确定的已知的正下界. 显然, 当 $a > 0$ 时, 问题得到解决. 那么, 当 $a=0$ 时怎么解决? 事实上, 此时问题更加简单, 因为此时已知和未知的联系更加容易建立. 通过上述分析, 证明分两种情况来处理.

从科学研究的方法论讲, 对复杂问题的研究通常从最简单的情形开始, 获得结果后再推广到更复杂的情形, 得到更一般的结论. 推广过程中又有两种途径, 其一是将复杂的情形直接转化为简单的情形, 称为直接转化法; 其二是不能直接转化为简单情形, 化用简单情形的研究思想以处理复杂情形, 称为 (间接) 化用法. 本题就是采用的化用法——用定义证明.

证明 当 $a = 0$ 时, 由于 $\lim\limits_{n\to+\infty} x_n = 0$, 对任意的 $\varepsilon > 0$, ε^2 也是一个给定的数, 由定义, 存在 N, 使得当 $n > N$ 时,

$$|x_n - 0| = |x_n| < \varepsilon^2,$$

因而, 有

$$|\sqrt{x_n} - 0| = \sqrt{x_n} < \sqrt{\varepsilon^2} = \varepsilon,$$

故 $\lim\limits_{n \to +\infty} \sqrt{x_n} = 0$, 即 $a = 0$ 时结论成立.

当 $a > 0$ 时, 由于 $\lim\limits_{n \to +\infty} x_n = a$, 则由定义, 对任意的 ε, 存在 N, 使得当 $n > N$ 时,

$$|x_n - a| < \sqrt{a}\varepsilon,$$

因而, 当 $n > N$ 时,

$$\left| \sqrt{x_n} - \sqrt{a} \right| = \frac{|x_n - a|}{\sqrt{x_n} + \sqrt{a}} < \frac{|x_n - a|}{\sqrt{a}} < \varepsilon,$$

故 $\lim\limits_{n \to +\infty} \sqrt{x_n} = \sqrt{a}$.

抽象总结　(1) 证明过程中, 用 ε^2 和 $\sqrt{a}\varepsilon$ 代替 ε, 这是具体的技术问题, 思考为何可以这样做.

(2) 上述证明过程用到了**科学研究的一般方法**. 我们知道, 科学研究中, 解决问题的一般方法就是从简单到复杂、从特殊到一般的求解思路, 上述分两步的求解方法正是这种思想的体现, 即第一步处理了简单情形, 第二步将第一步的结果进行了推广, 处理了复杂的情形, 对应的方法是直接转化法和化用法.

在研究更复杂的极限关系时, 通常需要对已知的数列进行分段处理, 看下例.

例 4　设 $\lim\limits_{n \to +\infty} x_n = 0$, 证明 $\lim\limits_{n \to +\infty} \dfrac{x_1 + x_2 + \cdots + x_n}{n} = 0$.

结构分析　题型为抽象数列的极限关系的讨论. 此处假设仅知道极限的定义, 确定用定义证明的思路. 具体方法的设计: 为建立已知和未知的联系, 仍分析已知和未知的结构, 从中挖掘更多的信息. 已知条件为 $\lim\limits_{n \to +\infty} x_n = 0$, 利用定义相当于知道: 对任意的 ε, 通过 N, 将数列分为具有不同性质的两段, 即当 $n > N$ 时, 具有性质 $|x_n - 0| < \varepsilon$; 当 $n \leqslant N$ 时, $x_1, x_2, \cdots, x_N$ 视为确定的常数. 由此形成对应的分段控制技术.

证明　由于 $\lim\limits_{n \to +\infty} x_n = 0$, 则对任意 $\varepsilon > 0$, 存在 N, 使得当 $n > N$ 时, 成立

$$|x_n - 0| = |x_n| < \varepsilon,$$

故当 $n > N$ 时,

$$\left| \frac{x_1 + x_2 + \cdots + x_n}{n} - 0 \right| \leqslant \frac{|x_1| + |x_2| + \cdots + |x_N| + |x_{N+1}| + \cdots + |x_n|}{n}$$

$$\leqslant \frac{|x_1| + |x_2| + \cdots + |x_N|}{n} + \frac{1}{n}(n-N)\varepsilon$$

$$\leqslant \frac{|x_1| + |x_2| + \cdots + |x_N|}{n} + \varepsilon,$$

由于 $|x_1| + |x_2| + \cdots + |x_N|$ 是常数, 因而, $\lim\limits_{n \to +\infty} \dfrac{|x_1| + |x_2| + \cdots + |x_N|}{n} = 0$.

对上述 $\varepsilon > 0$, 存在 $N_1 > 0$, 使得当 $n > N_1$ 时, 成立

$$\frac{|x_1| + |x_2| + \cdots + |x_N|}{n} \leqslant \varepsilon,$$

故当 $n > \max\{N, N_1\}$ 时,

$$\left| \frac{x_1 + x_2 + \cdots + x_n}{n} - 0 \right| \leqslant 2\varepsilon,$$

故 $\lim\limits_{n \to +\infty} \dfrac{x_1 + x_2 + \cdots + x_n}{n} = 0$.

抽象总结 上述解题过程包含了用极限定义证明抽象数列极限问题的基本思路和方法, 称为**分段处理**或**分段控制方法**.

三、 简单小结

从极限定义在上述几个例子的应用中, 我们可以体会到: 简单的数列极限的定义及其应用中, 就体现了丰富的分析问题、解决问题的思想方法, 在教与学的双向过程中, 既要注意在教的过程中, 挖掘相应的思想方法, 站在一定的高度上, 进行分析讲解; 又要要求学生在学的过程中, 进行深入的总结、高度的抽象, 并不断地进行沉淀以形成相应的数学素养, 提高分析问题、解决问题的数学能力.

第**5**讲 从数列极限的性质谈起

性质是我们在学习、研究数学理论时常见的内容, 如数列极限的性质、连续函数的性质、导数的性质、微分的性质、积分的性质等等. 我们引入的每一个数学概念, 都会在初步学习概念并利用概念解决简单结构的问题, 形成初步的结论之后, 为研究、解决更一般或更复杂的对象, 求解对应的问题, 必须引入相应的性质, 由此, 体现出性质在数学理论中的作用和地位.

本讲我们以数列极限为例, 介绍性质的结构及其隐藏的用于研究问题的数学思想.

一、 数列极限的性质

教材中数列极限的一般有如下性质: 唯一性、有界性、保序性、两边夹性质以及关于极限的四则运算性质.

二、 性质的作用和结构

从结构看, 性质通常分为两类.

一类以等号为标志, 表现为 "等式" 的性质, 这类性质通常为运算性质, 以最简单的线性运算为主, 个别概念的性质可以推广到更复杂的运算. 建立这类性质的基本考虑源于中学阶段已经学习过的运算律, 包括最基本的加、减、乘、除运算, 以及更复杂的结合律、交换律等运算, 还有更高级的如中值定理等. 与此对应, 在应用中, 这类性质也通常用于计算, 因此, 有时也称这类性质为运算法则, 当然, 在这样简单的应用中, 也隐藏着数学上解决问题的思想.

下面的例子, 假设我们通过极限的定义证明了极限结论 $\lim\limits_{n \to +\infty} q^n = 0(|q| < 1)$, 利用此结论和极限的性质完成计算.

例 1   求 $\lim\limits_{n \to +\infty} \dfrac{5^{n+1} - (-2)^n}{3 \times 5^n + 2 \times 3^n}$.

结构分析   从数列结构看, 其结构主要由具有 a^n **结构特点**的因子组成, 类比已知, 相应的**已知结论**为 $\lim\limits_{n \to +\infty} q^n = 0(|q| < 1)$, 因此, 利用形式统一的思想将数列中的各项转化为 $q^n(|q| < 1)$ 结构, 为此, 只需用最大项 5^n 同时除分子和分母, 再利用运算法则即可, 由此, 形成解题思路和方法.

解 原式 $= \lim\limits_{n\to+\infty} \dfrac{5-\left(-\dfrac{2}{5}\right)^n}{3+2\times\left(\dfrac{3}{5}\right)^n} = \dfrac{5}{3}.$

抽象总结 (1) 题目的结构相对于由定义处理的对象已经是较为复杂的结构, 因此, 解题的整体思路是利用极限的运算性质将复杂结构转化为相对简单的结构, 实现结构的简化, 这也体现了运算性质的作用思想: 利用性质实现结构的简单化.

(2) 在具体方法的设计上, 体现了如何将未知转化为已知的设计思想.

第二类性质以不等号为标志, 结论是不等式关系, 由于不等式揭示的是大小关系或顺序关系, 因此, 有时也把这类性质称为 "序性质", 对应的关系式也称为 "序关系".

序性质是一类非常重要的性质. 在分析学中, 分析性质的研究是重要的研究内容, 不等式是研究内容的重要形式之一, 后续分析学中形成对应的估计理论. 事实上, 数学理论的应用就是对各种领域中建立的数学模型进行求解, 这些模型大多是非线性的, 对这些模型数学研究的基本问题就是解的存在性, 模型的非线性决定了求准确解是不可能的, 必须对模型进行近似, 求其近似解 (列), 然后研究近似解 (列) 的收敛性, 寻求收敛的条件, 收敛条件就是各种意义下的有界性, 就是建立各种估计, 因此, 不等式理论 (估计理论) 是分析学的主要研究内容之一. 在古典的数学分析理论中, 不等式理论的最简单的表现形式就是序性质. 序性质在分析、研究、解决相应的数学问题时, 有非常重要的应用, 下面, 我们以一个运算法则的证明为例, 说明序性质的应用思想.

例 2 设 $\lim\limits_{n\to+\infty} x_n = a$, $\lim\limits_{n\to+\infty} y_n = b$, 证明运算法则: $\lim\limits_{n\to+\infty} \dfrac{x_n}{y_n} = \dfrac{a}{b}(b\neq 0)$.

结构分析 此时, 假设掌握了极限的定义和序性质, 因此, 证明的思路是用极限的定义证明. 具体方法的设计中, 要注意: 挖掘已知信息, 条件为 $\lim\limits_{n\to+\infty} x_n = a$, $\lim\limits_{n\to+\infty} y_n = b$, 对应的已知项为 $|x_n - a|$, $|y_n - b|$, 因此, 必须应用相应的技术甩掉无关项、未知项, 实现用已知项估计并控制未知项, 由此将研究的对象转化为用已知项表示的形式, 这就需要利用序性质来完成.

证明 由已知条件, 利用极限定义, 则对任意的 $\varepsilon > 0$, 存在 N, 使得 $n > N$ 时,

$$|x_n - a| < \varepsilon, \quad |y_n - b| < \varepsilon.$$

为利用定义进行证明, 研究 $\left|\dfrac{x_n}{y_n} - \dfrac{a}{b}\right|$. 由于

$$\left|\frac{x_n}{y_n} - \frac{a}{b}\right| = \left|\frac{bx_n - ay_n}{by_n}\right|,$$

为充分利用条件, 我们利用形式统一法产生并分离出已知项, 对分子, 我们利用插项技术进行形式统一, 即

$$|bx_n - ay_n| = |bx_n - ab + ab - ay_n| = |b(x_n - a) + a(b - y_n)|,$$

对分母的处理是难点. 由于分母中含有未知项 y_n, 必须进行技术处理将其甩掉, 由于定义应用的放大法, 因此, 可以利用对分母的缩小以进行简化, 由于对 $\{y_n\}$ 已知的条件是其极限为 b, 就可以利用保序性进行处理了, 形成下面的处理方法.

由保序性, 不妨设 $|y_n| \geqslant \dfrac{|b|}{2}$, 故 $n > N$ 时, 有

$$\left|\frac{x_n}{y_n} - \frac{a}{b}\right| \leqslant \frac{(|b| + |a|)\varepsilon}{|b| \cdot |y_n|} \leqslant \frac{2(|a| + |b|)}{|b|^2}\varepsilon,$$

故 $\displaystyle\lim_{n \to +\infty} \frac{x_n}{y_n} = \frac{a}{b}$.

抽象总结　上述证明过程中体现的解决问题的整体思想仍是以各种技术手段进行结构简化, 此处, 所用到的技术手段有体现形式统一思想的插项法; 实现化未知为已知, 有体现结构简化思想的估计法, 利用保序性实现甩掉无关项, 保留已知确定项. 由此体现极限的保序性质在估计中的重要应用.

从性质的地位作用看, 存在性和唯一性是数学概念中最基本、最核心的性质. 数学理论, 当然包括数学概念, 都是从现实问题求解的思想方法中进行高度抽象、提炼出来的, 一般来说, 这个概念是否合理, 存在性和唯一性是判别标准, 换句话说, 只有当提出的数学概念同时具有存在性和唯一性时, 才是一个 "好" 的数学概念. 特别是古典的数学分析理论, 是从实践中抽象提炼出的最基本的理论, 所涉及的概念都具有存在性和唯一性, 在后续更复杂的数学理论中, 会遇到一些数学概念不具备唯一性, 或具备更广义意义下的唯一性 (不定积分理论中的原函数概念就是在相差一个常数的意义下具有唯一性). 当然, 任何学科中建立起来的模型, 首要的问题就是模型解的存在性和唯一性. 由此可以看出存在性和唯一性的重要性. 有界性是函数较为初级的性质, 也是基本性质; 有界性是分析学中的大类性质. 一般来说, 在各学科及应用领域中建立的模型多是非线性模型, 求准确解是不可能的, 为此, 需要对非线性模型进行线性近似 (逼近), 线性模型通常具有理论上解的存在性, 由此得到近似解 (列), 为求得原非线性模型的解, 需要对近似解 (列)

的收敛性进行研究, 在很多情形下, 近似解 (列) 收敛性的条件就是某种意义下的有界性. 这正如 Weierstrass 定理 "有界点列必有收敛子列" 所揭示的获得收敛子列的思想, 在后续的分析学中, 各种空间的收敛性条件仍是某种意义下的有界性, 因此, 有界性是研究函数分析性质的基础, 这揭示了有界性的应用思想.

在数学分析中, 我们所遇到的相对来说还是简单的性质, 在后续课程中, 会遇到更复杂的性质, 特别是用于估计的不等式性质.

第 6 讲 量 ε 中的数学思想

ε 是分析学中非常重要的量, 是最难理解的一个量. 大多数学分析教材是在数列极限定义中首次引入该量的, 我们自编的教材中, 首先是在确界的定义中引入该量, 然后在数列极限的定义中再次引入该量 (目的是分散引入该量所带来的难度), 从此之后, 分析学中再也离不开这个量了.

本讲我们以数列极限定义为例, 围绕该量的重要特征进行解读, 加深对该量的理解.

一、 ε 的引入背景

为了解决中学学习的极限的描述性定义的缺点, 在数学分析课程中, 我们引入极限的严谨的数学定义, 定义的核心就是量 ε 的引入, 此量也称为极限定义的灵魂.

引入此量就是刻画两个量充分接近, 即两个实数间的距离充分小或任意小, 或小于任意给定的实数, 这个数就是引入的量 ε.

二、 ε 的属性

在课程中出现的这个量, 不论在哪个地方出现, 都将其默认为一个充分且任意小的正实数, 当然, 这只是这个量的最简单的、最容易理解的属性.

任意性和确定性是量 ε 的基本属性. 所谓的任意性是指这个量在给定前是任意的, 可以任意取值, 或根据需要任意取值; 所谓确定性是指这个量一旦取定, 它就确定下来了, 就具有确定量的特性. 因此, 量 ε 的任意性和确定性揭示了这个量在不同阶段的属性, 即取定前的任意性和取定后的确定性, 这也说明了该量的动态特征.

从应用角度看, 正是有了任意性, 使得我们可以随心所欲地控制数列逼近其极限的程度; 正是有了确定性, 使得我们可以从数学上更容易、更方便地对数列及其极限进行研究. 由此带来了应用上的优势.

三、 ε 的应用

ε 的任意性和确定性在极限的性质的证明中得到充分的体现, 这也是隐藏在证明过程中的思想, 只是需要从一定的高度去理解, 因此, 在学习过程中, 应注意从深度、广度、高度上进行挖掘和抽象总结, 从多方面进行理解和把握.

下面, 通过性质的证明为例, 进行简单的解读.

1. 任意性的应用

以唯一性的证明为例说明.

例 1(极限的唯一性质) 收敛数列的极限必唯一, 即假设 $\lim\limits_{n\to+\infty} x_n = a$ 且还有 $\lim\limits_{n\to+\infty} x_n = b$, 则 $a = b$.

结构分析 现在, 假设仅仅学习了极限的定义, 证明的思路是明确且唯一的, 即用极限的定义证明此性质. 为设计具体的方法, 先简单类比已知, 根据极限的定义, 由两个已知的条件, 已知项的结构是 $|x_n - a|$ 和 $|x_n - b|$, 要证明的结论是 $a = b$, 转化为与已知类似的结构, 研究对象 (未知项) 为 $|a-b|$, 为利用形式统一法建立已知和未知的联系, 由此确定插项法, 我们围绕插项法设计具体的技术路线.

证明 由于 $\lim\limits_{n\to+\infty} x_n = a$, $\lim\limits_{n\to+\infty} x_n = b$, 由定义, 对 $\varepsilon > 0$, 存在 N, 使得 $n > N$ 时, 成立

$$|x_n - a| < \frac{\varepsilon}{2}, \quad |x_n - b| < \frac{\varepsilon}{2},$$

故

$$|a - b| = |a - x_n + x_n - b| \leqslant |x_n - a| + |x_n - b| < \varepsilon.$$

为利用上述结论证明结论, 需要利用 ε 的任意性. 事实上, 假设 $a \neq b$, 不妨设 $a > b$, 取 $\varepsilon = \dfrac{a-b}{2}$, 则

$$|a - b| = a - b > \varepsilon,$$

与条件矛盾, 同样, $a < b$ 也不成立, 故 $a = b$.

抽象总结 (1) 性质证明的方法是插项方法, 利用插项建立两个或多个量的联系, 或建立已知和未知的联系是常用的方法.

(2) 证明过程中, 体现了利用一个具有任意性的动态的量证明两个实数相等的又一方法, 与初等的证明方法形成区别.

例 2 (收敛数列的有界性质) 收敛数列必有界.

结构分析 结论分析: 由有界性的定义, 要证明收敛数列 $\{x_n\}$ 有界, 只需确定已知的、具有确定性的常数 M, 使得 $|x_n| \leqslant M$, 即要研究控制的项是 $|x_n|$. 条件分析: 已知条件转化为量化关系式为 $|x_n - a|$, 其中 a 为极限. 因此, 从结构看, 解题思路的分析和技术路线 (解题的具体方法) 的设计完全类似于唯一性, 因此, 具体的方法还是插项法, 只是由于界必须是一个确定的常数, 已知条件中只有任意的数 ε, 因此, 必须将其定量化.

证明 设 $\lim\limits_{n\to+\infty} x_n = a$, 由定义, 对 $\varepsilon=1$, 存在 $N>0$, 使得 $n > N$ 时, 成立

$$|x_n - a| < 1, \quad n > N,$$

因而,

$$|x_n| = |x_n - a + a| < 1 + |a|, \quad n > N,$$

若取 $M = \max\{|x_1|, \cdots, |x_N|, 1 + |a|\}$, 则 $|x_n| \leqslant M, \forall n$, 故数列 $\{x_n\}$ 有界.

抽象总结 (1) 上述过程中为何取 $\varepsilon=1$? 因为要寻找数列的界, 界必须是一个确定的数, 因此, 必须将 ε 取定, 当然, 取定的方法不唯一, 任何一个确定的正数都可以, 由此体现了 "界的鲜明的确定性的特征".

(2) 通过取特定的 ε 得到数列的一些性质是常用的技巧, 也是化不定为确定的思想的体现.

2. 确定性的应用

事实上, 在涉及极限定义的应用时, 通常都会涉及 ε 的确定性的应用.

例 3 设 $b_k > 0$, $\lim\limits_{n\to+\infty} \dfrac{b_n}{b_1 + b_2 + \cdots + b_n} = 0$, $\lim\limits_{n\to+\infty} a_n = 0$, 证明

$$\lim_{n\to+\infty} \frac{a_1 b_n + a_2 b_{n-1} + \cdots + a_n b_1}{b_1 + b_2 + \cdots + b_n} = 0.$$

结构分析 仍假设思路确定为极限的定义. 由于是抽象的研究对象, 常用分段控制技术设计具体的方法.

证明 由于 $\lim\limits_{n\to+\infty} a_n = 0$, 则对任意 $\varepsilon > 0$, 存在 N, 使得当 $n > N$ 时, 成立

$$|a_n - 0| = |a_n| < \varepsilon,$$

同时, 利用有界性质, 存在常数 M, 使得 $|a_n| \leqslant M, \forall n$.

因而, 当 $n > N$ 时,

$$
\begin{aligned}
& \left| \frac{a_1 b_n + a_2 b_{n-1} + \cdots + a_n b_1}{b_1 + b_2 + \cdots + b_n} \right| \\
\leqslant & \frac{|a_1| b_n + |a_2| b_{n-1} + \cdots + |a_N| b_{n-N+1} + |a_{N+1}| b_{n-N} + \cdots + |a_n| b_1}{b_1 + b_2 + \cdots + b_n} \\
\leqslant & \frac{|a_1| b_n + |a_2| b_{n-1} + \cdots + |a_N| b_{n-N+1}}{b_1 + b_2 + \cdots + b_n} + \frac{b_{n-N} + \cdots + b_1}{b_1 + b_2 + \cdots + b_n} \varepsilon \\
\leqslant & M \frac{b_n + b_{n-1} + \cdots + b_{n-N+1}}{b_1 + b_2 + \cdots + b_n} + \varepsilon
\end{aligned}
$$

$$\leqslant M \sum_{k=n-N+1}^{n} \frac{b_k}{b_1+b_2+\cdots+b_k} + \varepsilon,$$

由于对上述给定的 $\varepsilon > 0$, 由此确定了 N, 这些都可以视为确定的量, 因而, 由于 $\lim\limits_{n\to+\infty} \dfrac{b_n}{b_1+b_2+\cdots+b_n} = 0$, 由定义, 对 $\dfrac{\varepsilon}{N+1}$, 则存在 N_1, 使得当 $n > N_1$ 时, 成立

$$\left| \frac{b_n}{b_1+b_2+\cdots+b_n} \right| < \frac{\varepsilon}{M(N+1)},$$

所以, 当 $n > 2N + N_1 + 1$ 时, 有

$$\left| \frac{a_1 b_n + a_2 b_{n-1} + \cdots + a_n b_1}{b_1 + b_2 + \cdots + b_n} \right| < 2\varepsilon,$$

故 $\lim\limits_{n\to+\infty} \dfrac{a_1 b_n + a_2 b_{n-1} + \cdots + a_n b_1}{b_1 + b_2 + \cdots + b_n} = 0$.

抽象总结 上述证明过程中, 隐藏了 ε 的确定性的应用. 事实上, 在证明过程中, 从逻辑关系看, 先利用条件 $\lim\limits_{n\to+\infty} a_n = 0$, 由定义引入 ε, 一旦给定了 ε, 它就是一个确定的量, 由此进一步确定了量 N, 这些都可以视为已知的确定的量参与计算和论证了.

例 4 设 $\{x_n\}$ 为正数列, 且 $\lim\limits_{n\to+\infty} x_n = 0$, 则 $\lim\limits_{n\to+\infty} (x_1 x_2 \cdots x_n)^{\frac{1}{n}} = 0$.

结构分析 与例 3 结构同, 用相同的思想方法处理.

证明 由于 $\lim\limits_{n\to+\infty} x_n = 0$, 则由定义, 对任意的 $\varepsilon \in (0,1)$, 存在 N_1, 使得当 $n > N_1$ 时,

$$|x_n - 0| = |x_n| < \varepsilon,$$

故当 $n > N_1$ 时,

$$0 < (x_1 x_2 \cdots x_n)^{\frac{1}{n}} \leqslant (x_1 x_2 \cdots x_{N_1})^{\frac{1}{n}} (x_{N_1+1} x_{N_1+2} \cdots x_n)^{\frac{1}{n}} \leqslant (x_1 x_2 \cdots x_{N_1})^{\frac{1}{n}} \varepsilon^{\frac{n-N_1}{n}},$$

即

$$0 < (x_1 x_2 \cdots x_n)^{\frac{1}{n}} \leqslant \left[(x_1 x_2 \cdots x_{N_1}) \varepsilon^{-N_1} \right]^{\frac{1}{n}} \varepsilon,$$

由于 $\lim\limits_{n\to+\infty} \left[(x_1 x_2 \cdots x_{N_1}) \varepsilon^{-N_1} \right]^{\frac{1}{n}} = 1$, 因而, 存在 $N_2 > N_1$, 当 $n > N_2$ 时, 有

$$0 < \left[(x_1 x_2 \cdots x_{N_1}) \varepsilon^{-N_1} \right]^{\frac{1}{n}} < 2,$$

故当 $n > N_2$ 时, $0 < (x_1 x_2 \cdots x_n)^{\frac{1}{n}} < 2\varepsilon$, 故 $\lim\limits_{n\to+\infty} (x_1 x_2 \cdots x_n)^{\frac{1}{n}} = 0$.

抽象总结　证明过程中, 同样充分利用了 ε 的确定性. 由定义引入 ε, 一旦给定了 ε, 它就是一个确定的量, 由此进一步确定了量 N_1, 因而, $x_1, x_2, \cdots, x_{N_1}$ 都是确定的量, 这些量都可以视为已知的确定的量参与计算和论证了, 由此, 我们才有可能利用已知的结论 $\lim\limits_{n\to+\infty}\left[(x_1 x_2\cdots x_{N_1})\varepsilon^{-N_1}\right]^{\frac{1}{n}} = 1$, 再次体现了量 ε 的确定性.

四、 简单小结

通过对量 ε 的分析能够体会到, 以文字表现出来的、表面的东西要从更高的层次上去理解和把握其隐藏在文字表面下的思想和方法, 这就需要一个高度, 更需要经常性的锻炼, 我们必须学会从文字表述下挖掘其隐藏的数学思想, 必须学会从过程中进行抽象与总结. 学习的过程是一个思考、分析、挖掘、总结的过程, 每个环节都应进行不断的重复锻炼.

第 7 讲　无穷大量中的数学思想

从数列引入的应用背景看, 数列的引入是为了研究数列的趋势, 实现利用数列控制趋势或利用趋势控制数列的应用思想, 从而引入极限概念, 建立了极限理论.

在极限理论中, 我们通过趋势将数列进行了分类: 具有确定的、可控的趋势的数列称为收敛数列, 是极限理论研究的主要对象, 是一类 "好" 的数列. 正如自然界中的广泛存在, "好" 只是存在中的少部分, 大部分都是 "不好" 的存在, 数列也是如此, 收敛的 "好数列" 只是数列中极少的部分, 绝大部分的数列都不是收敛的 "好数列", 而是不收敛的 "坏数列". 作为数学理论的研究对象, "好" 的对象易于研究以形成基本的理论, 而对 "坏" 的对象的研究通常能形成新的理论, 推动科学技术的进步, 工程技术领域新成果的诞生、科学研究领域新理论的产生都印证了这个观点. 从结构学的角度看, "好" 的对象通常具有结构简单的特征, 易于研究以形成结论或理论; 而 "坏" 的对象具有较复杂的结构, 不易形成一般的共性理论, 但是, "坏" 的东西又在自然界中广泛存在, 并深刻影响着人类社会, 并且, 随着社会的进步和科技的发展, 在每个阶段, 都有研究 "坏" 的对象的必要性和紧迫性, 这也体现了一般的科研思想.

因此, 在数列极限理论研究中, 对收敛数列的研究形成了数列极限的核心理论, 但是, 对 "坏" 的数列的研究也是非常必要的, 由此, 产生了无穷大量的概念.

一、 无穷大量的定义中的逻辑性

根据数列的趋势和趋势的可控性, 我们对数列进行了分类. 趋势明确可控的为收敛的数列, 这是一类 "好" 数列, 是我们研究的主要对象; 在 "坏" 的数列中, 我们把相对较好的一类数列挑出来进行研究, 这类数列具有明显的趋势, 但是趋势不可控, 这就是无穷大量.

从逻辑关系看, 无穷大量仍是发散数列, 因此, 我们先定义发散数列, 再从发散数列中分离出无穷大量. 当然, 发散数列定义的基础是收敛数列, 我们假设已经定义了收敛数列. 在收敛数列的定义中, 从逻辑上要求存在一个实数 a, 使得 $\{x_n\}$ 收敛于 a. 发散是对应的否定性定义, 必须从否定的角度去定义, 当然, 否定也是从单个的否定到全部否定, 从而, 形成对应的定义顺序.

定义 1　若对实数 a, 存在 $\varepsilon_0 > 0$, 使得对任意的 N, 都存在 $n_0 > N$, 使得

$$|x_{n_0} - a| > \varepsilon_0,$$

则称 $\{x_n\}$ 不收敛于 a.

由此定义知, $\{x_n\}$ 不收敛于 a, 对数列 $\{x_n\}$ 有两种可能: $\{x_n\}$ 可能不收敛, 也可能收敛但不收敛于 a.

定义 2　若对任意的实数 a, $\{x_n\}$ 都不收敛于 a, 称 $\{x_n\}$ 发散或不收敛.

上述的定义过程可以体现收敛、发散的数学上的逻辑关系和哲学关系.

由此定义, 发散数列包含了两种情况, 其一没有明确的变化趋势, 其二, 变化趋势明确但是不可控, 相对来说, 在研究数列的变化趋势方面, 第二种情况相对比第一种情况好, 为此, 我们将其单独分离出来, 给出下列定义.

定义 3　给定数列 $\{x_n\}$, 若对任意的 $G > 0$, 存在 $N > 0$, 当 $n > N$ 时, 有

$$|x_n| > G \quad (x_n > G \text{ 或 } x_n < -G),$$

称 $\{x_n\}$ 是无穷大量 (正无穷大量或负无穷大量).

有时也借用极限的符号, 将无穷大量 $\{x_n\}$ 记为 $\lim\limits_{n \to +\infty} x_n = \infty$, 或 $x_n \to \infty \, (n \to +\infty)$, 正无穷大量记为 $\lim\limits_{n \to +\infty} x_n = +\infty$ 或 $x_n \to +\infty \, (n \to +\infty)$, 负无穷大量记为 $\lim\limits_{n \to +\infty} x_n = -\infty$ 或 $x_n \to -\infty \, (n \to +\infty)$. 一定注意, 此时的符号 $\lim\limits_{n \to +\infty}$ 只是一个借用和记法, 不表示极限的存在性. 有时也把无穷大量称为非正常极限, 对应的收敛数列的极限称为正常极限.

通过上述一系列定义, 数列可以分为

(1) 收敛数列: "好数列", 变化趋势确定、可控, 正常极限.

(2) 有趋势但趋于或发散到 ∞ 的发散数列: 有趋势但不可控, 非正常极限.

(3) 没有趋势的发散数列: 此时更谈不上趋势可控性, 如 $\{(-1)^n\}$.

显然, (2) 和 (3) 都是发散数列, 前两类是我们在古典分析学中研究的主要对象.

二、定义的应用

从理论的结构看, 先建立概念或定义, 利用定义给出一些简单结构的结论; 然后, 再建立相应的运算法则或性质, 由此研究一般结构的对象, 获得相应的一般性结论; 再由此研究特殊结构, 建立相应的特殊的结论或理论. 通常, 越特殊的结论或理论, 其应用的潜在价值就越大. 事实上, 特殊的结构, 才有特殊的性质, 才能带来应用中的优势, 这种现象在自然界中广泛存在, 如圆 (球) 形结构、流线结构、抛物面结构的应用等等都是特殊结构应用的实例. 因此, 建立了无穷大量的概念之后, 必须要掌握利用定义解决一些简单结构的结论验证问题.

我们以正无穷大量为例说明定义的应用.

从定义的结构看, 定义由两部分组成, 要验证的结论 "$x_n > G$" 和结论成立的条件 "$n > N$", 核心是 N 的确定, 即确定使结论成立的核心要素. 因此, 类比极限定义的应用, 决定了无穷大量定义应用的缩小法.

例 1 用定义证明 $\lim\limits_{n \to +\infty} \dfrac{1 - n + n^2}{n + 10} = +\infty$.

证明 对任意 $M > 0$, 取 $N = [4M] + 1$, 则当 $n > N$ 时,

$$\frac{1 - n + n^2}{n + 10} = \frac{1 - n + \dfrac{1}{2}n^2 + \dfrac{1}{2}n^2}{n + 10} \geqslant \frac{1}{2}\frac{n^2}{n + 10} \geqslant \frac{1}{2}\frac{n^2}{2n} = \frac{n}{4} \geqslant \frac{N}{4} > M,$$

故 $\lim\limits_{n \to +\infty} \dfrac{1 - n + n^2}{n + 10} = +\infty$.

抽象总结 无穷大量定义应用的方法和收敛数列极限定义的放大法思想类似, 是相应的缩小方法. 可以类比放大法, 总结提炼出缩小法的作用对象的特点、使用过程分析 (缩小对象、缩小目标、要分离出的项、缩小原则等).

与无穷大量类似, 还有无穷小量的定义, 虽然从名称的形式上相近, 但是二者有本质的区别, 无穷大量是发散数列, 无穷小量是极限为 0 的收敛数列.

三、 简单小结

引入无穷大量, 是将一般的收敛理论进行扩展, 研究对象由收敛的 "好" 数列扩展到 "有趋势但趋势不可控的""坏" 数列, 由此形成的理论都属于古典分析学理论的范畴. 这种研究思想进一步发展, 形成对应的理论. 如数学分析后续内容中的 Weierstrass 定理, 研究一类更坏的数列, 由此将极限的内涵进行拓展, 引入聚点概念, 建立更广的收敛理论. 在现代分析学理论中, 这种研究思想再次拓展, 将实数系 (1 维距离空间) 中的收敛理论推广到更广泛的、更差的各类空间中, 形成对应的收敛理论 (紧致性理论).

第 8 讲　夹逼定理的应用思想

夹逼定理是数列极限的性质之一, 性质很简单, 但是, 简单的性质中隐藏了其深刻的应用思想.

一、 夹逼定理的结构分析

定理 1　若 $\{x_n\},\{y_n\},\{z_n\}$ 满足: $x_n \leqslant y_n \leqslant z_n, n > n_0$ 且 $\lim\limits_{n \to +\infty} x_n = \lim\limits_{n \to +\infty} z_n = a$, 则 $\lim\limits_{n \to +\infty} y_n = a$.

结构分析　(1) 定理的结构由两部分组成, 定理的条件: 三个数列的关系、两头的数列具有相等的极限. 结论: 中间数列的极限结论.

(2) 从定理的结论看, 是要确定中间数列的极限; 定性结论是数列极限的存在性, 定量结论是其极限值的计算. 从这个角度讲, 可以将此定理视为极限运算法则, 当然, 与运算法则不同的是, 运算法则通常是等式关系来确定极限, 此定理是利用不等式关系确定极限.

(3) 思想: 从定理的条件看, 是通过对数列进行适当的放大和缩小来实现结论的, 放大和缩小的过程实际上就是对数列进行简化的过程, 即对一个结构复杂的、难以计算极限的数列进行结构上的简化, 使其化简后的数列能够容易计算极限, 因此, 此定理体现了化繁为简的应用思想.

夹逼定理是一个重要的结论, 但是, 在大多教材中, 此定理的重要性没有体现出来, 下面, 我们通过具体的题目应用, 进一步分析此定理的重要作用.

二、 夹逼定理的应用

例 1　计算 $\lim\limits_{n \to +\infty} \left(\dfrac{1 + 2^n + 3^n + 4^n}{4} \right)^{\frac{1}{n}}$.

结构分析　题型是数列极限的计算. 类比已知: 假设已经掌握极限的定义、四则运算法则和数列极限的性质, 显然, 定义和四则运算法则都不适用于此题目的计算, 需要在性质中选择处理工具, 直接用于计算目的的有夹逼定理, 可以考虑此定理, 由此大致确定思路. 具体方法的设计: 正是结构的复杂性, 使得定义和四则运算法则失效, 而夹逼定理的应用也需要结构简化, 因此, 方法设计的原则是结构简化 (这也可以视为方法设计的总体思路). 分析具体的结构, 分子由四个因子组成, 这是复杂的原因, 因此, 简化结构必须采取 "合" 的方法, 合而为一, 当然, 在这四个因子中, 进一步分析因子的差异, 把特殊的因子找出来, 当然, 放大与缩小的过程中, 最大者和最小者具有特殊作用, 可以取为特殊因子, 因此, 在放缩过程中, 可以在充分考虑此类因子的作用进行放缩处理, 从而, 形成对应的方法.

解　记 $a_n = \left(\dfrac{1 + 2^n + 3^n + 4^n}{4} \right)^{\frac{1}{n}}$, 则

$$a_n \leqslant (4^n)^{\frac{1}{n}} = 4, \quad a_n \geqslant \left(\frac{4^n}{4} \right)^{\frac{1}{n}} = 4 \left(\frac{1}{4} \right)^{\frac{1}{n}},$$

由于 $\lim\limits_{n \to +\infty} \left(\dfrac{1}{4} \right)^{\frac{1}{n}} = 1$, 由夹逼定理, 则 $\lim\limits_{n \to +\infty} \left(\dfrac{1 + 2^n + 3^n + 4^n}{4} \right)^{\frac{1}{n}} = 4$.

抽象总结　(1) 此题目的计算过程体现了夹逼定理的第一类作用对象的特征: 具有确定项的较为复杂的结构, 不适用于定义和直接的四则运算法则. 因而, 可以利用夹逼定理, 通过适当的放缩进行结构简化, 实现极限的计算, 这是夹逼定理的应用思想.

(2) 进一步分析计算过程, 注意到结论 $\lim\limits_{n \to +\infty} a^{\frac{1}{n}} = 1$, 其中 $a > 0$, 上述结构可以改变, 可以自行尝试修改.

例 2　计算 (1) $\lim\limits_{n \to +\infty} \left[\dfrac{1}{(n+1)^2} + \dfrac{1}{(n+2)^2} + \cdots + \dfrac{1}{(2n)^2} \right]$;

(2) $\lim\limits_{n \to +\infty} \dfrac{1! + 2! + \cdots + n!}{n!}$.

结构分析　从结构看, 数列具有 n 项和结构, 由于 n 是极限变量, 在极限过程中, n 不是固定的量, 是变量, 因此, 求和的项数是不确定的, 虽然从形式上看是确定, 我们把这类和称为有限不定和结构. 虽然每一项的极限都为 0, 正是不定和的结构, 使得极限的运算性质失效, 为此, 在极限定义和运算性质失效的情形下, 必须采用夹逼定理来处理. 在放缩过程中, 还有注意特殊因子 (最大因子和最小因子) 的控制作用. 当然, 放缩过程常见的错误就是放缩过头, 一定要注意.

解　(1) 由于

$$\frac{n}{(2n)^2} < \frac{1}{(n+1)^2} + \frac{1}{(n+2)^2} + \cdots + \frac{1}{(2n)^2} < \frac{n}{(n+1)^2},$$

且 $\lim\limits_{n \to +\infty} \dfrac{n}{(2n)^2} = \lim\limits_{n \to +\infty} \dfrac{n}{(n+1)^2} = 0$, 故

$$\lim\limits_{n \to +\infty} \left[\frac{1}{(n+1)^2} + \frac{1}{(n+2)^2} + \cdots + \frac{1}{(2n)^2} \right] = 0.$$

(2) 由于

$$1 < \frac{1!+2!+\cdots+n!}{n!} = \frac{1!+2!+\cdots+(n-2)!+(n-1)!+n!}{n!}$$

$$< 1 + \frac{(n-2)(n-2)!+(n-1)!}{n!} = 1 + \frac{\left[\frac{(n-2)}{n-1}+1\right](n-1)!}{n!}$$

$$< 1 + 2\frac{(n-1)!}{n!} = 1 + \frac{2}{n},$$

故 $\lim\limits_{n\to+\infty} \dfrac{1!+2!+\cdots+n!}{n!} = 1.$

抽象总结　(1) 此结构相对复杂, 用最大因子放大产生 "过头" 的后果, 得不到结论, 为此, 采用更精细的放大控制.

(2) 有限不定和是一类特殊结构, 其特点在于 "不定", 因此, 使得对有限确定和成立的运算性质统统失效, 这种极限的特征类似于待定型极限, 因此, 夹逼定理给出了第一种处理待定型极限的工具.

例 3　计算 (1) $\lim\limits_{n\to+\infty}\left(1+\dfrac{1}{2}+\cdots+\dfrac{1}{n}\right)^{\frac{1}{n}}$; (2) $\lim\limits_{n\to+\infty}\left(\dfrac{1\cdot3\cdot5\cdots\cdots(2n-1)}{2\cdot4\cdot6\cdots\cdots(2n)}\right)^{\frac{1}{n}}$.

结构分析　结构与例 2 相似, 不能用定义和运算法则处理, 考虑用夹逼定理, 方法设计的思路还是利用放缩以简化结构; 结构相对简单的, 可以直接考虑最大因子和最小因子的利用, 对更复杂的结构需要更精细的放缩.

解　(1) 由于 $1 < \left(1+\dfrac{1}{2}+\cdots+\dfrac{1}{n}\right)^{\frac{1}{n}} < n^{\frac{1}{n}}$, 故 $\lim\limits_{n\to+\infty}\left(1+\dfrac{1}{2}+\cdots+\dfrac{1}{n}\right)^{\frac{1}{n}}=1.$

(2) 由于 $\dfrac{1\cdot3\cdot5\cdots\cdots(2n-1)}{2\cdot4\cdot6\cdots\cdots(2n)} < 1$, 且

$$\frac{1\cdot3\cdot5\cdots\cdots(2n-1)}{2\cdot4\cdot6\cdots\cdots(2n)} > \frac{1\cdot3\cdot5\cdots\cdots(2n-1)}{3\cdot5\cdot7\cdots\cdots(2n-1)(2n+1)} = \frac{1}{2n+1},$$

再利用 $\lim\limits_{n\to+\infty} n^{\frac{1}{n}} = 1$, 由夹逼定理, 得 $\lim\limits_{n\to+\infty}\left(\dfrac{1\cdot3\cdot5\cdots\cdots(2n-1)}{2\cdot4\cdot6\cdots\cdots(2n)}\right)^{\frac{1}{n}} = 1.$

三、　简单小结

夹逼定理是一个非常重要的结论, 它处理的结构相对复杂, 因此, 在极限理论的初级阶段, 其重要性并没有完全体现出来, 随着分析理论的进一步发展, 其作用才愈发凸显, 因此, 应该从深度和广度上把握该定理的应用思想.

第 9 讲 Stolz 定理及其应用

Stolz 定理是求解数列待定型极限的一个重要且有效的工具, 其在数列极限理论中的地位和作用等同于 L'Hospital 法则在函数极限理论中的地位和作用, 本讲我们对该定理进行解读与分析.

一、Stolz 定理

定理 1 $\left(\dfrac{\infty}{\infty}\right.$ 型的 Stolz 定理$\left.\right)$ 设 $\{y_n\}$ 是严格单调增加的正无穷大量,

$$\lim_{n \to +\infty} \frac{x_n - x_{n-1}}{y_n - y_{n-1}} = a \quad (a\text{可为有限、} +\infty \text{或} -\infty)$$

则 $\lim\limits_{n \to +\infty} \dfrac{x_n}{y_n} = a$.

结构分析 (1) 定理的结构. 从结论看, 此定理应用于计算极限 $\lim\limits_{n \to +\infty} \dfrac{x_n}{y_n} = a$, 从条件看, 由于仅有数列 $\{y_n\}$ 的信息, 即 $\{y_n\}$ 是严格单调增加的正无穷大量, 由此决定了定理的作用对象的结构特征: 定理主要用于形式为 $\dfrac{\cdot}{+\infty}$ 的不定型极限计算, 这是不定型极限计算又一重要工具.

(2) 从应用的逻辑关系看, 是在已知的条件, 即已知 $\lim\limits_{n \to +\infty} \dfrac{x_n - x_{n-1}}{y_n - y_{n-1}} = a$ 的条件下, 计算 $\lim\limits_{n \to +\infty} \dfrac{x_n}{y_n}$, 应用的逻辑关系体现为关系式

$$\lim_{n \to +\infty} \frac{x_n}{y_n} = \lim_{n \to +\infty} \frac{x_n - x_{n-1}}{y_n - y_{n-1}} = a.$$

(3) 基于上述的逻辑关系, 定理的逆不成立, 即若 $\lim\limits_{n \to +\infty} \dfrac{x_n}{y_n} = a$, 由于

$$\lim_{n \to +\infty} \frac{x_n - x_{n-1}}{y_n - y_{n-1}}$$

不一定存在, 故不一定有 $\lim\limits_{n \to +\infty} \dfrac{x_n - x_{n-1}}{y_n - y_{n-1}} = a$, 当然, 若 $\lim\limits_{n \to +\infty} \dfrac{x_n - x_{n-1}}{y_n - y_{n-1}}$ 存在, 则必有 $\lim\limits_{n \to +\infty} \dfrac{x_n - x_{n-1}}{y_n - y_{n-1}} = a$. 如取 $x_n = (-1)^{n+1}n, y_n = n^2$, 则 $\lim\limits_{n \to +\infty} \dfrac{x_n}{y_n} = 0$, 但

是 $\lim\limits_{n\to+\infty}\dfrac{x_n-x_{n-1}}{y_n-y_{n-1}}$ 不存在.

(4) 当 $\lim\limits_{n\to+\infty}\dfrac{x_n-x_{n-1}}{y_n-y_{n-1}}=\infty$, 结论不一定成立, 如取 $x_n=(-1)^{n+1}n$, $y_n=n$,

则 $\lim\limits_{n\to+\infty}\dfrac{x_n-x_{n-1}}{y_n-y_{n-1}}=\infty$, 但是 $\dfrac{x_n}{y_n}=(-1)^{n+1}$, 极限不存在.

定理 2 $\left(\dfrac{0}{0}\ 型\ Stolz\ 定理\right)$　设 $\lim\limits_{n\to+\infty}x_n=0$, $\{y_n\}$ 单调递减收敛于 0, 若

$\lim\limits_{n\to+\infty}\dfrac{x_n-x_{n-1}}{y_n-y_{n-1}}=a$, 则 $\lim\limits_{n\to+\infty}\dfrac{x_n}{y_n}=a$, 其中 a 可为有限、$+\infty$ 或 $-\infty$.

上述两个 Stolz 定理是处理较复杂的数列待定型极限的重要工具.

二、应用

在利用 Stolz 定理研究数列待定型极限时, 由于两种类型的待定型极限能够相互转化, 将待定型数列转化为哪种类型或选择哪个定理进行处理是较为关键的步骤, 决定了后续处理的难易程度, 因此, 有必要对 Stolz 定理的应用机理进行简单的分析.

从定理的逻辑关系看, 是将数列 $\left\{\dfrac{x_n}{y_n}\right\}$ 的极限转化为数列 $\left\{\dfrac{x_n-x_{n-1}}{y_n-y_{n-1}}\right\}$ 的极限来处理, 因此, 从一般的科研思想看, 数列 $\left\{\dfrac{x_n-x_{n-1}}{y_n-y_{n-1}}\right\}$ 的结构应该比数列 $\left\{\dfrac{x_n}{y_n}\right\}$ 的结构简单, 这是选择定理类型的原则, 也是定理应用的思想. 因此, 在应用定理时, 考虑基于 $\{x_n-x_{n-1}\}$ 或 $\{y_n-y_{n-1}\}$ 的结构比 $\{x_n\}$ 或 $\{y_n\}$ 的结构简单, 进而使数列 $\left\{\dfrac{x_n-x_{n-1}}{y_n-y_{n-1}}\right\}$ 的结构比数列 $\left\{\dfrac{x_n}{y_n}\right\}$ 的结构简单的原则选择使用对应的 Stolz 定理.

例 1　计算 $\lim\limits_{n\to+\infty}\dfrac{\sum\limits_{k=1}^{n}k^{ak}}{n^{an}}$, 其中 $a>0$ 为常数.

结构分析　题型为数列极限的计算; 结构特点是 $\dfrac{\infty}{\infty}$ 型的待定型极限; 类比已知, 处理这类极限的工具有夹逼定理 (利用不等式理论, 通过放缩估计得到相应的结论)、Stolz 定理; 从应用方法看, Stolz 定理的应用思想更简单, 一般来说, 优先选择 Stolz 定理 (当然, 也可以试验方法确定相应的工具), 从数列的具体结构看, 分子 $\{x_n\}$ 是有限不定和的结构, 相邻两项的差可以抵消大多项, 以使结构简化, 即 $\{x_n-x_{n-1}\}$ 的结构要比 $\{x_n\}$ 的结构更简单, 这正是 Stolz 定理作用对象的特征. 由此确定解题思路: 用 Stolz 定理求解; 具体的方法相对简单, 直接计算即可.

解 由 Stolz 定理, 得

$$\lim_{n \to +\infty} \frac{\sum\limits_{k=1}^{n} k^{ak}}{n^{an}} = \lim_{n \to +\infty} \frac{(n+1)^{a(n+1)}}{(n+1)^{a(n+1)} - n^{an}},$$

右端求极限的数列结构为由三个同类的幂指结构因子的有理式结构, 通常采用主项控制技术来处理, 主项就是增长速度最大的项, 显然, 此处的主项为 $(n+1)^{a(n+1)}$, 用主项同除分子和分母, 实现用主项控制各项的目的, 则

$$\lim_{n \to +\infty} \frac{\sum\limits_{k=1}^{n} k^{ak}}{n^{an}} = \lim_{n \to +\infty} \frac{1}{1 - \dfrac{n^{an}}{(n+1)^{a(n+1)}}} = \lim_{n \to +\infty} \frac{1}{1 - \left(\dfrac{n}{n+1}\right)^{an} \dfrac{1}{(n+1)^{a}}} = 1.$$

例 2 计算 $\lim\limits_{n \to +\infty} \dfrac{n^k}{a^n}$, 其中 $a > 1$ 为常数 k 为正整数.

结构分析 题型仍是待定型极限的计算. 由于题目结构相对简单, 可以用多种方法求解, 如利用极限的定义 (需要利用特殊的不等式性质), 或利用单调有界收敛定理, 也可以利用 Stolz 定理求解. 此处, 我们利用 Stolz 定理求解, 为此, 我们遵循从简到繁的科研思想进行求解.

解 当 $k=1$ 时, 由 Stolz 定理, 则

$$\lim_{n \to +\infty} \frac{n}{a^n} = \lim_{n \to +\infty} \frac{1}{a^{n+1} - a^n} = \lim_{n \to +\infty} \frac{1}{a^n(a-1)} = 0.$$

当 $k > 1$ 时, 记 $b = a^{\frac{1}{k}} > 1$, 利用极限的运算性质和上述结论, 则

$$\lim_{n \to +\infty} \frac{n^k}{a^n} = \lim_{n \to +\infty} \left(\frac{n}{b^n}\right)^k = \left(\lim_{n \to +\infty} \frac{n}{b^n}\right)^k = 0.$$

例 3 计算 $\lim\limits_{n \to +\infty} (n!)^{\frac{1}{n}}$.

结构分析 数列极限的结构为幂指结构, 常用的处理方法有对数法和基于指数函数和对数函数的性质变换方法, 二者方法的本质是相同, 都是将幂指结构转化为乘积结构, 由此将幂指结构的极限转化为基本的 $\dfrac{0}{0}$ 或 $\dfrac{\infty}{\infty}$ 待定型极限, 进一步可以利用相应的工具处理.

解 记 $x_n = (n!)^{\frac{1}{n}}$, 则

$$x_n = e^{\ln(n!)^{\frac{1}{n}}} = e^{\frac{\ln 1 + \ln 2 + \cdots + \ln n}{n}},$$

下面计算 $\left\{\dfrac{\ln 1 + \ln 2 + \cdots + \ln n}{n}\right\}$ 的极限, 利用 Stolz 定理, 则

$$\lim_{n \to +\infty} \frac{\ln 1 + \ln 2 + \cdots + \ln n}{n} = \lim_{n \to +\infty} \ln n = +\infty,$$

故 $\lim\limits_{n \to +\infty} (n!)^{\frac{1}{n}} = +\infty$.

例 4　计算 $\lim\limits_{n \to +\infty} \left(\dfrac{1^k + 2^k + \cdots + n^k}{n^k} - \dfrac{n}{k+1}\right)$.

结构分析　数列结构由两部分组成, 主要部分符合 Stolz 定理作用对象的特征, 可以考虑用 Stolz 定理求解的思路; 当然, 需要进行整体简化处理.

解

$$\begin{aligned}
\text{原式} &= \lim_{n \to +\infty} \frac{(k+1)(1^k + 2^k + \cdots + n^k) - n^{k+1}}{(k+1)n^k} \\[2mm]
&= \lim_{n \to +\infty} \frac{(k+1)\sum\limits_{i=1}^{n} i^k - (k+1)\sum\limits_{i=1}^{n-1} i^k - n^{k+1} + (n-1)^{k+1}}{(k+1)n^k - (k+1)(n-1)^k} \\[2mm]
&= \lim_{n \to +\infty} \frac{(k+1)n^k - n^{k+1} + (n-1)^{k+1}}{(k+1)n^k - (k+1)(n-1)^k} \\[2mm]
&= \lim_{n \to +\infty} \frac{(k+1)n^k - n^{k+1} + \sum\limits_{i=0}^{k+1} C_{k+1}^i n^{k+1-i}(-1)^i}{(k+1)n^k - (k+1)\sum\limits_{i=0}^{k} C_k^i n^{k-i}(-1)^i} \\[2mm]
&= \lim_{n \to +\infty} \frac{C_{k+1}^2 n^{k-1}}{(k+1)C_k^1 n^{k-1}} = \frac{1}{2}.
\end{aligned}$$

例 5　设 $x_0 = \dfrac{1}{2}$, $x_n = \sqrt{\dfrac{2x_{n-1}^2}{2 + x_{n-1}^2}}$, $n = 1, 2, \cdots$, 证明: (1) $\lim\limits_{n \to +\infty} x_n = 0$;

(2) $\lim\limits_{n \to +\infty} \sqrt{\dfrac{n}{2}}\, x_n = 1$.

结构分析　(1) 是迭代数列的极限问题, 具有 "单调有界收敛定理" 作用对象的典型特征, 只需用此定理验证即可.

(2) 从要证明的结论看, 要研究的数列极限为 $0 \cdot \infty$ 型的极限, 对数列的这种不定型极限, 常用的工具有 Stolz 定理, 为利用 Stolz 定理, 需将其转化为 $\dfrac{\infty}{\infty}$ 或 $\dfrac{0}{0}$

型, 为此, 需要把一个因子转移到分母上, 但是, 注意到结构中因子, 不论将哪个因子转移到分母上, 相邻两项差的结构都不简单, 因此, 为利用 Stolz 定理, 先简化数列结构, 将无理因子去掉, 证明等价的结论 $\lim\limits_{n\to+\infty} nx_n^2 = 2$, 此时, 为使相邻两项差简单, 应将因子 x_n^2 转移到分母上, 对极限 $\lim\limits_{n\to+\infty} nx_n^2 = \lim\limits_{n\to+\infty} \dfrac{n}{\frac{1}{x_n^2}}$ 应用 Stolz 定理. 由此, 形成对应的解题思路与方法.

证明 (1) 显然, $x_n > 0, \forall n$; 由于

$$x_{n+1}^2 - x_n^2 = \frac{2x_n^2}{2+x_n^2} - x_n^2 = -\frac{x_n^4}{2+x_n^2} < 0,$$

故 $\{x_n\}$ 是单调递减且有下界的数列, 因而, $\{x_n\}$ 必收敛.

设 $\lim\limits_{n\to+\infty} x_n = a \geqslant 0$, 利用迭代公式和极限的四则运算法则有 $a^2 = \dfrac{2a^2}{2+a^2}$, 故 $a = 0$.

(2) 考察 $\lim\limits_{n\to+\infty} nx_n^2$, 利用 Stolz 定理, 则

$$\lim_{n\to+\infty} nx_n^2 = \lim_{n\to+\infty} \frac{n}{\frac{1}{x_n^2}} = \lim_{n\to+\infty} \frac{1}{\frac{1}{x_{n+1}^2} - \frac{1}{x_n^2}}$$

$$= \lim_{n\to+\infty} \frac{x_{n+1}^2 x_n^2}{x_n^2 - x_{n+1}^2} = \lim_{n\to+\infty} \frac{x_{n+1}^2}{x_n^2}(2+x_n^2) = 2,$$

故 $\lim\limits_{n\to+\infty} \sqrt{\dfrac{n}{2}} x_n = 1$.

三、 简单小结

Stolz 定理是研究待定型数列极限的一个重要工具, 在使用过程中, 特别是对较复杂的结构, 应该注意使用的原则, 以此原则为基准, 对结构进行简化.

第 **10** 讲　确界与极限的关系及应用方法

在研究函数初等的分析性质——函数的有界性时, 我们引入了确界的概念, 从此, 确界就与我们所研究的分析性质紧密关联, 成为研究函数更高级分析性质的重要工具, 如何利用确界这个重要的概念研究函数的分析性质是我们必须掌握的技术手段.

从确界的定义看, 利用数学分析中一个非常重要的量 ε, 建立了确界的定义, 也正是这个量, 使得对确界定义的理解和应用变得非常困难, 直到引入了极限的定义之后, 建立了确界和极限的联系, 用极限表示确界, 也称之为确界的极限表示定理, 从而, 可以利用极限来研究确界问题, 本讲我们对确界的这个重要性质进行解读.

一、 确界的极限表示定理

给定有界非空实数集合 E, 确界具有如下的性质, 我们称之为确界的极限表示定理.

定理 1　设 $\beta = \sup E, \alpha = \inf E$, 则存在点列 $\{x_n\} \subset E, \{y_n\} \subset E$, 使得

$$\lim_{n \to +\infty} x_n = \beta, \quad \lim_{n \to +\infty} y_n = \alpha.$$

定理的结构分析　从定理的结构看, 它将确界转化为数列的极限, 体现了定理的应用思路——化未知为已知, 即可以充分利用已知的极限的运算法则和性质解决确界问题, 为确界研究提供了极大的方便.

例 1　设 A 是有界的正数集合, 且 $\beta = \sup A > 0$, 令 $B = \left\{ \dfrac{1}{x} : x \in A \right\}$, 证明: $\inf B = \dfrac{1}{\sup A}$.

结构分析　题型为确界关系的讨论, 或相关集合的确界关系的讨论, 可以利用确界的定义来讨论, 当然, 由于定义是最底层的工具, 一般来说, 定义仅用于讨论最简单的题目, 因此, 我们可以选择更高级的工具, 我们建立了此定理后, 就可以利用此定理为工具研究确界问题.

证明　记 $\alpha = \inf B$. 由于 $\beta = \sup A$, 由定理, 存在 $x_n \in A$, 使得 $\lim\limits_{n \to +\infty} x_n = \beta$, 记 $y_n = \dfrac{1}{x_n} \in B$, 由确界定义, 则 $y_n = \dfrac{1}{x_n} \geqslant \alpha$, 利用极限的保序性质, 则

$\dfrac{1}{\beta} \geqslant \alpha$. 另一方面, 存在 $y_n \in B$, 使得 $\lim\limits_{n \to +\infty} y_n = \alpha$, 由集合的定义, 存在 $x_n \in A$, 使得 $y_n = \dfrac{1}{x_n}$, 由确界定义, 则 $x_n = \dfrac{1}{y_n} \leqslant \beta$, 因而, $\dfrac{1}{\beta} \leqslant y_n$, 利用极限的保序性质, 则 $\dfrac{1}{\beta} \leqslant \alpha$, 故 $\alpha = \dfrac{1}{\beta}$.

抽象总结 从例 1 的解题过程中可以总结利用定理研究相关集合确界关系的思想方法, 即分别从不同集合的确界出发, 将对应的确界转化为数列的极限, 从而, 利用集合间的关系, 建立对应的数列及其极限关系, 进一步建立确界关系.

再看一个例子.

例 2 给定有界数列 $\{x_n\}, \{y_n\}$, 证明:

$$\sup\{x_n + y_n\} \leqslant \sup\{x_n\} + \sup\{y_n\}.$$

结构分析 采用与例 1 类似的思想方法. 由于要证明的结论是不等式 (这是与例 1 的区别), 只需从其中的一端出发进行证明即可, 显然, 由于左端只有一项, 从左端出发进行证明更简单些.

证明 记 $\alpha = \sup\{x_n\}$, $\beta = \sup\{y_n\}$, $\gamma = \sup\{x_n + y_n\}$.

从左端出发. 由于 $\gamma = \sup\{x_n + y_n\}$, 由定理 1, 则存在 $\{x_{n_k}\}, \{y_{n_k}\}$, 使得 $\gamma = \lim\limits_{k \to +\infty} (x_{n_k} + y_{n_k})$, 再记 $\alpha_1 = \sup\{x_{n_k}\}$, 则存在 $\{x_{n_{k_l}}\}$, 使得 $\alpha_1 = \lim\limits_{l \to +\infty} x_{n_{k_l}}$, 再记 $\beta_1 = \sup\{y_{n_{k_l}}\}$, 则存在 $\{y_{n_{k_l}}\}$, 使得 $\beta_1 = \lim\limits_{l \to +\infty} y_{n_{k_l}}$, 根据收敛数列与其子列的极限关系, 则

$$\gamma = \lim_{k \to +\infty} (x_{n_k} + y_{n_k}) = \lim_{l \to +\infty} (x_{n_{k_l}} + y_{n_{k_l}}) = \alpha_1 + \beta_1,$$

又由于 $\{x_{n_{k_l}}\}, \{y_{n_{k_l}}\}$ 分别是 $\{x_n\}, \{y_n\}$ 的子列, 则

$$\alpha_1 = \sup\{x_{n_{k_l}}\} \leqslant \sup\{x_n\} = \alpha,$$

$$\beta_1 = \sup\{y_{n_{k_l}}\} \leqslant \sup\{y_n\} = \beta,$$

故 $\gamma \leqslant \alpha + \beta$.

二、 简单小结

从上述两个例子可知, 利用定理, 我们可以将相关集合的确界关系的讨论转化为相关数列的收敛性及其极限关系的讨论, 从而, 为我们利用已知的极限理论研究确界问题提供了理论工具.

第**11**讲 单调有界收敛定理的应用方法

单调有界收敛定理是实数基本定理之一, 在微积分理论体系中具有重要的作用, 我们可以以此定理建立一些重要的结论, 体现该定理的理论意义, 同时, 还可以利用此定理解决具体的数学问题, 本讲我们讨论此定理在迭代数列收敛性研究中的应用, 这也是该定理主要的具体应用.

一、 单调有界收敛定理及其应用思想

1. 单调有界收敛定理

下面的定理称为单调有界收敛定理.

定理 1 单调有界数列必定收敛.

这是一个非常简单的结论, 给出了特殊条件下数列的收敛性结论, 在数学分析课程中, 利用此定理建立了一些重要理论, 如由此证明了闭区间套定理, 进一步建立 Weierstrass 定理、有限开覆盖定理, 由此建立整个实数基本定理的理论体系, 体现了此定理的重要理论地位; 同时, 还利用此定理得到了一个具体数列的极限结论, 即重要极限 $\lim\limits_{n\to+\infty}\left(1+\dfrac{1}{n}\right)^n=\mathrm{e}$, 为后续相应的函数的微分理论的建立奠定了基础, 因此, 此定理具有重要的理论意义, 也具有重要的应用意义, 所以, 此定理是常见的考点, 在重要的考试如硕士研究生入学考试、各种竞赛中经常见到关于此定理应用的题目.

本讲我们主要讨论此定理在一类重要题型中的应用, 即在迭代数列的收敛性问题研究中的应用.

2. 迭代数列

所谓迭代数列是指由数列的初始项和迭代公式, 确定数列的每一项而得到的数列. 抽象为数学表示为: 设 $f(x)$ 为已知的函数, 给定 a_0, 令 $a_n=f(a_{n-1}), n=1,2,\cdots$, 由此定义的数列 $\{a_n\}$ 为迭代数列. 这是迭代数列的基本结构, 迭代数列还有一些变形表示. 迭代数列的常规题型是: 给定迭代数列, 判断其收敛性并计算其极限.

单调有界收敛定理是研究这类问题的有效工具.

3. 应用过程分析

利用单调有界收敛定理研究数列的收敛性需要验证两个条件: 单调性和有界性. 我们将应用过程划分为如下的步骤.

(1) 预判.

两个条件验证的基本思想方法称为预判法. 由于单调性有两种方式, 单调递增和单调递减; 界也具有两个不同的方向, 上界和下界, 且上下界都不唯一, 因此, 这两个条件都具有方向、不唯一的共同的属性, 因而, 验证这两个条件前, 先明确验证方向, 即对单调性的验证, 是验证单调递增还是验证单调递减, 对有界性的验证, 是验证上界还是验证下界, 即对结果进行预判, 由此形成预判法.

预判法就是用来解决确定方向性问题的方法, 此方法首先利用迭代公式, 在假设数列收敛的条件下 (由于题目要求计算极限, 数列必定收敛), 计算出极限, 然后将极限与数列的前面几项进行比较, 若前面几项不大于极限, 则可以预判数列是单调递增的且极限 (或比极限大的数) 就是要验证的数列的上界; 若前面几项不小于极限, 则可以预判数列是单调递减的且极限 (或比极限小的数) 就是要验证的数列的下界; 由此确定了要判别的方向. 还可以利用迭代公式计算出具体的前面几项 (一般来说, 计算出前面三项或四项就够了), 通过比较这几项的大小, 可以预判单调性, 当然, 与前面的预判方法相比, 缺点是不能确定要验证的具体的上界或下界.

至此, 解决了判断的方向性问题.

(2) 单调性的验证.

证明单调性常用的方法有差值法和比值法.

差值法就是通过验证相邻两项的差的符号得到数列的单调性, 即若 $a_{n+1} - a_n \geqslant 0, n = 1, 2, \cdots$, 则 $\{a_n\}$ 单调递增; 若 $a_{n+1} - a_n \leqslant 0, n = 1, 2, \cdots$, 则 $\{a_n\}$ 单调递减.

比值法适用于不变号的数列, 通过考察相邻两项的比值得到数列的单调性. 设 $\{a_n\}$ 为正数列, 若 $\frac{a_{n+1}}{a_n} \geqslant 1, n = 1, 2, \cdots$, 则 $\{a_n\}$ 单调递增; 若 $\frac{a_{n+1}}{a_n} \leqslant 1, n = 1, 2, \cdots$, 则 $\{a_n\}$ 单调递减.

对较简单的结构, 还可以利用观察法和归纳法. 当然, 学习了导数理论后, 还可以将数列的单调性转化为函数的单调性来判断.

(3) 有界性的验证.

常用的有界性的验证方法有归纳法和不等式求解法.

归纳法是在预判的前提条件下, 归纳证明预判得到的解就是我们所需要的界. 不等式求解法通常需要用到单调性, 即利用单调性将迭代公式转化为关于数列通项的不等式, 通过不等式的求解得到相应的界.

需要注意的是验证的次序, 有时需要先证明单调性, 再利用单调性得到有界性, 有时需要先证明有界性, 再利用有界性证明单调性, 因此, 要具体问题具体分析.

二、应用举例

例 1　设 $x_1 = \sqrt{2}, x_{n+1} = \dfrac{-1}{2+x_n}, n = 1, 2, \cdots,$ 求 $\lim\limits_{n\to+\infty} x_n$.

结构分析　题型为迭代数列的极限计算; 思路是利用单调有界收敛定理求解. 具体的技术路线的设计是预判和验证.

预判: $\{x_n\}$ 收敛, 假设极限为 a, 则 $a = \dfrac{-1}{2+a}$, 解之得 $a = -1$.

由于 $x_1 = \sqrt{2}, x_2 = \dfrac{-1}{2+\sqrt{2}} > -1, x_3 = \dfrac{2+\sqrt{2}}{3+2\sqrt{2}}(-1) > -1$, 因此, 预判数列单调递减, -1 为其下界.

证明　先证明单调性.

用差值法, 由于

$$x_{n+1} - x_n = \frac{-1}{2+x_n} - x_n = \frac{-(1+x_n)^2}{2+x_n} \leqslant 0,$$

因而, $\{x_n\}$ 单调递减.

再证明有界性. 用归纳法可以证明 $x_n > -1$. 事实上, 若 $x_n > -1$, 则

$$x_{n+1} + 1 = \frac{-1}{2+x_n} + 1 = \frac{1+x_n}{2+x_n} > 0,$$

故 $x_{n+1} > -1$.

由单调有界收敛定理可知, $\{x_n\}$ 收敛, 假设极限为 a, 则

$$a = \frac{-1}{2+a},$$

解之得 $a = -1$.

例 2　设 $0 < c \leqslant 1, a_1 = \dfrac{c}{2}, a_{n+1} = \dfrac{c}{2} + \dfrac{a_n^2}{2}, n = 1, 2, \cdots,$ 证明 $\lim\limits_{n\to+\infty} a_n$ 存在且求其值.

结构分析　题型为迭代数列的极限问题, 思路是用单调有界收敛定理处理本题.

预判: 单调性分析. 直接计算考察得

$$a_1 = \frac{c}{2}, \quad a_2 = \frac{c}{2} + \frac{c^2}{8} > a_1, \quad a_3 = \frac{c}{2} + \frac{1}{2}\left(\frac{c}{2} + \frac{c^2}{8}\right) > a_2,$$

因此, 预判 $\{a_n\}$ 为单调递增.

若 $\lim\limits_{n \to +\infty} a_n = a$, 则 $a = \dfrac{c}{2} + \dfrac{a^2}{2}$, 则 $a = 1 \pm \sqrt{1-c}$, 这两个值中某一个值应该是数列的上界.

证明 先用归纳法证明有上界性. 由于

$$1 - \sqrt{1-c} - a_1 = \frac{1}{2}[2 - 2\sqrt{1-c} - c]$$
$$= \frac{1}{2}[(1-c) - 2\sqrt{1-c} + 1]$$
$$= \frac{1}{2}(1 - \sqrt{1-c})^2 \geqslant 0,$$

则

$$a_1 \leqslant 1 - \sqrt{1-c}.$$

若设 $a_n \leqslant 1 - \sqrt{1-c}$, 则

$$a_{n+1} \leqslant \frac{c}{2} + \frac{1}{2}(1 - \sqrt{1-c})^2 = 1 - \sqrt{1-c},$$

故归纳证明了数列有上界 $1 - \sqrt{1-c}$.

再用差值法证明单调性. 计算得

$$a_{n+1} - a_n = \frac{c}{2} + \frac{a_n^2}{2} - a_n = \frac{1}{2}(a_n^2 - 2a_n + c)$$
$$= \frac{1}{2}\left(a_n - 1 + \sqrt{1-c}\right)\left(a_n - 1 - \sqrt{1-c}\right) \geqslant 0,$$

因而, $\{a_n\}$ 单调递增.

由单调有界收敛定理, $\{a_n\}$ 收敛, 设极限为 a, 则

$$a = \frac{c}{2} + \frac{a^2}{2},$$

解之得 $a = 1 \pm \sqrt{1-c}$, 但是, 由于数列有上界 $1 - \sqrt{1-c}$, 故应舍去 $1 + \sqrt{1-c}$, 因而,

$$a = 1 - \sqrt{1-c}.$$

注 此例验证单调性时用到了数列有某个具体的上界的性质, 因此, 要先证明上界性, 再证明其单调性.

例 3　设 $a > 0$, 记 $y_1 = \sqrt{a}$, 构造 $y_n = \sqrt{a + y_{n-1}}$, 证明: $\{y_n\}$ 收敛, 并计算 $\lim\limits_{n \to +\infty} y_n$.

结构分析　数列具有明显的单调递增的特性 (直接观察), 关于界的验证, 可以利用预判法, 还可以转化为不等式的求解.

证明　通过观察可得

$$y_{n+1} = \underbrace{\sqrt{a + \sqrt{a + \cdots + \sqrt{a}}}}_{n+1}$$

$$\geqslant \underbrace{\sqrt{a + \sqrt{a + \cdots + \sqrt{a}}}}_{n} = y_n > 0,$$

因而, $\{y_n\}$ 单调递增 (也可以用归纳法证明).

再证有界性 (上界). 由单调递增性质, 可知

$$y_n \geqslant y_1 = \sqrt{a}, \quad \forall n > 1,$$

由结构条件得

$$y_n^2 = a + y_{n-1} \leqslant a + y_n,$$

故

$$y_n \leqslant \frac{a}{y_n} + 1 \leqslant \sqrt{a} + 1,$$

因而, $\{y_n\}$ 有界.

由定理 1, $\{y_n\}$ 收敛. 设 $\lim\limits_{n \to +\infty} y_n = b$, 利用极限的运算性质, 则 $b = \sqrt{a + b}$, 求解并舍去负根解, 得

$$b = \frac{1 + \sqrt{4a + 1}}{2}.$$

三、 简单小结

单调有界收敛定理是一个非常重要的结论, 需要掌握利用此定理求解迭代数列的极限的基本思想方法.

第**12**讲 闭区间套定理的应用方法

闭区间套定理是实数基本定理之一, 在建立数学分析相关理论中, 有重要作用, 显示了该定理的重大理论价值和意义. 本讲我们对该定理进行简单的解读.

一、 闭区间套定理及其应用思想

先给出闭区间套的定义, 再给出相应的定理.

定义 1 若区间列 $\{[a_n, b_n]\}$ 满足

(1) $[a_{n+1}, b_{n+1}] \subset \{[a_n, b_n]\}$, $n = 1, 2, \cdots$;

(2) $\lim\limits_{n \to +\infty} (b_n - a_n) = 0$,

则称 $\{[a_n, b_n]\}$ 为一个闭区间套.

定理 1 假设 $\{[a_n, b_n]\}$ 为一个闭区间套, 则存在唯一的 ξ, 使得对任意的 n, 都有 $\xi \in [a_n, b_n]$, 且 $\lim\limits_{n \to +\infty} a_n = \lim\limits_{n \to +\infty} b_n = \xi$.

结构分析 从定理的形式看, 此定理是利用闭区间套 "套住" 一个点, 从这个意义看, 此定理是一个 "点定理", 即用于确定一个点.

建立定理的目的还是为了应用, 我们再从应用的角度分析定理.

数学分析的研究对象是初等函数, 研究内容是函数的分析性质. 在教学过程中, 我们曾对课程中引入的概念, 从属性上对其分类, 分为整体性概念和局部性概念. 一般来说, 只能在区间上定义的概念为整体性概念; 在某一点处定义且通过点点定义形成区间上定义的概念为局部性概念. 如有界性、可积性、一致连续性等都是整体性概念, 连续性、可微性等都是局部性概念. 同样, 我们也可以将性质进行类似的分类, 分为整体性质和局部性质, 在区间上成立的性质为整体性质, 在某一点局部成立的性质为局部性质, 所谓局部成立, 是指存在这个点的某个邻域, 使得在此邻域内成立性质.

在分析性质的研究中, 经常会遇到整体性质和局部性质相互转化的题目, 即在一定条件下, 由点点成立的局部性质得到整体性质 (如利用连续性在某些条件下获得一致连续性, 就是实现性质从局部到整体的转化), 或利用区间上所具有的整体性质, 在一定条件下, 确定某一点处具有相同的局部性质 (如区间含有某个数列的无穷多项就可以视为在区间上成立的一个整体属性或整体性质), 我们把这两类题目都归为整体属性和局部属性的转化.

再来分析一下两类性质转化的逻辑关系. 从形式上看, 点点成立累加到区间上应该也成立, 但是, 如果从本质上进行分析, 这种成立不一定是自然的事. 事实上, 如果把性质视为一种运算, 那么, 这种累加成立类似于运算对和运算成立, 这种性质有很多, 如两个函数可微, 则其和函数也可微, 对我们所学到的性质而言, 一般都具有线性性质, 即推广到有限和都成立. 我们中学所研究的内容都局限于 "有限" 的框架下, 不涉及 "无限" 问题; 但是, 在大学阶段, 我们研究的内容多与无限有关, 这是中学和大学学习内容的显著区别. 由于区间内的点有无限多个, 因此, 点点成立累加到区间上的运算, 本质上是研究此性质是否对无限和成立, 在数学分析中, 大多性质对无限和都不成立, 因此, 点点成立累加到区间上, 性质并不是总能成立的; 同样, 在整个闭区间上成立的性质, 由于仍然涉及区间内点的无限多个, 因此, 并不能保证在区间内的每一点处的局部性质都成立. 正是由于整体性质和局部性质的转化都不是自然成立的, 因此, 我们研究这样的问题是有意义的.

因此, 可以猜想, 闭区间套定理也应该是用于研究函数的分析性质, 结合定理的结构形式, 该定理应该应用于确定某个点, 使得在此点具有需要的分析性质, 又注意到 "点" 具有局部性, 因此, 闭区间套定理的作用应该是将整个闭区间上成立的整体属性使得在被套住的点处也局部成立, 从这个意义看, 闭区间套定理实现了属性 (或性质) 从整体到局部的转化, 这就是定理的作用对象特征.

二、 应用举例

我们以 Weierstrass 定理的证明为例说明其应用.

定理 2 (Weierstrass 定理) 有界数列 $\{x_n\}$ 必有收敛子列.

结构分析 定理的结构很简单, 表现为条件结构简单, 定理的条件就是数列的有界性, 即存在正常数 M, 使得 $|x_n| \leqslant M$, 或者 $-M \leqslant x_n \leqslant M$, 这是最基本的条件; 结论的结构也简单, 只需证明数列有收敛子列. 但是, 类比已知, 并没有与此结论关联紧密的已知的直接的结论, 又由于条件很弱, 因此, 形成证明的思路较为困难. 事实上, 从目前掌握的理论来看, 要证明一个数列或子列收敛, 可以利用的工具有定义、两边夹定理和单调有界收敛定理等已知理论工具, 定义法需要知道极限值, 两个定理的条件也很强, 从所给的条件看, 可以利用的用于证明收敛性的信息很少, 上述工具基本上不能直接用于本定理的证明. 故必须多方位、多角度分析结构. 因此, 换一个角度分析结论, 当从条件和结论的分析很难直接形成证明思路时, 可以换一种思考方式, 从研究定理的**必要条件**入手, 先证明一个较弱的结论, 寻找证明的思路, 这也是常用的科研思想. 因此, 我们假设结论成立, 即假设存在收敛的子列, 挖掘一下在此条件下数列的信息, 从此信息入手, 确立证明的思路.

从考察 "存在一个收敛的子列" 的几何意义出发. 从几何上看, 存在一个收敛子列是指: 存在一个点, 使得在此点的任意邻域内有该数列的无穷多项, 这是子列收敛的一个**必要条件**, 其结构特征是某点应具有的局部性质, 因此, 我们可以先证明一个较弱的结论——子列收敛的必要条件成立. 显然, 这样的要求比用定义和各种定理证明子列的收敛性要弱, 更容易满足或解决, 因此, 我们先解决低层次的较弱的结论.

从必要条件的证明来看, 是要证明某一点附近的局部性质, 由我们目前所掌握的工具和所给的条件看, 符合闭区间套定理作用对象的特征, 因此, 可以考虑用闭区间套定理来证明, 由此, 确定了证明思路.

具体技术路线的设计: 要利用闭区间套定理, 这就要求构造出闭区间套, 常用的构造闭区间套的方法有**等分法**, 即先构造满足要求的一个闭区间, 对这个区间进行不同形式的等分, 如二等分、三等分等, 从中选择一个满足要求的区间, 然后再等分, 再选择, 如此下去, 可以构造出闭区间套. 此时, 要解决的技术问题是如何选择等分后的区间, 选择的原则是: 使构造闭区间套中的每个闭区间满足都具有其所要套住的点的局部性质, 对本例来说, 此性质是 "含有数列的无穷多项". 至此, 闭区间套定理应用过程中的主要问题得到解决, 剩下的工作就是具体的验证.

证明 由于 $\{x_n\}$ 有界, 则存在 $[a, b]$, 使

$$a \leqslant x_n \leqslant b, \quad \forall n = 1, 2, \cdots,$$

二等分 $[a, b]$, 则 $\left[a, \dfrac{a+b}{2}\right]$ 和 $\left[\dfrac{a+b}{2}, b\right]$ 中必然有一个含 $\{x_n\}$ 的无穷多项, 记为 $[a_1, b_1]$, 二等分 $[a_1, b_1]$, 则其子区间必有一个含 $\{x_n\}$ 无穷多项, 记为 $[a_2, b_2]$, 如此下去, 构造闭区间列 $\{[a_n, b_n]\}$, 满足条件:

(1) $\{[a_n, b_n]\}$ 是闭区间套.

(2) 对任意的 n, $[a_n, b_n]$ 都具有共同的性质: 含有 $\{x_n\}$ 中无穷多项.

由闭区间套定理, 存在唯一的点 ξ, 使

$$\lim_{n \to +\infty} a_n = \lim_{n \to +\infty} b_n = \xi.$$

下面证明, ξ 正是某个子列的极限, 这就需要构造相应的子列, 注意到点 ξ 的性质: $\{a_n\}$ 单调递增、$\{b_n\}$ 单调递减收敛于 ξ, 且 $a_n \leqslant \xi \leqslant b_n$, 可以设想, 构造的子列 $\{x_{n_k}\}$ 只需满足 $a_k \leqslant x_{n_k} \leqslant b_k$, 即从闭区间套的每个区间中取点即可. 而任意性也是构造的出发点之一, 闭区间套所满足的第二条中就隐含有任意性, 从此条件中构造子列, 即在 $[a_1, b_1]$ 中任取一项 x_{n_1}, 由闭区间套构造的性质, 在 $[a_2, b_2]$ 中, 总含有 x_{n_1} 之后的无穷多项 (隐藏了任意性), 从中取出一项记为 x_{n_2}, 且 $n_2 > n_1$, 如此下去, 可构造子列 $\{x_{n_k}\}$ 且 $a_k \leqslant x_{n_k} \leqslant b_k$, 使得 $\lim\limits_{n \to +\infty} x_{n_k} = \xi$.

至此, 完成定理的证明.

三、简单小结

通过上面的例子, 对闭区间套定理进行了简单的总结.

定理的作用: 区间套定理的作用是将整个闭区间上成立的整体属性在被套住的点处也局部成立, 实现了属性 (或性质) 从整体到局部的转化, 这就是定理的作用.

定理的作用对象特征: 此定理作用的题型是利用区间上的整体性质得到某一点处的局部性质.

定理的应用方法:

(1) 闭区间套的构造用等分法.

(2) 闭区间套构造原则是使得每个闭区间都具有共同的性质 (P).

性质 (P) 就是所确定点的局部性质.

从而将一个在闭区间上成立的性质推广到在闭区间套 "套" 住的某一点的附近成立, 这个被套住的点就是要寻找的收敛子列的极限.

闭区间套定理和有限开覆盖定理是数学分析中两个非常重要的理论工具, 二者都用于研究整体性质和局部性质的转化, 但是, 方向相反.

第13讲 有限开覆盖定理及其应用方法

有限开覆盖定理是数学分析中又一个重要的理论工具, 它和闭区间套定理相似, 都是用于研究整体性质和局部性质关系的主要工具, 但是, 二者处理的题型结构相反, 闭区间套定理实现性质由整体向局部的转化, 有限开覆盖定理实现由局部到整体的性质转化. 本讲我们对有限开覆盖定理的应用思想进行简单的分析.

一、 有限开覆盖定理及其意义

设集合 E 是由实轴上的开区间组成的集合, 即 $E = \{I : I$ 为实数区间$\}$, I_0 为给定的区间.

定义 1   如果 $I_0 \subseteq \bigcup\limits_{I \in E} I$, 称 E 覆盖 I_0 或 E 是 I_0 的一个覆盖.

特别, 若 $E = \{I : I$ 为开区间$\}$, 且 $I_0 \subset \bigcup\limits_{I \in E} I$, 称 E 是 I_0 的一个开覆盖.

定理 1 (有限开覆盖定理)   设 E 是闭区间 $[a, b]$ 的一个开覆盖, 则可从 E 中选出有限个开区间 $\{I_1, I_2, \cdots, I_k\}$, 使 $[a, b] \subset \bigcup\limits_{i=1}^{k} I_i$.

有限开覆盖定理看似简单, 但是过于抽象, 很难理解, 可以说, 此定理是数学分析中最难的定理, 特别是隐藏在定理背后的数学思想非常深刻, 使得定理更难以理解. 那么, 隐藏在定理背后的数学思想是什么? 定理作用对象是什么? 定理应用的方法是什么?

下面, 我们先给出一个应用举例, 再进行总结.

例 1 (Cantor 定理) $f(x) \in C[a, b]$, 则 $f(x)$ 在 $[\alpha, b]$ 上一致连续.

证明   连续延拓 $f(x)$, 即令

$$\tilde{f}(x) = \begin{cases} f(a), & a - 1 \leqslant x \leqslant a, \\ f(x), & a < x \leqslant b, \\ f(b), & b < x \leqslant b + 1, \end{cases}$$

则 $\tilde{f}(x) \in C[a - 1, b + 1]$, 任取 $x_0 \in [a, b]$, 由于 $\tilde{f}(x)$ 在 x_0 点连续, 因而, 对 $\forall \varepsilon > 0$, 存在 $\delta_{x_0} : 1 > \delta_{x_0} > 0$, 使 $\forall x \in [a - 1, b + 1]$ 且 $|x - x_0| < \delta_{x_0}$, 有

$$\left| \tilde{f}(x) - \tilde{f}(x_0) \right| < \frac{\varepsilon}{2}.$$

因而, $\forall x', x'' \in U\left(x_0, \dfrac{\delta_{x_0}}{2}\right) \subset [a-1, b+1]$, 则 $|x'-x''| < \delta_{x_0}$ 且

$$\left|\tilde{f}(x') - \tilde{f}(x'')\right| \leqslant \left|\tilde{f}(x') - \tilde{f}(x_0)\right| + \left|\tilde{f}(x'') - \tilde{f}(x_0)\right| < \varepsilon.$$

至此, 我们得到: 对任意 $x \in [a, b]$, 都存在 δ_x, 使得对任意的 $x', x'' \in U\left(x, \dfrac{\delta_x}{2}\right)$, 成立 $|x'-x''| < \delta_x$ 且

$$\left|\tilde{f}(x') - \tilde{f}(x'')\right| < \varepsilon,$$

这就是在局部成立的局部性质 (P).

下面构造覆盖 $[a, b]$ 的开区间集.

记 $I_x = U\left(x, \dfrac{\delta_x}{4}\right)$, 则 $[a, b] \subset \bigcup\limits_{x \in [a,b]} I_x$, 由有限开覆盖定理, 存在有限个点 $x_1, \cdots, x_k \in [a, b]$, 使 $[a, b] \subset \bigcup\limits_{i=1}^{k} I_{x_i}$, 取 $\delta = \min\left\{\dfrac{\delta_{x_1}}{4}, \cdots, \dfrac{\delta_{x_k}}{4}\right\}$, 则当 $x', x'' \in [a, b]$ 且 $|x'-x''| < \delta$ 时, 此时必有 $i_0 \in \{1, \cdots, k\}$, 使得 $x' \in I_{x_{i_0}}$, 因而

$$|x'' - x_{i_0}| \leqslant |x' - x_{i_0}| + |x' - x''| \leqslant \frac{\delta_{x_{i_0}}}{4} + \delta < \frac{\delta_{x_{i_0}}}{2},$$

即 $x', x'' \in I_{x_{i_0}}$, 故

$$|f(x') - f(x'')| = \left|\tilde{f}(x') - \tilde{f}(x'')\right| < \varepsilon,$$

因此, $f(x)$ 在 $[a, b]$ 一致连续.

我们对 Cantor 定理的证明过程进行抽象总结, 由此获得有限开覆盖定理的作用对象特征和应用方法.

抽象总结　(1) 例题的结构分析. 例题的已知条件是函数连续性, 这是一个局部性概念; 要证明的结论是一致连续性, 这是一个整体性概念. 因此, 题目要求由局部性质推出整体性质, 这是例题的题型结构特征, 这也正是有限开覆盖定理作用对象的特征, 体现了有限开覆盖定理的作用: 实现性质由局部到整体的转换, 即对需要由闭区间 $[a, b]$ 上点点成立的局部性质得到整个闭区间 $[a, b]$ 上成立的整体性质的题目, 研究工具就是有限开覆盖定理, 由此确定研究的思路. 因此, 有限开覆盖定理使用的条件是 "每一点都具有某性质 (P)", 利用有限开覆盖定理将性质 (P) 推广到闭区间上也成立.

(2) 对上述证明过程总结出有限开覆盖定理的应用步骤如下.

(i) 延拓, 延拓的目的是解决端点 $x = a, b$ 点的局部性质时, 邻域不能超出给定的区间 $[a, b]$.

(ii) 任意取点, 挖掘此点的局部性质 (P).

注意, 挖掘的局部性质必须要与证明的整体性质相吻合, 如本题中, 先得到如下性质.

对 $\forall \varepsilon > 0$, 存在 δ_{x_0}: $1 > \delta_{x_0} > 0$, 使 $\forall x \in [a-1, b+1]$ 且 $|x - x_0| < \delta_{x_0}$, 有

$$\left| \tilde{f}(x) - \tilde{f}(x_0) \right| < \frac{\varepsilon}{2}.$$

此性质不是需要的局部性质, 因为此不等式的特征在结构上就与要证明的一致连续性不一致, 主要是两个点的 "一动一定"(连续性的结构特征是指不等式的两个点一个为动点 x, 一个是定点 x_0) 和 "两动或两个任意"(一致连续性的结构特征是指不等式的两个点都是任意性的动点 x', x'') 的区别, 因此, 所需要的局部性质如下.

对任意 $x \in [a, b]$, 都存在 δ_x, 使得对任意的 $x', x'' \in U\left(x, \dfrac{\delta_x}{2}\right)$, 成立 $|x' - x''| < \delta_x$ 且 $\left| \tilde{f}(x') - \tilde{f}(x'') \right| < \varepsilon$, 这就是在局部成立的局部性质 (P).

(iii) 构造开覆盖集.

让任意的点跑遍整个闭区间, 就得到开覆盖集.

(iv) 利用有限开覆盖定理得到有限覆盖集, 验证相应的整体性质成立.

至此, 我们从应用角度对有限开覆盖定理进行了分析和总结, 我们再从思想层面进行分析总结, 挖掘此定理更深刻的思想内涵.

从有限开覆盖定理应用看, 其作用对象的特征是 "局部性质到整体性质的推广". 其处理问题的思想有些类似于归纳法: 把无限的验证转化为有限的验证过程. 我们知道, 在数学分析中, 研究的内容由有限推广到无限, 即需要将很多的运算法则推广到无限情形, 由此带来了很多不确定性, 如极限的线性运算法则就不能推广到无限和的运算, 将来还会遇到很多这样的性质, 如何保证这些性质在无限情形也成立? 有限开覆盖定理给出了一种解决问题的思想办法. 事实上, 直观上看, 有限开覆盖定理也可以这样解读, 闭区间由无限多个点构成, 如果在每个点处成立某个性质, 那么, 点点成立的性质累加整个闭区间上, 对应的性质也成立吗? 这个问题的本质类似于将某种运算或性质推广到无限情形是否成立? 由于无限和的复杂性, 一般来说, 在整个区间上这个性质不一定成立, 但是, 若能利用有限开覆盖定理, 则将无限和转化为有限和, 而运算或性质对有限和一般来说是成立的, 由此, 在整个区间上也成立, 即实现了性质由局部到整体的推广. 当然, 并非所有的性质都能由局部推广到整体, 要特别注意此定理成立的条件——有限闭区间. 在

学习 Weierstrass 定理时, 特别提到闭区间具有非常好的紧性 (完备性) 性质, 此性质保证了对极限运算的封闭性, 此处, 再次体现了这一好的性质, 由此实现了将局部性质通过由无限叠加到有限叠加的思想得到整体性质. 这正是此定理的应用思想. 当然, 从无限到有限, 也体现了化不定为确定的数学思想.

二、 简单小结

有限开覆盖定理和闭区间套定理是分析理论中最重要的研究局部性质和整体性质关系的理论工具, 相对来说, 闭区间套定理及其应用更简单些, 由于有限开覆盖定理隐藏了深刻的数学思想, 且涉及有限和无限关系的处理, 其理解的难度和应用的难度都比较大, 应用例子也比较少, 应该从为数不多的例子中, 总结其应用过程, 从而, 深刻理解和掌握其应用的思想方法.

第 14 讲 Cauchy 收敛准则及其应用方法

数学分析研究对象为函数, 研究内容为函数的分析性质, 这些分析性质的核心理论为微积分理论, 而支撑微积分理论基础的正是极限理论, 如导数的定义、定积分的定义都是由极限给出的, 在级数理论和广义积分理论中, 都需要利用 "有限" 定义 "无限", 这些仍是靠极限来完成的, 可以说, 极限贯穿于数学分析的始终, 每一部分的内容都离不开极限, 基本上所有的核心概念都是靠极限来定义的, 对应的、研究的基本问题就是极限的存在性. 因此, 极限的存在性理论就显得非常重要, 其中一个重要的判别极限存在的定理就是 Cauchy 收敛准则, 这是极限存在性理论中的核心结论. 在教材中, 能处处看到 Cauchy 收敛准则及其各种形式的应用, 但是, 关于此准则的理解和应用又是最难的, 是学生学习中感到最难掌握的. 如果将极限视为数学分析的灵魂, 那么, Cauchy 收敛准则就是极限理论的灵魂. 本讲我们对 Cauchy 收敛准则进行解读, 以便深刻理解 Cauchy 收敛准则并熟练掌握其应用.

一、 Cauchy 收敛准则

Cauchy 收敛准则有不同的表示形式, 我们以定理的形式一一列出, 从不同结构揭示此准则.

Cauchy 准则的一般形式.

定理 1 $\{x_n\}$ 收敛的充分必要条件是对任意的 $\varepsilon > 0$, 存在 N, 使得对 $\forall n, m > N$, 成立 $|x_n - x_m| < \varepsilon$.

Cauchy 准则的常用形式.

定理 2 $\{x_n\}$ 收敛的充分必要条件是对 $\forall \varepsilon > 0$, 存在 N, 当 $n > N$ 时, 对 $\forall p$, 成立 $|x_{n+p} - x_n| < \varepsilon$.

还可以利用基本列的概念给出 Cauchy 收敛准则.

定义 1 若 $\{x_n\}$ 满足: 对任意的 $\varepsilon > 0$, 存在 N, 使得对任意的 $n, m > N$, 都成立

$$|x_n - x_m| < \varepsilon,$$

称 $\{x_n\}$ 为基本列.

Cauchy 收敛准则可以表述为:

定理 3　$\{x_n\}$ 收敛的充分必要条件是 $\{x_n\}$ 是基本列.

信息挖掘　① Cauchy 收敛准则是第一个利用数列自身结构判断敛散性的结论. ② Cauchy 收敛准则是一个定性分析, 这是定理的属性, 即只能用于判断敛散性, 不能计算极限. ③ Cauchy 收敛准则给出了判别数列敛散性的一个充要条件, 既可用于证明收敛性, 也可用于证明发散性, 是一个非常好的结论. ④ 通常把 $|x_{n+p} - x_n|$ 或 $|x_n - x_m|$ 称为数列 $\{x_n\}$ 的 Cauchy 片段, 因此, 上述 Cauchy 收敛准则表明: 数列收敛等价于充分远的 Cauchy 片段能够任意小. ⑤ Cauchy 片段的结构为数列任意两项差的绝对值, 即数列中任意两项的距离, 注意两项都具有任意性, 这是 Cauchy 片段的结构特征. ⑥ Cauchy 片段中两项的任意性表现为下标变量 m, n (或 n, p) 的独立性 (无关性), 这是在应用中必须要注意的, 也是容易出错的地方. 另一方面, 在下面的具体应用过程中也可以看到, 将 Cauchy 片段的下标由 m, n 改写为 n, p, 虽然独立变量的个数仍是两个, 但是, 此时 $|m - n|$ 的结构简化为 p, 由此, 为具体应用带来很大方便. ⑦ Cauchy 收敛准则的定理 3 的表达方式表明, 收敛数列都是基本列, 揭示了收敛数列的本质.

二、 定理的应用

上面, 我们从理论层面对定理进行了解读, 我们再从应用角度对定理进行解读. 定理的主要条件是不等式的验证, 由此决定了应用定理解决问题的基本方法.

1. 放大法

根据 Cauchy 收敛准则的结构, 类比极限定义的应用, 用定理验证数列收敛的肯定性结论的基本方法就是放大法, 我们以第二种形式为例说明.

抽象总结

应用过程分析　根据定理的逻辑要求, 用 Cauchy 收敛准则证明数列的收敛性的过程, 可以分解为如下步骤:

(1) 给出任意的 $\varepsilon > 0$;

(2) 确定 N;

(3) 验证 $n > N$ 时, 对任意的 p, 成立 $|x_{n+p} - x_n| < \varepsilon$.

上述过程中步骤的划分主要是突出定理的逻辑性, 重点是确定 N, 因此, 为突出重点的解决, 有时先将步骤 (3) 中的不等式放大过程提前进行, 解决方法抽象为放大法.

放大法: 根据 Cauchy 收敛准则的条件结构, 放大对象为 $|x_{n+p} - x_n|$, 放大的目标是从中分离出 n, 甩掉 p, 放大过程为

$$|x_{n+p} - x_n| < \cdots < G(n), \quad \forall p,$$

其中 $G(n)$ 满足如下原则.

(1) $G(n)$ 单调递减, 因而, 可以实现过渡不等式

$$G(n) < G(N), \quad n > N;$$

(2) $G(n)$ 是无穷小量, 以保证对充分大的 N, 有

$$G(N) < \varepsilon;$$

(3) $G(n)$ 的结构尽可能简单, 以便更容易通过求解不等式 $G(N) < \varepsilon$ 以确定 N.

例 1 讨论 $\{x_n\}$ 的敛散性, 其中

(1) $x_n = a_0 + a_1 q + \cdots + a_n q^n$, 其中 $|q| < 1, |a_n| \leqslant M$;

(2) $x_n = 1 + \dfrac{1}{2^2} + \cdots + \dfrac{1}{n^2}$.

结构分析 题型为具体数列敛散性的定性分析; 由于不需进行定量分析计算极限, 因此, 研究的思路是 Cauchy 收敛准则; 具体的方法就是放大法.

证明 (1) 对任意正整数 n, p, 由于

$$|x_{n+p} - x_n| = \left| a_{n+1} q^{n+1} + \cdots + a_{n+p} q^{n+p} \right| \leqslant M \left| q^{n+1} \right| \left(1 + |q| + \cdots + |q|^{p-1} \right)$$

$$= M \left| q^{n+1} \right| \frac{1 - |q|^p}{1 - |q|} \leqslant \frac{M}{1 - |q|} \left| q^{n+1} \right| = M_1 |q|^n,$$

其中 $M_1 = \dfrac{M|q|}{1 - |q|}$.

故对 $\forall \varepsilon > 0$, 取 $N = \left[\dfrac{\ln \dfrac{\varepsilon}{M_1}}{\ln |q|} \right] + 1$, 则 $n > N$ 时,

$$|x_{n+p} - x_n| < M_1 |q|^n < M_1 |q|^N < \varepsilon, \quad \forall p,$$

由 Cauchy 收敛准则, 可得 $\{x_n\}$ 收敛.

注 上述过程中, 就是先对控制对象进行了放大处理, 按要求甩掉了 p, 得到相应的界 $G(n)$, 而 N 的确定是通过求解不等式 $M_1 |q|^N < \varepsilon$ 得到的, 这是不等式的求解, 解不唯一, 从不等式的解集中取一个 N 值即可.

(2) 对任意正整数 n, p, 由于

$$0 < x_{n+p} - x_n = \frac{1}{(n+1)^2} + \cdots + \frac{1}{(n+p)^2}$$

$$< \frac{1}{(n+1)n} + \cdots + \frac{1}{(n+p)(n+p-1)}$$

$$= \frac{1}{n} - \frac{1}{n+1} + \cdots + \frac{1}{n+p-1} - \frac{1}{n+p}$$
$$= \frac{1}{n} - \frac{1}{n+p} < \frac{1}{n},$$

故对 $\forall \varepsilon > 0$, 取 $N = \left[\frac{1}{\varepsilon}\right] + 1$, 则 $n > N$ 时, 对任意正整数 p, 有

$$0 < x_{n+p} - x_n < \varepsilon,$$

因而, $\{x_n\}$ 收敛.

2. 缩小法

由于 Cauchy 收敛准则给出的是判断数列收敛的充要条件, 因此, 也可以利用 Cauchy 收敛准则判断数列的发散性, 我们先给出 Cauchy 收敛准则的否定形式.

定理 4　$\{x_n\}$ 发散的充分必要条件是存在 $\varepsilon_0 > 0$, 使得对任意的 N, 都存在对应的 $n_N > N$ 和对应的 p_N, 使得

$$|x_{n_N+p_N} - x_{n_N}| \geqslant \varepsilon_0.$$

此处, n_N 和 p_N 的表示是为了突出二者与 N 的依赖关系, 即二者通常与 N 有关.

在应用定理 4 证明数列的发散性时, 对应的思想方法类似, 我们把它抽象为缩小法, 其主要过程是

$$|x_{n+p} - x_n| \geqslant \cdots \geqslant G(n, p),$$

通过选择 p 和 n 的适当的关系, 使得

$$G(n, p) \geqslant \varepsilon_0 > 0.$$

例 2　证明 $\{x_n\}$ 的发散性, 其中 $x_n = \frac{1}{\ln 2} + \cdots + \frac{1}{\ln n}$.

证明　对任意的正整数 n, p, 有

$$x_{n+p} - x_n = \frac{1}{\ln(n+1)} + \cdots + \frac{1}{\ln(n+p)} \geqslant \frac{p}{\ln(n+p)},$$

因而, 对 $\varepsilon_0 = \frac{1}{3}$, 对任意的 N, 取 $n_N = 2N > N, p_N = N$, 则

$$x_{n_N+p_N} - x_{n_N} = \frac{N}{\ln(3N)} = \frac{1}{3}\frac{3N}{\ln(3N)} > \frac{1}{3},$$

故由 Cauchy 收敛准则, 数列发散.

注 (1) 此处用到初等函数的性质 $x > \ln x, \forall x > 1$.

(2) 考察例 2 的下述证明:

对 $\forall \varepsilon > 0, p \in \mathbf{N}^+$, 取 $N = \left[\dfrac{p}{\varepsilon}\right] + 1$, 则 $n > N$ 时,

$$|x_{n+p} - x_n| = \frac{1}{n+1} + \cdots + \frac{1}{n+p} < \frac{p}{n+1} < \frac{p}{n} < \varepsilon,$$

因而, $\{x_n\}$ 收敛.

上述证明得到的结论与前述的结论矛盾, 应该是一个错误的结论, 表明证明过程有错, 那么, 错在什么地方? 错在量的逻辑关系和相互关系上. Cauchy 收敛准则要求逻辑关系为: 先给定 ε, 再确定 N, N 仅依赖于 ε, 然后说明 $n > N$ 时, 对任意独立的 p, 成立对应的 Cauchy 片段的估计. 但是, 上述证明过程中的逻辑关系是: 先给出 ε 和 p, 由此确定了 $N(\varepsilon, p)$, N 不仅依赖于 ε, 还依赖于 p, 这是不允许的, 是错误的. 因此, 下述的叙述也是错误:

$\{x_n\}$ 收敛等价于对任意的 $p \in \mathbf{N}^+, \forall \varepsilon > 0, \exists N > 0$, 当 $n > N$ 时, 成立 $|x_{n+p} - x_n| < \varepsilon$.

三、 简单小结

根据 Cauchy 收敛准则的逻辑和结构特征, 我们总结了应用于验证肯定性结论的放大法和否定性结论的缩小法, 二者可以统称为定理应用中的放缩法, 要通过上述例子总结体会定理的具体应用, 由此发现, 掌握定理的应用并不难.

Cauchy 收敛准则是非常重要的判断极限存在的法则, 一定要做到对准则的深刻理解、准确把握和熟练运用.

由于在教材中, 处处会遇到通过极限定义的概念和定理, 由此都有相应的 Cauchy 收敛准则, 这些准则的本质相似, 只是具体形式上有差别, 后面, 我们将对复杂结构的极限的 Cauchy 收敛准则的应用再进行说明.

第15讲 函数极限定义及其应用方法

在极限理论中, 数列极限是最基本的理论, 由于我们的研究对象是函数, 因此, 函数极限理论显得更加重要; 另一方面, 极限是研究相关变化趋势的, 由于函数的自变量存在更复杂的变化方式, 因此, 函数极限理论更复杂, 本讲我们对函数极限的定义及其应用进行解读.

一、函数极限的定义与结构分析

函数极限有不同的分类方式, 我们根据极限的有限和无限的区别对函数极限进行分类, 对不同类型的极限进行结构分析, 为定义的应用奠定基础.

1. 正常极限

我们把极限值为确定有限的常数的函数极限称为函数的正常极限; 我们又可以根据定点的分布情况和自变量趋于定点的方式不同, 定义不同的函数极限, 我们仅以个别类型为例进行说明.

给定函数 $y = f(x)$, 设 $y = f(x)$ 在 x_0 的某个去心邻域 $x \in U^0(x_0, r)$ 内有定义, A 是给定的实数.

定义 1 若对任意的 $\varepsilon > 0$, 存在 $\delta : r > \delta > 0$, 使得对任意满足 $0 < |x - x_0| < \delta$ 的 x, 都成立

$$|f(x) - A| < \varepsilon,$$

则称当 x 趋近于 x_0 时, $f(x)$ 在 x_0 点存在极限, A 称为 $f(x)$ 在点 x_0 处的极限, 也称当 x 趋近于 x_0 时, $f(x)$ 收敛于 A, 记为 $\lim\limits_{x \to x_0} f(x) = A$.

结构分析 从 $\lim\limits_{x \to x_0} f(x) = A$ 的表示方式可以将其分为两部分: 刻画自变量变化趋势 $x \to x_0$ 和刻画函数变化趋势 $f(x) \to A$, 反映在极限定义中, $x \to x_0$ 的定量刻画的量为 $|x - x_0|$, 刻画方式为 $0 < |x - x_0| < \delta$, $f(x) \to A$ 的定量刻画的量为 $|f(x) - A|$, 刻画方式为 $|f(x) - A| < \varepsilon$. 当然, 由定义中所体现出来的逻辑关系为: 自变量变化趋势为因, 函数变化趋势为果.

上述的结构分析为利用定义验证简单的函数极限结论奠定了基础.

在正常极限中, 还可以根据自变量的变化方式定义不同的极限, 如定义下列方式的极限 $\lim\limits_{x \to x_0^+} f(x) = A$, $\lim\limits_{x \to x_0^-} f(x) = A$, $\lim\limits_{x \to +\infty} f(x) = A$, $\lim\limits_{x \to -\infty} f(x) = A$,

$\lim\limits_{x\to\infty} f(x) = A$, 由此反映出函数极限的复杂性. 当然, 这些极限定义方式的区别仅在于自变量变化趋势的刻画方式不同, 定量刻画的量的结构不同.

2. 非正常极限

所谓非正常极限是指极限值为无穷的函数极限, 虽然, 严格来说, 这类极限属于极限不存在的情况, 但是, 在研究相关变化趋势的极限理论中, 我们关注两个因素, 趋势的存在性和可控性; 正常极限同时保证了趋势的存在性和可控性, 属于最理想的情形, 研究对象属于 "好" 对象, 有时, 还需要扩大研究对象的范围, 研究较差一类的对象, 因此, 趋势存在但不可控也属于我们的研究对象, 这是一类特殊的研究对象, 也是一类特殊的量, 在数列极限理论中, 对应的这类量是无穷大量, 这里, 我们称为非正常极限, 同样, 函数结构的复杂性使得非正常极限也有多种方式, 我们仅以其中的一种 $\lim\limits_{x\to x_0} f(x) = +\infty$ 为例加以说明.

定义 2　若对 $\forall G > 0$, 存在 $\delta : r > \delta > 0$, 使得对任意满足 $0 < |x - x_0| < \delta$ 的 x, 成立

$$f(x) > G,$$

则称 $f(x)$ 在 x_0 点发散至正无穷, 借用极限符号记为 $\lim\limits_{x\to x_0} f(x) = +\infty$, 也称当 x 趋近于 x_0 时, $f(x)$ 趋向于 (发散至) $+\infty$, 简记为 $f(x) \to +\infty \, (x \to x_0)$.

对其他形式的非正常极限可以给出类似的定义, 注意对非正常极限定义中刻画函数变化趋势的不等式的方向与正常定义中的不等式方向是相反的, 这个特征决定了用定义验证具体函数极限的结论时, 使用的具体方法不同.

对函数极限而言, 包含无穷远处和非正常极限, 变量的变化趋势有六种刻画方式, 函数的变化趋势有四种刻画方式, 如下所示.

函数变化趋势的定量刻画形式为

$$f(x) \to A(\text{有限}): \forall \varepsilon > 0, \text{ 成立 } |f(x) - A| < \varepsilon;$$

$$f(x) \to +\infty: \forall G > 0, \text{ 成立 } f(x) > G;$$

$$f(x) \to -\infty: \forall G > 0, \text{ 成立 } -f(x) > G;$$

$$f(x) \to \infty: \forall G > 0, \text{ 成立 } |f(x)| > G.$$

自变量的变化趋势的定量刻画形式为

$x \to x_0$: 存在 $\delta > 0$, 对任意满足 $0 < |x - x_0| < \delta$ 的 x.

$x \to x_0^+$: 存在 $\delta > 0$, 对任意满足 $0 < x - x_0 < \delta$ 的 x.

$x \to x_0^-$: 存在 $\delta > 0$, 对任意满足 $0 < x_0 - x < \delta$ 的 x.

$x \to +\infty$: 存在 $G > 0$, 对任意满足 $x > G$ 的 x.

$x \to -\infty$: 存在 $G > 0$, 对任意满足 $x < -G$ 的 x.

$x \to \infty(|x| \to +\infty)$: 存在 $G > 0$, 对任意满足 $|x| > G$ 的 x.

任意两个都可以组合成一个函数极限, 因此, 共有 24 种函数极限, 不再具体给出极限定义.

二、 定义的应用

类比数列极限定义的应用, 用定义验证简单函数极限结论的方法仍是放缩法, 即肯定性结论的验证用放大法, 否定性结论的验证用缩小法, 或正常极限结论的验证用放大法, 非正常极限的验证用缩小法; 放缩过程就是从刻画函数变化趋势的定量表达式 (即放缩对象) 中, 分离出刻画自变量变化趋势的定量表达式, 在这个过程中, 所用到的主要技术方法就是一般性的主次分析法, 即分析结构, 抓住主要矛盾, 保留主要因子, 甩掉次要因子, 以实现在简化结构的同时分离所需的因子.

例 1　用定义证明 $\lim\limits_{x \to 1} \dfrac{x+1}{x^2+x-1} = 2$.

结构分析　题型为函数的正常极限结论的验证; 思路明确, 就是用极限定义验证; 具体方法为放大法. 放大对象为刻画函数极限的量 $|f(x) - A| = \left| \dfrac{x+1}{x^2+x-1} - 2 \right|$; 从中要分离的因子为刻画变量变化的量 $|x - x_0| = |x - 1|$; 放大过程中, 要注意去掉绝对值号、化简等要求, 要注意利用预控制技术甩掉无关因子等, 我们此处给出一种强制的形式统一法, 即将所有的项 (因子) 都向要分离的因子进行形式统一, 再利用结构中的逻辑关系, 充分利用预控制技术和不等式性质进行放大或缩小. 以本题为例我们对这种处理思想加以说明.

由于 $\left| \dfrac{x+1}{x^2+x-1} - 2 \right| = \dfrac{|2x^2+x-3|}{|x^2+x-1|}$, 为从上述整体结构中放大分离出 $|x-1|$, 需要分子进行放大分离, 分母缩小分离, 因此, 可以采用如下的强制形式统一法:

$$|2x^2 + x - 3| = |2(x-1+1)^2 + (x-1+1) - 3|$$
$$= |2(x-1)^2 + 5(x-1)|,$$
$$|x^2 + x - 1| = |(x-1+1)^2 + (x-1+1) - 1|$$
$$= |(x-1)^2 + 3(x-1) + 1|,$$

通过上述强制形式统一, 将所有的未知因子 (含有变量 x) 都转化为分离因子的形式, 此时整体结构中只含有要分离的因子和常数, 下面, 继续利用预控制技术进行

放大, 不妨先要求 $|x-1| < r$ (即进行预控制, 注意到极限的局部性, r 通常很小, 不妨继续预控制 $r < 1$), 此时,

$$
\begin{aligned}
\left|2x^2 + x - 3\right| &= \left|2(x-1+1)^2 + (x-1+1) - 3\right| \\
&= \left|2(x-1)^2 + 5(x-1)\right| = |x-1|[2|x-1| + 5] \\
&\leqslant (2r+5)|x-1| < 7|x-1|, \\
\left|x^2 + x - 1\right| &= \left|(x-1+1)^2 + (x-1+1) - 1\right| \\
&= \left|(x-1)^2 + 3(x-1) + 1\right| \\
&\geqslant 1 - \left|(x-1)^2 + 3(x-1)\right| \geqslant 1 - (3r + r^2) \\
&\geqslant 1 - r(3+r) > 1 - 4r,
\end{aligned}
$$

为保证分母有严格的正下界, 只需限制再次适当限制 r, 如若要求 $1 - 4r \geqslant \dfrac{1}{2}$, 只需 $r < \dfrac{1}{8}$, 这样, 预控制 $|x-1| < \dfrac{1}{8}$, 就可以得到放大估计

$$
\left|\frac{x+1}{x^2+x-1} - 2\right| = \frac{\left|2x^2 + x - 3\right|}{\left|x^2 + x - 1\right|} \leqslant 14|x-1|,
$$

这就是我们所要的结果, 具体方法就是按定义的逻辑要求设计具体的步骤.

证明 对 $\forall \varepsilon > 0$, 取 $\delta = \min\left\{\dfrac{1}{8}, \dfrac{1}{14}\varepsilon\right\}$, 则当 x 满足 $0 < |x-1| < \delta$ 时, 有

$$
\left|\frac{x+1}{x^2+x-1} - 2\right| = \frac{\left|2x^2 + x - 3\right|}{\left|x^2 + x - 1\right|} \leqslant 14|x-1| < 14\delta \leqslant \varepsilon,
$$

故 $\displaystyle\lim_{x \to 1} \frac{x+1}{x^2+x-1} = 2$.

抽象总结 证明过程就是按定义逻辑要求整合的简单的三个步骤, 即 ①任意给定 ε; ②确定或取定 δ; ③验证结果. 但是, 简单的步骤源于上述复杂的分析以及分析过程中所蕴藏的深刻的分析问题、研究问题和解决问题的数学思想与方法, 这正是我们必须要掌握的更深刻的东西, 也是能力培养所必须追求和实现的目标. 注意深刻理解强制形式统一的方法和预控制技术的应用.

例 2 用定义证明 $\displaystyle\lim_{x \to \infty} \frac{2x+1}{3x+1} = \frac{2}{3}$.

结构分析 题型为无穷远处的正常极限验证, 仍用放大法, 由于自变量的变化趋势为 $x \to \infty$, 类比定义, 放大过程中分离的变量因子形式为 $|x|$.

证明　对 $\forall \varepsilon > 0$，取 $G = \dfrac{1}{6\varepsilon}$，则当 $|x| > G$ 时，

$$\left| \frac{2x+1}{3x+1} - \frac{2}{3} \right| = \frac{1}{3} \cdot \frac{1}{|3x+1|} \leqslant \frac{1}{3} \cdot \frac{1}{3|x|-1} \leqslant \frac{1}{3} \cdot \frac{1}{2|x|} = \frac{1}{6|x|} < \varepsilon,$$

故 $\lim\limits_{x \to \infty} \dfrac{2x+1}{3x+1} = \dfrac{2}{3}$.

例 3　用定义证明 $\lim\limits_{x \to \infty} \dfrac{2x^2+1}{3x+1} = \infty$.

结构分析　题型为非正常极限，用缩小法，缩小对象为 $\left| \dfrac{2x^2+1}{3x+1} \right|$，分离因子为 $|x|$，仍可以采用预控制技术，为了充分说明此技术，我们先进行缩小处理.

证明　由于缩小对象由因子 x 和常数组成，直接利用放缩技术即可，分子缩小，分母放大，且在 $x \to \infty$ 过程中，因子 x 与常数相比，主项为 x，可以利用主项控制技术进行放缩，此时

$$|2x^2+1| \geqslant 2x^2 - 1 = x^2 + x^2 - 1,$$

若预控制 $x^2 - 1 > 0$，此时，$|2x^2+1| \geqslant 2x^2 - 1 = x^2 + x^2 - 1 > x^2$.

对分母，同样需要进行放大，此时

$$|3x+1| \leqslant 3|x| + 1,$$

再次利用主项控制，若预控制 $|x| > 1$，则 $|3x+1| \leqslant 3|x| + 1 < 4|x|$，至此，分子和分母都达到放缩目标，因此，若预控制 $|x| > 1$，此时

$$\left| \frac{2x^2+1}{3x+1} \right| \geqslant \frac{x^2}{4|x|} = \frac{1}{4}|x|,$$

因此，对任意的 $G > 0$，取 $R = \max\{4G, 1\}$，当 $|x| > R$ 时，有

$$\left| \frac{2x^2+1}{3x+1} \right| \geqslant \frac{x^2}{4|x|} = \frac{1}{4}|x| > \frac{1}{4}R > G,$$

故 $\lim\limits_{x \to \infty} \dfrac{2x^2+1}{3x+1} = \infty$.

三、简单小结

函数极限是最基本的概念, 利用极限定义得到一些最基本或最简单结构的函数极限结论, 再建立关于极限的性质和运算法则, 由此进一步得到一般的函数极限, 构造函数极限理论, 这是数学理论构建的一般程序法则. 因此, 必须熟练掌握函数极限的应用, 掌握利用极限定义获得具体函数极限的基本结论的思想方法, 这是掌握整个函数极限理论的基础.

第16讲 基本初等函数极限的建立方法

数学理论的框架结构是先给出基本的概念, 利用概念得到最简单结构的结论, 再建立性质和运算法则, 将结论由最简结构推广到一般结构, 最后, 对一些特殊的结构建立特殊的理论. 建立的过程体现了从简单到复杂, 从特殊到一般, 再到特殊的研究思想. 特别是再到特殊的最后阶段, 体现了数学理论的应用思想, 因为在应用中, 用到的 "都是特殊", 只有特殊的结构, 才有特殊的性质, 才能为应用奠定基础, 如生活中常见的圆 (或球) 形结构等都属于这类现象. 因此, 在函数极限理论中, 给出函数极限的概念后, 应先利用概念建立最简单的函数极限, 由此, 构建一般的函数极限理论. 我们知道, 最基本的函数是五类基本初等函数, 因此, 应该先建立五类基本初等函数的极限结论, 但是, 受学时限制, 或因其他原因, 大多教材都没有给出这些结论, 都将其作为已知的自然结论来使用, 从数学理论的严谨性来说, 这是有缺陷的, 另一方面, 由于基本初等函数都是最简结构, 不能再化简了, 因此, 前面给出的极限定义应用的放缩法失效, 故此, 本讲建立这些基本初等函数的极限结论, 一方面, 弥补教材的不严谨性, 另一方面, 给出一种新的极限定义应用的方法.

在基本初等函数类中, 幂函数是最简单的一类, 很容易建立对应的极限结论, 我们不再讨论此类函数的极限, 我们以例题的形式给出其他基本初等函数类的极限.

由于基本初等函数类都是最基本的结构, 不能进行结构简化, 因此, 基于函数极限的定义, 我们采用 "等价不等式的求解方法" 验证极限结论.

例 1 证明 (1) $\lim\limits_{x \to 0} e^x = 1$; (2) $\lim\limits_{x \to 1} \ln x = 0$.

结构分析 (1) 题型结构是正常极限, 应该用放大法, 由于放大对象 $|e^x - 1|$ 已经是最简单结构了, 不能再放大了, 只能直接转化为等价的不等式进行求解, 即对 $\forall \varepsilon > 0$, 要使 $0 < |x - 0| < \delta$ 时, 有

$$|e^x - 1| < \varepsilon,$$

等价于

$$1 - \varepsilon < e^x < 1 + \varepsilon,$$

为从上述不等式中计算出 x, 利用 $\ln x$ 关于 $x > 0$ 单调递增性, 上式等价于

$$\ln(1 - \varepsilon) < x < \ln(1 + \varepsilon),$$

要使上式成立, 只需

$$|x| < \min\{|\ln(1 - \varepsilon)|,\ \ln(1 + \varepsilon)\},$$

由此确定了 δ 只需满足的条件:

$$\delta < \min\{-\ln(1 - \varepsilon), \ln(1 + \varepsilon)\}.$$

(2) 的分析类似.

证明 (1) 对 $\forall \varepsilon > 0$, 取 $\delta = \dfrac{1}{2}\min\{-\ln(1 - \varepsilon), \ln(1 + \varepsilon)\} > 0$, 则

$$\delta < \frac{1}{2}\ln(1 + \varepsilon) < \ln(1 + \varepsilon),$$

且

$$\delta < \frac{1}{2}|\ln(1 - \varepsilon)| < |\ln(1 - \varepsilon)| = -\ln(1 - \varepsilon),$$

即 $-\delta > \ln(1 - \varepsilon)$, 因而, 当 x 满足 $0 < |x| < \delta$ 时, 成立

$$1 - \varepsilon = \mathrm{e}^{-\ln(1-\varepsilon)} < \mathrm{e}^{-\delta} < \mathrm{e}^{x} < \mathrm{e}^{\delta} < \mathrm{e}^{\ln(1+\varepsilon)} = 1 + \varepsilon,$$

故

$$|\mathrm{e}^{x} - 1| < \varepsilon,$$

因此, $\lim\limits_{x \to 0} \mathrm{e}^{x} = 1$.

(2) 对任意的 $\varepsilon > 0$, 取 $\delta = \min\{\mathrm{e}^{\varepsilon} - 1,\ 1 - \mathrm{e}^{-\varepsilon}\}$, 则当 x 满足 $0 < |x - 1| < \delta$ 时, 有

$$\mathrm{e}^{-\varepsilon} = 1 - (1 - \mathrm{e}^{-\varepsilon}) < 1 - \delta < x < 1 + \delta < 1 + \mathrm{e}^{\varepsilon} - 1 = \mathrm{e}^{\varepsilon},$$

因而, $-\varepsilon < \ln x < \varepsilon$, 即 $|\ln x| < \varepsilon$, 故 $\lim\limits_{x \to 1} \ln x = 0$.

注 类似可以证明 $\lim\limits_{x \to 0} a^{x} = 1, \forall a > 0$.

抽象总结 (1) 在例 1 的证明中, 由于放大对象已经是最简形式, 不能再放大处理, 只能将其转化为等价不等式求解.

(2) 例 1 中给出了指数函数和对数函数在特定点处的函数极限, 利用已知的函数初等性质: $\mathrm{e}^{x} - \mathrm{e}^{x_0} = \mathrm{e}^{x_0}(\mathrm{e}^{x - x_0} - 1)$, $\ln x - \ln x_0 = \ln \dfrac{x}{x_0}$, 可以将其他点处的

函数极限转化为例 1 的结论. 当然, 也可以利用上述的求解思想将极限结论推广到一般定点处.

例 2　证明 (1) $\lim\limits_{x\to 0}\sin x=0$; (2) $\lim\limits_{x\to 0}\arcsin x=0$.

证明　(1) 对任意的 $\varepsilon>0$, 取 $\delta=\dfrac{1}{2}\arcsin\varepsilon$, 则当 x 满足 $0<|x|<\delta$ 时, 有

$$-\arcsin\varepsilon<-\delta<x<\delta<\arcsin\varepsilon,$$

因而, $-\varepsilon<\sin x<\varepsilon$, 即 $|\sin x|<\varepsilon$, 故 $\lim\limits_{x\to 0}\sin x=0$.

(2) 对任意的 $\varepsilon>0$, 取 $\delta=\dfrac{1}{2}\sin\varepsilon$, 则当 x 满足 $0<|x|<\delta$ 时, 有

$$-\sin\varepsilon<-\delta<x<\delta<\sin\varepsilon,$$

因而, $|\arcsin x|<\varepsilon$, 故 $\lim\limits_{x\to 0}\arcsin x=0$.

类似还可以证明 $\lim\limits_{x\to 0}\cos x=1$, $\lim\limits_{x\to 0}\tan x=0$, $\lim\limits_{x\to 0}\arctan x=0$, $\lim\limits_{x\to 0}\arccos x=\dfrac{\pi}{2}$ 和 $\lim\limits_{x\to 0}\operatorname{arccot}x=\dfrac{\pi}{2}$, 同样可以把极限结论推广到任意的给定点. 至此, 得到了基本初等函数在特定点处的极限.

例 3　用定义证明 $\lim\limits_{x\to\pi/2}\tan x=\infty$.

结构分析　从结构看, 这是非正常极限, 应该用缩小法. 由于缩小对象为 $|\tan x|$, 具备最简结构, 因此, 将缩小法转化为不等式求解. 由定义, 要证明结论, 对任意 $G>0$, 分析使 $|\tan x|>G$ 成立的 $x=\dfrac{\pi}{2}$ 的邻域. 由于 $|\tan x|>G$ 等价于

$$\tan x>G\quad\text{或}\quad\tan x<-G,$$

对应的 $x=\dfrac{\pi}{2}$ 附近, x 应满足

$$\frac{\pi}{2}>x>\arctan G\quad\text{或}\quad\pi-\arctan G>x>\frac{\pi}{2},$$

注意到分离的量形式为 $\left|x-\dfrac{\pi}{2}\right|$, 从上述不等式中进行分离, 则

$$0>x-\frac{\pi}{2}>-\left(\frac{\pi}{2}-\arctan G\right)\quad\text{或}\quad\frac{\pi}{2}-\arctan G>x-\frac{\pi}{2}>0,$$

因此, 若对满足 $0<\left|x-\dfrac{\pi}{2}\right|<\delta\left(x\neq\dfrac{\pi}{2}\right)$ 的 x 成立上式, 只需要求 δ 满足 $\dfrac{\pi}{2}-\arctan G>\delta$, 这就确定了 δ.

证明 对任意 $G > 0$，取 $\delta = \dfrac{1}{2}\left(\dfrac{\pi}{2} - \arctan G\right)$，则当 x 满足 $0 < \left|x - \dfrac{\pi}{2}\right| < \delta$ 时，

$$|\tan x| > G,$$

故 $\lim\limits_{x \to \frac{\pi}{2}} \tan x = \infty$.

本例给出了非正常极限的验证，至此，解决了基本初等函数的极限结论，由此建立了最简结构的函数极限结论，这是整个函数极限理论的基础，一般函数的极限的计算都以此为基础，这些结论相对简单，但是，要注意这些结论验证的思想方法，特别注意与放缩法的区别.

第**17**讲 对数法求极限的思想方法

在极限计算中, 经常会遇到幂指结构的极限计算, 对数法是处理幂指结构极限的常用方法, 通过对数运算将幂指结构转化为乘积结构, 实现结构简化, 进而实现极限的计算, 但是, 大部分教材并没有建立对数法的逻辑基础, 而是直接认可了这种算法. 本讲我们通过建立函数极限的复合运算法则, 给出函数极限运算的变量代换法和对数法的理论基础.

在教材中, 我们建立了极限运算的四则法则, 由于函数还有复合运算, 在建立函数极限的运算法则时, 从逻辑的严谨性, 也应该建立对应的法则.

定理 1 设 $\lim\limits_{t \to a} f(t) = A$, $\lim\limits_{x \to x_0} g(x) = a$, 函数的复合运算能够进行, 则 $\lim\limits_{x \to x_0} f(g(x)) = \lim\limits_{t \to a} f(t) = A$.

证明 由于 $\lim\limits_{t \to a} f(t) = A$, 则对任意的 $\varepsilon > 0$, 存在 $\delta_1 > 0$, 使得

$$|f(t) - A| < \varepsilon, \quad \forall t : 0 < |t - a| < \delta_1;$$

又由于 $\lim\limits_{x \to x_0} g(x) = a$, 对上述 δ_1, 存在 $\delta > 0$, 使得

$$|g(x) - a| < \delta_1, \quad \forall x : 0 < |x - x_0| < \delta;$$

因而, 对 $\forall x : 0 < |x - x_0| < \delta$, 有 $|g(x) - a| < \delta_1$, 故

$$|f(g(x)) - A| < \varepsilon,$$

因而, $\lim\limits_{x \to x_0} f(g(x)) = A$.

有了函数极限运算的复合法则, 就可以给出函数极限计算中的变量代换法, 其过程就是复合运算法则的应用, 即若 $\lim\limits_{x \to x_0} g(x) = a$, 则

$$\lim_{x \to x_0} f(g(x)) \xrightarrow{t = g(x)} \lim_{t \to a} f(t) = A.$$

因此, 利用上述法则可以得到更一般的函数极限结论. 如利用定义建立函数极限结论 $\lim\limits_{x \to 0} \mathrm{e}^x = 1$, $\lim\limits_{x \to 1} \ln x = 0$, 由此可以得到更一般的结论.

例 1 证明 (1) $\lim\limits_{x\to a}\ln x = \ln a$, 其中 $a > 0$; (2) $\lim\limits_{x\to a}\mathrm{e}^x = \mathrm{e}^a$.

证明 (1) 利用函数极限的复合运算法则和已知的简单结论, 得

$$\lim_{x\to a}(\ln x - \ln a) = \lim_{x\to a}\ln\frac{x}{a} = \lim_{t\to 1}\ln t = 0,$$

故 $\lim\limits_{x\to a}\ln x = \ln a$.

(2) 同样,

$$\lim_{x\to a}(\mathrm{e}^x - \mathrm{e}^a) = \lim_{x\to a}\mathrm{e}^a(\mathrm{e}^{x-a} - 1)$$

$$\xlongequal{t=x-a} \mathrm{e}^a \lim_{t\to 0}(\mathrm{e}^t - 1) = 0,$$

故 $\lim\limits_{x\to a}\mathrm{e}^x = \mathrm{e}^a$.

上述计算中, 也可以视为极限中的变量代换, 这也是极限计算中常用的方法.

在函数极限的计算中, 还涉及一类结构更复杂的函数——幂指函数, 解决这类函数极限的方法通常是利用对数函数的性质或以此形成的对数方法, 我们以定理 1 为基础, 给出相应的计算理论.

推论 1 设 $a > 0$, $f(x)$ 在 $U^0(x_0)$ 有定义, $\lim\limits_{x\to x_0}f(x) = A$, 则 (1) $\lim\limits_{x\to x_0}a^{f(x)} = a^A$; (2) $A > 0$ 时, $\lim\limits_{x\to x_0}\ln f(x) = \ln A$.

推论 2 设 $f(x)$ 在 $U^0(x_0)$ 有定义, 且 $f(x) > 0, A > 0$, 若 $\lim\limits_{x\to x_0}\ln f(x) = \ln A$, 则 $\lim\limits_{x\to x_0}f(x) = A$.

证明 由推论 1 和对数函数的性质, 得

$$\lim_{x\to x_0}f(x) = \lim_{x\to x_0}\mathrm{e}^{\ln f(x)} = \mathrm{e}^{\ln A} = A.$$

有了上述两个结论, 就可以处理幂指结构的函数极限了.

定理 2 设 $f(x), g(x)$ 在 $U^0(x_0)$ 有定义, 且 $f(x) > 0, g(x) > 0, A > 0, B > 0$,
(1) 若 $\lim\limits_{x\to x_0}f(x) = A$, $\lim\limits_{x\to x_0}g(x) = B$, 则 $\lim\limits_{x\to x_0}(f(x))^{g(x)} = A^B$;
(2) 若 $\lim\limits_{x\to x_0}g(x)\ln f(x) = C$, 则 $\lim\limits_{x\to x_0}(f(x))^{g(x)} = \mathrm{e}^C$.

证明 (1) 由条件和推论 1, 则 $\lim\limits_{x\to x_0}\ln f(x) = \ln A$, 利用运算法则, 有

$$\lim_{x\to x_0}g(x)\ln f(x) = B\ln A,$$

再次利用推论 1, 则

$$\lim_{x\to x_0}(f(x))^{g(x)} = \lim_{x\to x_0}\mathrm{e}^{g(x)\ln f(x)} = \mathrm{e}^{B\ln A} = A^B.$$

(2) 若 $\lim\limits_{x\to x_0} g(x)\ln f(x)=C$, 则 $\lim\limits_{x\to x_0}\ln(f(x))^{g(x)}=C$, 因而, $\lim\limits_{x\to x_0}(f(x))^{g(x)}=\mathrm{e}^C$.

至此, 我们将函数极限的运算法则推广到指数函数、对数函数和幂指函数, 不仅如此, 上述结论还隐藏着幂指函数的对数法处理思想. 事实上, 记 $h(x)=(f(x))^{g(x)}$, 则

$$\ln h(x)=g(x)\ln f(x),$$

若计算得到 $\lim\limits_{x\to x_0}\ln h(x)=\lim\limits_{x\to x_0}g(x)\ln f(x)=C$, 则

$$\lim_{x\to x_0} h(x)=\lim_{x\to x_0}(f(x))^{g(x)}=\mathrm{e}^C,$$

或

$$\lim_{x\to x_0} h(x)=\lim_{x\to x_0}\mathrm{e}^{g(x)\ln f(x)}=\mathrm{e}^C,$$

由此, 将幂指函数 $(f(x))^{g(x)}$ 的极限通过对数法转化为乘积函数 $g(x)\ln f(x)$ 的极限进行计算, 体现了化繁为简的计算思想, 这种方法称为幂指函数的对数方法, 这种计算方法是处理幂指函数的有效的方法, 要熟练掌握. 上述例题的结果都可以做结论使用.

简单小结

利用函数极限运算的复合运算法则, 我们建立了极限运算的变量代换法、幂指结构的对数法的理论基础, 实现了数学理论的严谨性.

第 18 讲 Heine 归结定理中的数学思想

Heine 归结定理是一个简单的结论, 但是, 定理及其应用中还是隐藏着一些数学思想, 本讲我们就对这些数学思想方法进行简单的挖掘.

一、 Heine 归结定理

给出函数极限的定义之后, 研究函数极限的计算和讨论函数极限的存在性是必须要解决的问题, 依据问题研究的一般思路, 我们先进行类比, 找出与要研究的问题关联最紧密的已知理论, 为确立研究思路进行理论准备. 由此, 在研究函数极限相关问题时, 已知的数列极限理论与之关联紧密, 能否利用数列极限理论研究函数极限问题是必须考虑的研究方向, 得到的结果就是 Heine 归结定理.

我们先给出 Heine 归结定理.

定理 1(Heine 归结定理) $\lim\limits_{x \to x_0} f(x) = A$ 的充要条件为对任意收敛于 x_0 且 $x_n \neq x_0$ 的数列 $\{x_n\}$, 都有 $\lim\limits_{n \to +\infty} f(x_n) = A$.

结构分析 (1) 从形式看, 定理给出了一个函数极限存在 (或计算、判断) 的充要条件; 从条件和结论看, 建立了数列极限和函数极限的关系, 即利用数列极限理论判断函数极限的存在性, 实现了化未知为已知的应用思想.

(2) 从定理结构中条件和结论的逻辑关系看, 由于趋势方式 $x_n \to x_0$ 只是 $x \to x_0$ 的特殊情况, 即连续变化趋势 $x \to x_0$ 可以离散出无限多种 $x_n \to x_0$ 的方式, 因此, 定理揭示的是全体和部分的逻辑关系.

(3) 基于上述逻辑关系, 在应用中, 成立全体所满足的性质, 其中的个体肯定满足, 但是, 一旦某个个体不满足某性质, 则全体肯定也不满足此性质, 从而达到否定个体进一步否定全体的目的.

(4) 上述逻辑关系应用于实践, 揭示了此定理的作用, 即此定理的作用并不是通过对每一个满足 $x_n \to x_0$ 的数列 $\{x_n\}$ 去验证 $f(x_n) \to A$, 从而得到 $\lim\limits_{x \to x_0} f(x) = A$(因为这是一个无限验证的过程); 而是通过对某一个满足 $x_n \to x_0$ 的数列 $\{x_n\}$ 得到否定的结论 "$\{f(x_n)\}$ 不收敛于 A", 进而否定结论 $\lim\limits_{x \to x_0} f(x) = A$, 即如下推论.

推论 1 若存在 $x_n \to x_0$, 但 $\{f(x_n)\}$ 不收敛于 A, 则 $x \to x_0$ 时, $f(x)$ 也不收敛于 A.

推论 2　若存在 $x_n^{(1)} \to x_0$, $x_n^{(2)} \to x_0$, 使 $\lim\limits_{n \to +\infty} f\left(x_n^{(1)}\right) \neq \lim\limits_{n \to +\infty} f\left(x_n^{(2)}\right)$, 则 $\lim\limits_{x \to x_0} f(x)$ 不存在.

推论 3　若存在 $x_n \to x_0$, 但 $\{f(x_n)\}$ 不收敛, 则 $x \to x_0$ 时, $f(x)$ 的极限也不存在.

由此可知, 上述定理和推论在具体函数极限中的作用主要是证明函数极限的不存在性. 当然, 不能否定此定理的理论意义.

定理的条件还可以减弱, 事实上, 成立如下结论:

定理 2　$\lim\limits_{x \to x_0} f(x)$ 存在的充分必要条件是对任意以 x_0 为极限的点列 $\{x_n\}$, 都有 $\{f(x_n)\}$ 收敛.

我们只需说明如下事实, 即: 若任意以 x_0 为极限的点列 $\{x_n\}$, 都有 $\{f(x_n)\}$ 收敛, 则 $\{f(x_n)\}$ 必收敛于同一极限 A.

事实上, 若存在 $x_n^{(1)} \to x_0$, $x_n^{(2)} \to x_0$, 使

$$\lim_{n \to +\infty} f\left(x_n^{(1)}\right) = A \neq \lim_{n \to +\infty} f\left(x_n^{(2)}\right) = B,$$

构造数列

$$x_n = \begin{cases} x_{2k}^{(1)}, & n = 2k, \\ x_{2k+1}^{(2)}, & n = 2k+1, \end{cases}$$

则 $x_n \to x_0$.

考察 $\{f(x_n)\}$, 其偶子列 $\{f(x_{2k}^{(1)})\}$ 收敛于 A, 奇子列 $\{f(x_{2k+1}^{(2)})\}$ 收敛于 B, $A \neq B$, 故 $\{f(x_n)\}$ 不收敛, 矛盾.

二、 应用举例

Heine 归结定理的直接应用就是用于函数极限不存在性的讨论.

例 1　证明 $\lim\limits_{x \to 0} \sin \dfrac{1}{x}$ 不存在.

结构分析　题型结构: 函数极限不存在性的证明. 理论工具: 定理 1 及其推论. 具体方法: 只需构造一个点列 $x_n \to x_0$, 而 $\{f(x_n)\}$ 不存在极限; 或者构造两个点列 $x_n^{(i)} \to x_0$, $i = 1, 2$, 而 $\{f\left(x_n^{(1)}\right)\}$ 和 $\{f\left(x_n^{(2)}\right)\}$ 收敛于不同的极限, 这也是解决问题的难点与重点. 难点的解决: 充分考虑具体的函数特性, 由于涉及的函数是周期函数, 在构造点列时必须考虑利用函数的周期性来构造.

证明　记 $f(x) = \sin \dfrac{1}{x}$, 分别取点列 $x_n^{(1)} = \dfrac{1}{2n\pi}$, $x_n^{(2)} = \dfrac{1}{2n\pi + \dfrac{\pi}{2}}$, 则 $x_n^{(i)} \to$

0, $i = 1, 2$, 而 $f\left(x_n^{(1)}\right) = 0 \to 0$, $f\left(x_n^{(2)}\right) = 1 \to 1$, 故 $\lim\limits_{x \to 0} \sin \dfrac{1}{x}$ 不存在.

抽象总结　$\lim\limits_{x\to 0}\sin\dfrac{1}{x}$ 不存在的原因在于函数 $\sin\dfrac{1}{x}$ 在 $x=0$ 点附近的振荡特性.

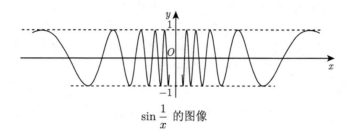

$\sin\dfrac{1}{x}$ 的图像

例 2　证明 Dirichlet 函数

$$D(x)=\begin{cases}1, & \text{当 } x \text{ 为有理数},\\ 0, & \text{当 } x \text{ 为无理数}\end{cases}$$

在任何点 x_0 的极限都不存在.

　　结构分析　题型结构与上题相同; 本题涉及的具体函数是 "分段函数", 在构造点列时必须充分利用分段特征, 需在不同的定义段上构造点列.

　　证明　对 $\forall x_0 \in \mathbf{R}$, 由实数的稠密性定理, 存在有理点列 $\{x_n^{(1)}\}$ 和无理点列 $\{x_n^{(2)}\}$, 使 $x_n^{(i)} \to x_0$, $i=1,2$, 但是

$$D\left(x_n^{(1)}\right) \equiv 1 \to 1, \quad D\left(x_n^{(2)}\right) \equiv 0 \to 0, \quad n \to \infty,$$

由 Heine 归结定理, $D(x)$ 在 x_0 点极限不存在.

　　上面我们给出了 Heine 归结定理的直接应用, 反向思考, 站在函数极限的高度下看数列极限, 此定理给出了利用高级的函数极限计算低级的数列极限的方法, 即 Heine 归结定理也给出了数列极限计算的一种新计算方法——连续化方法, 即将数列的离散变量 n 用一个适当的连续变量代替, 因而, 将数列极限转化为函数极限, 通过求解函数极限, 利用 Heine 归结定理, 得到相应的数列极限. 实现这样转化的优点是能充分利用函数的各种高级的研究工具, 如阶的代换、导数等. 看一个例子.

　　例 3　计算 $\lim\limits_{n\to +\infty}\left(n-\dfrac{1}{\mathrm{e}^{\frac{1}{n}}-1}\right)$.

　　结构分析　这是一个数列极限的计算, 可以有各种处理方法, 用数列的极限理论处理难度较大, 较为简单的方法是将其转化为函数极限, 利用 L'Hospital 法则来计算.

解　考虑函数极限 $\lim\limits_{x\to 0^+}\left(\dfrac{1}{x}-\dfrac{1}{\mathrm{e}^x-1}\right)$.

利用 L'Hospital 法则, 得

$$\lim_{x\to 0^+}\left(\frac{1}{x}-\frac{1}{\mathrm{e}^x-1}\right)=\lim_{x\to 0^+}\frac{\mathrm{e}^x-x-1}{x(\mathrm{e}^x-1)}$$

$$=\lim_{x\to 0^+}\frac{\mathrm{e}^x-1}{x\mathrm{e}^x-1+\mathrm{e}^x}=\lim_{x\to 0^+}\frac{\mathrm{e}^x}{x\mathrm{e}^x+2\mathrm{e}^x}=\frac{1}{2},$$

由 Heine 归结定理, 则 $\lim\limits_{n\to+\infty}\left(n-\dfrac{1}{\mathrm{e}^{\frac{1}{n}}-1}\right)=\dfrac{1}{2}$.

三、　简单小结

虽然 Heine 归结定理是一个简单的结论, 但是, 定理隐藏的、利用全体和部分的逻辑关系设计解决问题的数学思想方法具有非常重要的应用意义, 这种应用思想在后续教学内容中会经常遇到, 如利用函数极限和单侧极限的逻辑关系证明函数极限的不存在性, 以及在多元函数极限理论中, 利用降维方法证明重极限的不存在性等都是这种思想的应用, 因此, 必须熟练掌握这类定理解决问题的应用思想.

第 **19** 讲　两个重要极限的思想方法

两个重要极限是极限理论中非常重要的计算极限的结论. 名称上冠有重要二字凸显了结论的重要性, 但是, 重要性的真正含义是什么? 大多教材并没有明确回答这个问题, 教师和学生对重要性的理解也仅仅局限某个具体函数的导数公式的推导, 没有从更高、更深的层次上对其重要性进行理解, 本讲我们对其重要性进行挖掘解读.

一、 两个重要极限及其结构分析

两个重要极限是指以下两个函数极限结论: $\lim\limits_{x\to 0}\dfrac{\sin x}{x}=1$ 和 $\lim\limits_{x\to +\infty}\left(1+\dfrac{1}{x}\right)^{x}=$ e, 我们分别讨论.

1. 重要极限 $\lim\limits_{x\to 0}\dfrac{\sin x}{x}=1$ 及其结构分析

定理 1　成立极限结论 $\lim\limits_{x\to 0}\dfrac{\sin x}{x}=1$.

结构分析　(1) 定理 1 给出一个简单的函数极限结论. 函数的结构特点: 函数是由两个不同结构的因子组成的有理式结构, 分子为三角函数类中的正弦函数, 分母为幂函数类中的最简一次幂因子, 因此, 定理建立了两种不同结构的因子——正弦三角函数和最简单的幂函数——之间的极限关系.

(2) 从结构角度看, 我们研究对象为函数, 基本初等函数有五类, 幂函数、指数函数、对数函数、三角函数和反三角函数, 其中以幂函数结构为最简; 我们知道, 在各种运算中, 结构相同的因子间的运算是最简单的, 极限运算也是如此, 因此, 涉及多个组成因子的复杂结构的函数极限计算时, 如果能将复杂结构转化为简单结构, 这就为实现计算创造条件, 此重要极限就隐藏了这样的求解思想, 即结论中蕴含了化繁 (三角函数 $\sin x$) 为简 (幂函数 x) 的处理问题的思想, 在极限理论中, 建立了正弦三角函数和幂函数的联系.

(3) 基于上述分析, 决定了此重要极限结构作用对象的特征: 涉及三角函数极限的计算.

我们先看一个应用举例, 后面一并讨论两个重要极限的重要性.

例 1　计算 $\lim\limits_{x\to\frac{\pi}{3}}\dfrac{\sin\left(x-\frac{\pi}{3}\right)}{1-2\cos x}$.

结构分析　题型为函数极限的计算. 结构特点: ① 待定型极限; ② 函数为三角函数的分式结构, 分子和分母是不同的三角函数. 类比已知, 假设现在已知的计算工具或理论为极限的定义、运算法则、两个重要极限, 没有学习和掌握导数理论工具, 由于定义仅用于简单结构的函数极限结论的验证, 是最底层的工具, 因此, 函数极限的计算一般不考虑定义的应用; 待定型极限使得运算法则失效; 由于函数由三角函数因子组成, 这正是重要极限作用对象的特征, 由此确立解题思路, 利用重要极限求解. 方法设计: 最直接的方法就是形式统一思想下的标准化方法, 即将极限转化为 0 点处的极限, 三角函数都转化为正弦函数, 借助于幂因子建立相应的联系, 利用重要极限得到结论.

解　利用变量代换 $t=x-\dfrac{\pi}{3}$, 则

$$
\begin{aligned}
\text{原式} &= \lim_{x\to\frac{\pi}{3}}\frac{\sin\left(x-\frac{\pi}{3}\right)}{1-2\cos\left(x-\frac{\pi}{3}+\frac{\pi}{3}\right)} \\
&= \lim_{t\to 0}\frac{\sin t}{1-\cos t+\sqrt{3}\sin t} \\
&= \lim_{t\to 0}\frac{\sin t}{2\sin^2\frac{t}{2}+\sqrt{3}\sin t} \\
&= \lim_{t\to 0}\frac{\dfrac{\sin t}{t}}{\dfrac{2\sin\frac{t}{2}}{2\cdot\frac{t}{2}}\sin\frac{t}{2}+\sqrt{3}\dfrac{\sin t}{t}} \\
&= \frac{1}{\sqrt{3}}=\frac{\sqrt{3}}{3}.
\end{aligned}
$$

抽象总结　上述计算过程中, 充分体现了向重要极限公式的标准结构进行形式统一的过程, 体现化未知为已知的处理问题的思想. 这是基本的应用思想.

2. 重要极限 $\lim\limits_{x\to\infty}\left(1+\dfrac{1}{x}\right)^x=\mathrm{e}$ 及其结构分析

定理 2　成立结论 $\lim\limits_{x\to\infty}\left(1+\dfrac{1}{x}\right)^x=\mathrm{e}$.

推论 1 (1) $\lim\limits_{x\to\infty}\left(1-\dfrac{1}{x}\right)^x = e^{-1}$; (2) $\lim\limits_{x\to 0}(1+x)^{\frac{1}{x}} = e$.

结构分析 定理 2 仍是一个重要的函数极限结论, 函数的结构特点: ① 从整体看, 这是一个待定型极限; ② 从 $\left(1+\dfrac{1}{x}\right)^x$ 的结构看, 这是幂指结构; ③ 从极限过程看, $x\to\infty$ 时, $1+\dfrac{1}{x}\to 1$, 故定理 2 的结构特点还可以抽象为结构为 $(1+0)^\infty$ 或 1^∞ 形式的极限; ④ 幂指结构中, 底中的无穷小因子与幂因子互为倒数结构. 上述特点是定理 2 作用对象的特点, 当研究的极限结构具有上述特点时, 要想到用此定理来处理, 用到的具体技术方法就是形式统一法——化为标准形即可.

例 2 计算 $\lim\limits_{x\to\infty}\left(\dfrac{x^2-1}{x^2+1}\right)^{x^2+2}$.

结构分析 题型为函数极限的计算; 从结构看, 此为待定型极限, 函数具有幂指结构, 且当 $x\to\infty$ 时, $\dfrac{x^2-1}{x^2+1}\to 1, x^2+2\to\infty$, 因此, 函数还具有 1^∞ 结构, 类比已知, 可以确定利用定理 2 求解的思路; 具体方法是形式统一下的标准化方法, 将所求极限统一为标准的 $(1+0)^\infty$ 来完成.

解 先将幂指结构的底进行标准化处理, 化为 $1+0$ 结构, 即

$$\frac{x^2-1}{x^2+1} = 1 - \frac{2}{x^2+1},$$

根据底因子中的无穷小部分与幂因子的倒数关系, 对幂因子进行形式统一, 即

$$x^2+2 = -\frac{x^2+1}{2}\left(-\frac{2}{x^2+1}\right)\cdot(x^2+2),$$

利用定理 2, 则

$$\text{原式} = \lim_{x\to\infty}\left(1-\frac{2}{x^2+1}\right)^{-\frac{x^2+1}{2}\left(-\frac{2}{x^2+1}\right)\cdot(x^2+1+1)}$$

$$= \lim_{x\to\infty}\left[\left(1-\frac{2}{x^2+1}\right)^{-\frac{x^2+1}{2}}\right]^{-\frac{2(x^2+2)}{x^2+1}} = e^{-2}.$$

二、 两个重要极限的重要性

先看几个例子.

例 3 计算 $\lim\limits_{x\to 0}\dfrac{1-\cos x}{x^2}$.

结构分析 题型是待定型极限的计算, 不能直接用代入法, 分子和分母又是不

同结构的因子, 不能削去相关因子, 注意到所求极限的函数结构涉及两类因子——三角函数因子和幂因子, 这个结构特点是定理 1 所处理的对象特点, 因而, 可以考虑用定理 1 来处理, 而利用此定理的关键就是将所求极限的函数转化为定理中的形式, 即利用形式统一法将分子 $1 - \cos x$ 统一到 $\sin x$ 的形式, 这就需要利用三角函数关系式建立二者间的关系.

解　利用极限的运算法则, 则

$$\text{原式} = \lim_{x \to 0} \frac{2 \sin^2 \dfrac{x}{2}}{x^2} = \lim_{x \to 0} \frac{2 \sin^2 \dfrac{x}{2}}{4 \left(\dfrac{x}{2} \right)^2} = \frac{1}{2}.$$

例 4　计算 $\lim\limits_{x \to 0} \dfrac{\tan x}{x}$.

结构分析　涉及三角函数和幂函数的待定型极限, 考虑利用重要极限结论.

解　$\lim\limits_{x \to 0} \dfrac{\tan x}{x} = \lim\limits_{x \to 0} \dfrac{\sin x}{x} \dfrac{1}{\cos x} = 1.$

例 5　计算 $\lim\limits_{x \to 0} \dfrac{\arcsin x}{x}$.

结构分析　涉及反三角函数的极限, 考虑到和三角函数关系最为密切, 可以考虑利用重要极限求解.

解　利用变量代换 $t = \arcsin x$, 则

$$\lim_{x \to 0} \frac{\arcsin x}{x} = \lim_{t \to 0} \frac{t}{\sin t} = 1.$$

例 6　计算 (1) $\lim\limits_{x \to 0} \dfrac{\ln(1 + x)}{x}$; (2) $\lim\limits_{x \to 0} \dfrac{\mathrm{e}^x - 1}{x}$.

结构分析　从结构看, 涉及对数函数和指数函数的待定型极限, 类比已知, 目前没有相关的已知结论可用, 从多角度挖掘信息, 与之关联密切的结构是幂指结构, 因为对数法就是将幂指结构转化为对数的乘积结构, 定理 2 的重要极限结论就是处理幂指结构的重要工具, 由此确定计算思路是利用定理 2, 方法就是利用各种方法转化为幂指结构; 对数结构和指数结构互为反函数, 很容易建立联系.

解　(1) 由函数极限的复合运算法则和定理 2, 得

$$\text{原式} = \lim_{x \to 0} \ln(1 + x)^{\frac{1}{x}} = 1.$$

(2) 令 $t = \mathrm{e}^x - 1$, 则 $x = \ln(1 + t)$, 故

$$\text{原式} = \lim_{t \to 0} \frac{t}{\ln(1 + t)} = 1.$$

抽象总结　上述几个例子都是非常简单的结论,但是,从结构看,这些结论正是体现了两个重要极限的重要性. 为了说明这一点,再次回到初等函数的结构,我们研究对象为函数,基本初等函数有五类,幂函数、指数函数、对数函数、三角函数和反三角函数,其中以幂函数结构为最简. 因此,上述结论中隐藏了其他基本初等函数类和最简单的幂函数类的极限关系,实现了在极限计算中其他基本初等函数类的化繁为简,建立了其他基本初等函数类与幂函数类的关系,并通过这种关系,在各种不同的基本初等函数类建立极限关系,如下例.

例 7　计算 $\lim\limits_{x \to 0} \dfrac{e^{x^2} - 1}{1 - \cos x}$.

结构分析　待定型函数极限的计算,涉及两类不同的初等函数结构,将其在极限中联系在一起的就是两个重要极限.

解　利用两个重要极限,则

$$原式 = \lim\limits_{x \to 0} \frac{e^{x^2} - 1}{x^2} \frac{x^2}{1 - \cos x} = 2.$$

因此,可以说,两个重要极限使得我们在极限计算中,打通了任督二脉,实现了各种基本初等函数类中的互联,从而实现初等函数极限的计算,并为基本初等函数的导数计算奠定基础,才产生初等函数的导数理论,这正是重要极限的重要性.

在各种运算中,结构相同的因子间的运算是最简单的,极限运算也是如此,也蕴含了化繁 (复杂函数 $\ln(1 + x)$, $e^x - 1$) 为简 (简单函数 x) 的思想. 初等函数是由基本初等函数经过有限次的运算 (四则运算、复合、反函数运算等) 得到,而在基本初等函数中,又以幂函数最简单,因此,对其他函数,能够建立与幂函数的关系实现化繁为简,是研究其他函数性质的重要研究思想.

三、 简单小结

两个重要极限是两个简单的结论,从研究思想看,体现了化繁为简; 从理论上看,实现了函数极限计算中各种不同级别初等函数类的互联,由此建立了初等函数的极限计算理论.

第20讲 函数极限的结构表示定理及其应用方法

我们研究的对象可以分为具体对象和抽象对象, 对具体对象而言, 给出了具体的表达式, 结构清晰, 易于研究; 对抽象对象, 一般仅给出其具有的某些性质, 没有给出具体的结构, 研究难度相对较大, 因此, 对抽象对象, 若能通过某些条件, 给出相对具体的结构, 会为研究带来很多方便. 本讲我们将上述研究思想应用于极限研究中, 给出极限条件下的极限结构表示定理, 介绍相应的应用.

一、 函数极限表示定理及其结构分析

我们把下述定理称为函数极限的结构表示定理.

定理 1 $\lim\limits_{x \to x_0} f(x) = a$ 的充分必要条件是在 x_0 附近成立 $f(x) = a + \alpha(x)$, 其中 $a(x)$ 是 $x \to x_0$ 时的无穷小量.

证明 必要性 若 $\lim\limits_{x \to x_0} f(x) = a$, 记 $\alpha(x) = f(x) - a$ 即可.

充分性 设 $f(x) = a + \alpha(x)$, 显然, $\lim\limits_{x \to x_0} f(x) = a$.

结构分析 从形式上看, 定理 1 给出了 $\lim\limits_{x \to x_0} f(x) = a$ 的充要条件, 从结构上看, 必要性具有更重要的应用价值, 它给出了在极限条件下, 抽象函数 $f(x)$ 在 x_0 点附近的表达式, 即函数的局部表达式, 这样的转化隐藏了化不定 (抽象函数 $f(x)$) 为确定 (确定的表达式) 的应用思想, 正是有了确定的表达式, 使得对函数的研究更加容易.

二、 应用

例 1 设 $f(x)$ 在 $x_0 = 0$ 点可导, 且 $\lim\limits_{x \to 0} \dfrac{\cos x - 1}{\mathrm{e}^{f(x)} - 1} = 1$, 计算 $f'(0)$.

结构分析 题型为极限条件下导数的计算, 由于只有局部条件, 因此, 只有用定义处理, 由此确定思路. 方法设计: 给出的函数是抽象函数, 可以考虑利用极限的局部表达定理, 将抽象函数的极限转化为具体函数极限来讨论.

解 由于 $\lim\limits_{x \to 0} \dfrac{\cos x - 1}{\mathrm{e}^{f(x)} - 1} = 1$, 则存在 $\alpha(x)$, 使得 $\lim\limits_{x \to 0} \alpha(x) = 0$, 且

$$\frac{\cos x - 1}{\mathrm{e}^{f(x)} - 1} = 1 + \alpha(x), \quad x \to 0,$$

故

$$e^{f(x)} = \frac{\cos x - 1}{1 + \alpha(x)} + 1, \quad x \to 0,$$

由于 $\lim\limits_{x \to 0} \left(\dfrac{\cos x - 1}{1 + \alpha(x)} + 1 \right) = 1$, 故 $\lim\limits_{x \to 0} e^{f(x)} = 1$, 因而

$$f(0) = \lim_{x \to 0} \ln e^{f(x)} = 0,$$

所以,

$$
\begin{aligned}
f'(0) &= \lim_{x \to 0} \frac{f(x) - f(0)}{x} = \lim_{x \to 0} \frac{\ln e^{f(x)}}{x} \\
&= \lim_{x \to 0} \frac{1}{x} \ln \left(\frac{\cos x - 1}{1 + \alpha(x)} + 1 \right) \\
&= \lim_{x \to 0} \frac{1}{x} \frac{\cos x - 1}{1 + \alpha(x)} = \lim_{x \to 0} \frac{1}{1 + \alpha(x)} \frac{\cos x - 1}{x} = 0.
\end{aligned}
$$

注 上述过程中用到阶的代换理论, 即

$$\ln \left(\frac{\cos x - 1}{1 + \alpha(x)} + 1 \right) \sim \frac{\cos x - 1}{1 + \alpha(x)}, \quad x \to 0.$$

例 2 设 $f(x)$ 在 $x_0 = 0$ 点连续, 且 $\lim\limits_{x \to 0} \dfrac{\ln(1 - x) + f(x) \sin x}{e^{x^2} - 1} = 0$, 证明: $f(x)$ 在 $x_0 = 0$ 点可导, 并计算 $f'(0)$.

结构分析 题型为可导性的验证和导数计算; 所给条件也是此点的局部性质, 由此决定了用定义验证的思路. 方法设计: 由于所给的定量条件只有一个极限条件, 因此, 必须从此定量条件中分离出函数的信息, 再利用导数的定义进行验证, 这就需要利用极限的结构表示定理分离出函数的信息, 由此确定具体的方法.

证明 由于 $\lim\limits_{x \to 0} \dfrac{\ln(1 - x) + f(x) \sin x}{e^{x^2} - 1} = 0$, 利用极限的局部表示定理, 则

$$\frac{\ln(1 - x) + f(x) \sin x}{e^{x^2} - 1} = 0 + \alpha(x), \quad 其中 \ \alpha(x) \to 0,$$

故

$$f(x) = \frac{(e^{x^2} - 1)\alpha(x) - \ln(1 - x)}{\sin x}, \quad x \to 0,$$

由此,

$$f(0) = \lim_{x \to 0} f(x) = \lim_{x \to 0} \frac{(e^{x^2} - 1)\alpha(x) - \ln(1 - x)}{\sin x} = 1,$$

因而,

$$\lim_{x\to 0}\frac{f(x)-f(0)}{x}=\lim_{x\to 0}\frac{\dfrac{(\mathrm{e}^{x^2}-1)\alpha(x)-\ln(1-x)}{\sin x}-1}{x}$$

$$=\lim_{x\to 0}\frac{(\mathrm{e}^{x^2}-1)\alpha(x)-\ln(1-x)-\sin x}{x\sin x}$$

$$=\lim_{x\to 0}\frac{(\mathrm{e}^{x^2}-1)\alpha(x)-\ln(1-x)-\sin x}{x^2}=\frac{1}{2}.$$

抽象总结　从上述证明过程中可以看到, 利用极限表达定理, 使得函数在定点的局部结构得到清晰、确定的表达, 从而, 使得对应的局部分析性质的讨论转化为具体函数的性质讨论, 如上述函数值和导数值的确定都转化为具体函数的极限, 使得对抽象函数性质的讨论转化为具体函数性质的讨论, 实现了化不定为确定, 体现了极限表达定理的应用优势.

例 3　设 $f(x)$ 在 $x_0=0$ 点具有二阶导数, 且 $\lim_{x\to 0}\dfrac{xf(x)-\ln(1+x)}{x^3}=\dfrac{1}{3}$, 求 $f(0),f'(0)$ 和 $f''(0)$.

结构分析　采用与例 2 类似的思想方法处理.

解　由于 $\lim_{x\to 0}\dfrac{xf(x)-\ln(1+x)}{x^3}=\dfrac{1}{3}$, 利用极限表达定理, 则

$$\frac{xf(x)-\ln(1+x)}{x^3}=\frac{1}{3}+\alpha(x),\quad x\to 0,$$

其中 $\lim_{x\to 0}\alpha(x)=0$, 故

$$f(x)=\frac{1}{3}x^2+x^2\alpha(x)+\frac{\ln(1+x)}{x},\quad x\to 0,$$

因此,

$$f(0)=\lim_{x\to 0}f(x)=\lim_{x\to 0}\left(\frac{1}{3}x^2+x^2\alpha(x)+\frac{\ln(1+x)}{x}\right)=1,$$

$$f'(0)=\lim_{x\to 0}\frac{f(x)-f(0)}{x}$$

$$=\lim_{x\to 0}\frac{\dfrac{1}{3}x^2+x^2\alpha(x)+\dfrac{\ln(1+x)}{x}-1}{x}=-\frac{1}{2},$$

$$f''(0)=\lim_{x\to 0}\frac{f(x)+f(-x)-2f(0)}{x^2}$$

$$
= \lim_{x \to 0} \frac{\dfrac{2}{3}x^2 + x^2(\alpha(x) + \alpha(-x)) + \dfrac{\ln(1+x)}{x} + \dfrac{\ln(1-x)}{-x} - 2}{x^2}
$$

$$
= \frac{2}{3} + \lim_{x \to 0} \frac{\ln(1+x) - \ln(1-x) - 2x}{x^3} = \frac{4}{3}.
$$

注 本题涉及高阶导数, 用 Taylor 展开定理处理更简单些, 我们采用的方法主要说明极限局部表达定理的应用.

三、 简单小结

通过上述几个例子可以看到, 在研究抽象函数的局部性质时, 利用极限局部表达定理, 可以将抽象函数具体化, 实现了化不定为确定, 化未知为已知, 体现了数学的应用思想.

第21讲 函数连续性的局部性的应用方法

数学分析的研究内容是函数的分析性质, 函数连续性是我们接触到的第一个函数的分析性质, 也是最基本的分析性质, 事实上, 数学分析是古典分析, 研究对象是好函数, "好" 表现于函数具有最基本的连续性质, 由此可见函数连续性的重要性, 本讲我们对函数连续性的局部特性进行分析解读.

一、 函数连续性的定义

1. 连续性的一般定义

设 $f(x)$ 在 $U(x_0, \rho)$ 内有定义.

定义 1　若 $\lim\limits_{x \to x_0} f(x) = f(x_0)$, 则称 $f(x)$ 在 x_0 点连续.

信息挖掘　① 借助极限的概念, 我们定义了函数在一点的连续性, 由于极限是局部概念, 且在 "点" 处定义, 体现了函数连续性的**局部特性**. ② 定义中给出了函数在一点处的连续性, 也称函数的点连续性.

正是连续性的局部特性, 将点连续性推广到区间, 形成区间连续性的定义时采用的是点点定义的方式, 这是局部性概念定义的模式.

定义 2　若 $f(x)$ 在 (a, b) 内的每一点都连续, 称 $f(x)$ 在 (a, b) 内连续. 即若对任意的 $x_0 \in (a, b)$, $f(x)$ 在 x_0 点连续, 称 $f(x)$ 在 (a, b) 内连续.

当然, 为定义闭区间上函数的连续性, 需要定义端点处的单侧连续性, 即左连续和右连续, 这需要利用函数的左右极限来完成, 此处略去.

至此, 建立了函数连续性的概念, 这是常规的框架结构, 这种结构体现了连续性和极限的紧密关系, 这为利用极限理论研究连续性创造条件.

我们再给出连续性的不同定义形式.

2. 连续性的差值结构式定义

很容易将连续性的定义转化为差值结构式定义.

定义 3　若 $\lim\limits_{x \to x_0} (f(x) - f(x_0)) = 0$, 则称 $f(x)$ 在 x_0 点连续.

由于 $f(x) - f(x_0)$ 具有差值结构, 因此, 我们把上述定义称为差值式定义.

3. 连续性的增量式定义

设 $f(x)$ 在 $U(x_0, \rho)$ 内有定义, 自变量的改变会引起函数的改变, 因此, 给定

自变量在 x_0 点一个增量 Δx, 函数在此点的增量记为 $\Delta y(x_0, \Delta x)$, 则

$$\Delta y(x_0, \Delta x) = f(x_0 + \Delta x) - f(x_0),$$

利用增量可以定义函数的连续性.

定义 4 若 $\lim\limits_{\Delta x \to 0} \Delta y(x_0, \Delta x) = 0$, 则称 $f(x)$ 在 x_0 点连续.

从常规式的定义到差值式定义、增量式定义, 本质上看似没有太大的变化, 我们更多的是从结构的角度引入上述两种定义. 在后续的教学内容中, 我们可以看到, 一致连续性、微分、导数、定积分等概念以及微分中值定理等核心理论, 主要结构中都涉及差值结构, 因此, 我们利用差值结构将课程的基本概念和核心理论统一到同一框架结构下, 正是这种结构的统一性, 形成研究的主线, 抓住这条主线, 就可以容易确立相关研究的思路和设计具体的研究方法了, 这正是我们引入上述定义的目的所在.

二、应用

连续是局部概念, 一般来说, 连续性验证的基本方法就是点点验证方法, 看下面的例子.

例 1 $f(x) \in C(a,b)$, 且 $f(x) \neq 0$, $\forall x \in (a,b)$, 则 $\dfrac{1}{f(x)}$ 在 (a,b) 上连续.

证明 对任意 $x_0 \in (a,b)$, $f(x)$ 在此点连续, 故

$$x_0 \in (a,b), \qquad \lim_{x \to x_0} f(x) = f(x_0) \neq 0,$$

利用极限的运算性质

$$\lim_{x \to x_0} \frac{1}{f(x)} = \frac{1}{f(x_0)},$$

故 $\dfrac{1}{f(x)}$ 在 (a,b) 上连续.

例 2 设 $f(x) = \begin{cases} \dfrac{\sin x}{x}, & x > 0, \\ \mathrm{e}^x, & x \leqslant 0, \end{cases}$ 讨论此函数的连续性.

结构分析 题型为具体函数的连续性验证; 思路是用定义验证; 方法是利用连续的局部特性, 转化为任一点处的函数极限的计算; 函数的结构特点为分段函数, 因此, 必须根据点的分布情况进行分别讨论, 特别注意内点和边界点 (区间端点) 的区别.

解 对任意的 x_0, 若 $x_0 > 0$, 则存在 $\delta > 0$, 使得 $U(x_0, \delta) \subset (0, +\infty)$, 故

$$f(x) = \frac{\sin x}{x}, \quad x \in U(x_0, \delta),$$

故

$$\lim_{x \to x_0} f(x) = \lim_{x \to x_0} \frac{\sin x}{x} = \frac{\sin x_0}{x_0} = f(x_0),$$

因而, $f(x)$ 在 x_0 点连续.

类似可证, 当 $x_0 < 0$ 时, $f(x)$ 在 x_0 点连续.

当 $x_0 = 0$, 由于

$$\lim_{x \to x_0^+} f(x) = \lim_{x \to 0^+} \frac{\sin x}{x} = 1 = f(x_0),$$

$$\lim_{x \to x_0^-} f(x) = \lim_{x \to 0^-} e^x = 1 = f(x_0),$$

因而, $f(x)$ 在 x_0 点连续.

由 x_0 点的任意性, $f(x)$ 在定义域 $(-\infty, +\infty)$ 内连续.

下面的例子从另一个角度揭示了连续性的局部性.

例 3　设 $\forall \varepsilon > 0$, $f(x)$ 在 $[a+\varepsilon, b-\varepsilon]$ 上连续, 问 $f(x)$ 在 (a,b) 上连续吗? 在 $[a,b]$ 上连续吗?

解　$f(x)$ 在 (a,b) 上连续. 事实上, 由于连续是局部性质, 只需证明对任意 $x_0 \in (a,b)$, $f(x)$ 在此点连续. 为此, 取 $\varepsilon = \frac{1}{2} \min\{x_0 - a, b - x_0\}$, 则

$$a + \varepsilon < a + x_0 - a = x_0,$$

$$b - \varepsilon > b - (b - x_0) = x_0,$$

故 $x_0 \in (a+\varepsilon, b-\varepsilon) \subset [a+\varepsilon, b-\varepsilon]$, 由于 $f(x)$ 在 $[a+\varepsilon, b-\varepsilon]$ 上连续, 因而, $f(x)$ 在 x_0 连续, 由于 $x_0 \in (a,b)$ 的任意性, 则 $f(x)$ 在 (a,b) 上连续.

本题条件下, $f(x)$ 在 $[a,b]$ 上不一定连续, 如对 $f(x) = \frac{1}{x}$, $a=0, b=1$.

抽象总结　(1) 上述例子给出了局部性概念连续性验证的基本思想方法, 即点点验证的思想方法.

(2) 对分段函数连续性的验证, 要根据点的分布情况分别讨论, 特别注意两类点讨论方式的不同, 对内点, 由于内点的性质, 即一个区间的内点总可以找到这个点的开邻域, 使得这个邻域包含在区间内, 因而, 可以根据区间内函数的定义直接进行极限的计算; 对边界点 (包含分段点), 由于此点两侧的函数表达式不同, 通常利用单侧极限分别讨论.

这种处理局部性概念的思想方法会延续到后续的教学内容中, 包括导数以及多元函数的连续性和偏导数的讨论, 因此, 必须要熟练掌握这种思想方法, 更应该理解思想方法下所隐藏的内点和边界点的本质的区别.

关于连续性定义的差值结构和增量式结构的应用, 我们会在后续的内容中进行讨论.

第 22 讲　闭区间上连续函数的性质应用方法
——整体性质的分段验证方法

闭区间上连续函数的性质有三个: 有界性定理、最值定理和零点存在定理, 其中有界性定理和最值定理具有整体属性 (只能在区间上定义, 而不能在一个点处定义), 本讲我们讨论在将上述结论进行推广时应用的思想方法.

例 1　设 $f(x) \in C[0, +\infty)$, 且 $\lim\limits_{x \to +\infty} f(x) = a$(有限), 证明: $f(x)$ 在 $[0, +\infty)$ 有界.

结构分析　题型是证明连续函数在无限区间上的有界性. 类比已知的相关结论是: 有限闭区间上的连续函数有界, 由此确立了证明思路. 注意到条件有两个: 连续性和无限远处的极限存在性, 由此确定具体的处理方法是**分段处理方法**, 从一个充分远的点将整个无限区间分成**充分远的部分和剩下有限的闭区间部分**, 在充分远的部分, 用无穷远处函数的极限控制函数的界, 在有限的闭区间上用连续有界性定理. 当然, 由无穷远处的极限决定分段的方法 (确定分段点的位置).

证明　由于 $\lim\limits_{x \to +\infty} f(x) = a$, 对 $\varepsilon = 1$, 存在 $M > 0$, 当 $x > M$ 时, 有

$$|f(x) - a| < 1,$$

因而,

$$|f(x)| \leqslant |f(x) - a| + |a| < 1 + |a|, \quad \forall x > M,$$

故 $f(x)$ 在 $[M + 1, +\infty)$ 上有界, 记 $M_1 = 1 + |a|$, 则

$$|f(x)| \leqslant M_1, \quad x \in [M + 1, +\infty).$$

由于 $f(x) \in C[0, M + 1]$, 则由最值定理知, 存在 M_2 使得

$$|f(x)| \leqslant M_2, \quad x \in [0, M + 1],$$

故 $|f(x)| \leqslant M_1 + M_2, x \in [0, +\infty)$.

抽象总结　(1) 将性质由有限区间推导到无限区间时, 通常需要利用分段的方法处理, 可以通过上述证明过程总结分段的思想和方法.

(2) 证明过程中, 取定 $\varepsilon = 1$ 就是界的确定性思想的应用, 即界一定是一个确定的量, 因此, 通过取定 $\varepsilon = 1$, 将 M 确定, 从而确定区间的分段, 进一步确定各分段上的界.

例 2　设 $f(x) \in C[a, +\infty)$, 且 $\lim\limits_{x \to +\infty} f(x) = A$, 证明: $f(x)$ 在 $[a, +\infty)$ 内取得最大值或最小值.

结构分析　例 2 的结构和例 1 相同, 都是将相应的结论由有限的闭区间推广到无限区间, 处理的思想也相同, 采用分段处理的思想方法, 即利用辅助条件进行分段, 具体研究对象不同, 分段的具体方法不同; 本题, 由于最值的唯一性, 需要在两段之间进行比较以确定最值. 因此, 与例 1 的分段法不同, 需借助于有限点处和无穷远处的极限值 (函数值) 的比较进行分段.

证明　若 $f(x) \equiv A$, 则问题解决.

若 $f(x)$ 不是恒等于 A 的常数函数, 则必存在点 $x_0 \in [a, +\infty)$, 使得 $f(x_0) \neq A$.

若 $f(x_0) > A$. 由于 $\lim\limits_{x \to +\infty} f(x) = A$, 对 $\varepsilon = f(x_0) - A$, 则存在 $M > |x_0| \geqslant 0$, 使得 $x > M$ 时,

$$f(x) < A + \varepsilon = f(x_0).$$

又由于 $f(x) \in C[a, M]$, 则 $f(x)$ 在 $[a, M]$ 内取得最大值, 因而, 存在 $x_1 \in [a, M]$, 使得

$$f(x_1) = \beta = \max\{f(x) : x \in [a, M]\},$$

由于 $x_0 \in [a, M]$, 则 $\beta \geqslant f(x_0)$, 因而, $x > M$ 时,

$$f(x) < f(x_0) \leqslant \beta.$$

故 $f(x_1) = \beta$ 是 $f(x)$ 在 $[a, +\infty)$ 的最大值.

同样, 当 $f(x_0) < A$ 时, 可以证明 $f(x)$ 在 $[a, +\infty)$ 内取得最小值.

抽象总结　上述两个题目都是将结论从有限区间通过辅助条件推广到无限区间, 基于已知和未知的结构比较, 由此决定了处理的方法就是分段方法, 要掌握这种分析问题、解决问题的思想方法.

第23讲 零点存在定理的结构分析与应用方法

零点存在定理是闭区间上连续函数具有的非常重要的结论, 此定理首次给出了函数零点或方程的根的存在性条件, 许多工程或技术问题的解决, 归根结底是模型的求解, 这便是函数的零点或方程的根的问题, 由此体现定理的重要性. 本讲我们对定理的应用进行解读.

一、 函数零点定理的结构分析

先给出定理.

定理 1 设 $f(x) \in C[a,b]$, 且 $f(a) \cdot f(b) < 0$, 则存在 $x_0 \in (a,b)$ 使 $f(x_0) = 0$, 即方程 $f(x) = 0$ 在 (a,b) 内有解 x_0.

结构分析 (1) 从定理的结论看, 给出了方程解 (根) 的存在性, 由于方程的解还满足 $f(x_0) = 0$, 也称 x_0 为函数 $f(x)$ 的零点, 因此, 我们把上述定理称为函数零点 (或方程根) 的存在性定理;

(2) 定理的结论表明了定理作用对象的特征, 用于研究方程的根或函数的零点问题, 验证根 (零点) 的理论存在性;

(3) 要验证的条件相对简单, 定性条件为连续性, 核心条件是定量条件, 即函数有两个异号的点;

(4) 定理只给出了零点的存在性, 没有唯一性;

(5) $f(a), f(b)$ 同号时, 不能否定根的存在性.

将上述定理进行推广, 可以得到更一般的介值定理.

定理 2 若 $f(x) \in C[a,b]$, 则对 $\forall c \in [m, M]$, 存在 $x_0 \in [a,b]$, 使 $f(x_0) = c$. 其中, $M = \max\{f(x) : x \in [a,b]\}$, $m = \min\{f(x) : x \in [a,b]\}$. 即 $f(x)$ 在 $[a,b]$ 一定能取到最大值和最小值之间的任何数.

结构分析 从定理的结构看, 由于 c 是介于最小值和最大值之间的数, 这类问题也称为介值问题, 是函数零点或方程根的问题的推广, 其本质是相同的, 后续内容中还会涉及更复杂的介值问题或中值问题, 因此, 介值问题是此定理作用对象的特征.

二、 定理的应用

函数零点 (方程的根) 存在定理用于研究零点问题 (或方程的根的问题), 主要验证的条件是函数两个异号点的确定.

例 1　设 $f(x) \in C[a,b], x_i \in [a,b], \sum\limits_{i=1}^{n} \lambda_i = 1, \lambda_i > 0, i = 1, 2, \cdots, n$, 证明:

存在 $\xi \in [a,b]$, 使得 $f(\xi) = \sum\limits_{i=1}^{n} \lambda_i f(x_i)$.

结构分析　题型是典型的连续函数的介值问题. 需要验证相应条件, 即验证

$\sum\limits_{i=1}^{n} \lambda_i f(x_i)$ 为介值.

证明　由于

$$\min_{i=1,2,\cdots,n} f(x_i) \leqslant \sum_{i=1}^{n} \lambda_i f(x_i) \leqslant \max_{i=1,2,\cdots,n} f(x_i),$$

利用连续函数的介值定理既得结论.

例 2　设 $\varphi(x)$ 为连续函数, 且 $\lim\limits_{x \to +\infty} \dfrac{\varphi(x)}{x^n} = \lim\limits_{x \to -\infty} \dfrac{\varphi(x)}{x^n} = 0$,

(1) 证明: 当 n 为奇数时, $x^n + \varphi(x) = 0$ 有一实根;

(2) 证明: 当 n 为偶数时, 存在 a, 使得

$$a^n + \varphi(a) \leqslant x^n + \varphi(x), \quad \forall x.$$

结构分析　问题 (1) 的题型是方程的根 (函数的零点) 问题, 处理方法: 构造相应的函数. 寻找条件: 两个异号的点; 利用附加的极限条件, 很容易找到两个异号点. 问题 (2) 属于最值问题, 需要用连续函数的最值定理处理, 在无限区间上, 还需借用极限来研究, 但是, 必须将无限远处的函数值与某个确定点的函数值作比较, 适当选取确定点.

证明　记 $h(x) = x^n + \varphi(x)$.

(1) 当 n 为奇数时, 由于 $\lim\limits_{x \to +\infty} \dfrac{\varphi(x)}{x^n} = \lim\limits_{x \to -\infty} \dfrac{\varphi(x)}{x^n} = 0$, 由极限定义, 对 $\varepsilon = 1$, 存在 $M > 0$, 使得

$$-1 < \frac{\varphi(x)}{x^n} < 1, \ x > M, \quad -1 < \frac{\varphi(x)}{x^n} < 1, \ x < -M,$$

因而,

$$-x^n < \varphi(x) < x^n, \ x > M, \quad -x^n > \varphi(x) > x^n, \ x < -M,$$

则存在 $x_1 > M, x_2 < -M$, 使得

$$h(x_1) > 0, \quad h(x_2) < 0,$$

由连续函数的介值定理, 存在 $x_0 \in \mathbf{R}$, 使得 $h(x_0) = 0$.

(2) 当 n 为偶数时, 取 $M > 0$ 充分大, 使得 $\frac{1}{2}M^n > \varphi(0)$.

由条件, 则

$$\lim_{x \to +\infty} \frac{h(x)}{x^n} = \lim_{x \to -\infty} \frac{h(x)}{x^n} = 1,$$

利用极限定义, 对 $\varepsilon = \frac{1}{2}$, 存在 $M_1 > M$, 使得

$$\frac{h(x)}{x^n} > 1 - \varepsilon = \frac{1}{2}, \ x > M_1, \quad \frac{h(x)}{x^n} > 1 - \varepsilon = \frac{1}{2}, \ x < -M_1,$$

因而,

$$h(x) > \frac{1}{2}x^n, \ x > M_1, \quad h(x) > \frac{1}{2}x^n, \ x < -M_1,$$

特别,

$$h(x) > \frac{1}{2}x^n, \ x \in [M_1 + 1, +\infty), \quad h(x) > \frac{1}{2}x^n, \ x \in (-\infty, -M_1 - 1],$$

因此,

$$h(x) > \frac{1}{2}(M + 1)^n > h(0), \quad x \in [M_1 + 1, +\infty),$$

$$h(x) > \frac{1}{2}(M_1 + 1)^n > h(0), \quad x \in (-\infty, -M_1 - 1],$$

由于 $h(x) \in C[-M_1 - 1, M_1 + 1]$, 由连续函数的最值定理, 存在 $a \in [-M_1 - 1, M_1 + 1]$, 使得

$$h(a) \leqslant h(x), \quad \forall x \in [-M_1 - 1, M_1 + 1],$$

特别, $h(a) \leqslant h(0)$, 因而

$$h(a) \leqslant h(x), \quad \forall x \in \mathbf{R}.$$

例 3　设 $x_i \in [0, 1], i = 1, 2, \cdots, n$, 证明: 对任意 $n \in \mathbf{N}^+$, 存在 $k \in [0, 1]$, 使得 $\frac{1}{n} \sum_{i=1}^{n} |k - x_i| = \frac{1}{2}$.

结构分析　题型是函数的零点问题, 需要构造函数, 验证条件, 确定两个异号点. 特别注意, 确定点时, 一定要挖掘特殊点的性质, 这些特殊点有区间端点、中点及隐藏信息的点.

证明　记 $f(t) = \dfrac{1}{n} \sum\limits_{i=1}^{n} |t-x_i| - \dfrac{1}{2}$, 先考察端点信息, 则

$$f(0) = \frac{1}{n} \sum_{i=1}^{n} x_i - \frac{1}{2},$$

$$f(1) = \frac{1}{n} \sum_{i=1}^{n} |1-x_i| - \frac{1}{2} = \frac{1}{n} \sum_{i=1}^{n} (1-x_i) - \frac{1}{2}$$

$$= \frac{1}{2} - \frac{1}{n} \sum_{i=1}^{n} x_i,$$

若 $f(0)f(1) = 0$, 取 $k = 0$ 或 $k = 1$; 若 $f(0)f(1) \neq 0$, 则 $f(0)f(1) < 0$, 由连续函数的介值定理, 存在 $k \in [0,1]$, 使得 $f(k) = 0$, 即 $\dfrac{1}{n} \sum\limits_{i=1}^{n} |k-x_i| = \dfrac{1}{2}$.

三、 简单小结

学习了连续函数的零点定理后, 我们首次接触到函数零点问题, 此时的题型相对简单, 思路很容易确定, 方法较容易设计, 其中的重点和难点是特殊点 (两个异号点) 的确定, 后面还会经常遇到特殊点的确定问题, 这些特殊的点通常有区间端点及包含特殊信息的点, 例 3 中还有给定的点 x_i, 若得不到结论, 还可以进一步考虑 x_i 点的信息.

第24讲 Rolle 定理的结构分析与应用方法

微分中值定理是微分理论的核心, 它由若干个结论组成, Rolle 定理是第一个结论, 也是最简单的一个结论. 尽管如此, 此定理的重要性也是非常明显的, 本讲我们对此定理进行解读.

一、 Rolle 定理及其结构分析

我们先给出定理.

定理 1 (Rolle 定理) 若 $f(x)$ 满足如下条件:

(1) 在 $[a, b]$ 上连续;

(2) 在 (a, b) 内可导;

(3) $f(a) = f(b)$,

则存在 $\xi \in (a, b)$, 使得 $f'(\xi) = 0$.

结构分析 (1) 从结论看, 此定理给出了导函数零点的存在性, 进一步可以抽象为函数的零点 (或方程的根) 的存在性, 因此, 和连续函数的零点定理具有相同的作用, 由此决定了此定理的作用对象的特征, 至此, 研究这类问题的工具有两个;

(2) 定理的定量条件是两个等值点的确定, 这和连续函数的零点存在定理不同;

(3) 定理中的条件 (1) 和 (2) 是微分中值定理的标志, 若题目中有这样的条件, 应优先考虑用微分中值定理求解;

(4) 注意定理的证明思想, 即通过确定内部极值点, 然后利用 Fermat 定理得到结论, 当不能直接利用 Rolle 定理得到结论时, 可以考虑利用对应的证明思想 (即确定内部极值点) 来解决.

二、 应用

例 1 设 $f(x) \in C[0,3], f(0) + f(1) + f(2) = 3, f(3) = 1$, 证明: 存在 $\xi \in (0,3)$, 使得 $f'(\xi) = 0$.

结构分析 题型为导函数零点的存在性; 类比已知, 研究函数零点的已知工具有连续函数的介值定理 (零点存在定理) 和导函数的零点存在性的 Rolle 定理; 两个思路都是考虑之一, 从关联紧密的角度看, 确定思路为 Rolle 定理. 方法设计: 根据 Rolle 定理, 需要验证的定量条件是两个等值点的确定, 类比题目中已知条件, 已经有了一个函数值信息 $f(3) = 1$, 因此, 重点和难点是确定一个点满足

$f(x_0) = 1$, 这就需要利用附加条件来完成, 这是连续函数的介值问题, 即需要从 0, 1, 2 三个点中与 x_0 点处的函数值进行比较, 由此形成对应的解题方法.

证明　先证存在 $x_0 \in [0, 3)$, 使得 $f(x_0) = 1$.

若 $f(0) = 1$ 或 $f(1) = 1$ 或 $f(2) = 1$, 则问题解决.

若 $f(0) > 1$, $f(1) > 1$, $f(2) > 1$, 则必有 $f(0) + f(1) + f(2) > 3$; 若 $f(0) < 1$, $f(1) < 1$, $f(2) < 1$, 则必有 $f(0) + f(1) + f(2) < 3$, 因而, 由于 $f(0) + f(1) + f(2) = 3$, 则必存在 $x_i \in \{0, 1, 2\}, i = 1, 2$, 使得

$$(f(x_1) - 1)(f(x_2) - 1) < 0,$$

故利用连续函数零点存在定理, 则存在 $x_0 \in (0, 3)$, 使得 $f(x_0) = 1$.

再次利用 Rolle 定理, 存在 $\xi \in (0, 3)$, 使得 $f'(\xi) = 0$, 命题得证.

例 2 (Rolle 定理的推广形式)　设 $f(x)$ 在 $(1, +\infty)$ 可导,

$$\lim_{x \to 1^+} f(x) = \lim_{x \to +\infty} f(x) = A,$$

证明: 存在 $c > 1$, 使得 $f'(c) = 0$.

结构分析　题型是导函数的零点问题; 类比已知, 结论可以视为 Rolle 定理的推广形式, 也称为推广的 Rolle 定理, 由于二者关联紧密, 因此, 考虑用 Rolle 定理来证明. 由此确定思路: 根据 Rolle 定理的条件, 关键是寻找两个等值点 x_1 和 x_2, 使得 $f(x_1) = f(x_2)$, 很显然, 必须借助某一个共同的值, 使得对应的两点的函数值与其相等, 这实际上就是连续函数的介值问题, 难点是必须恰当选择数值, 当然, 必须借助所给的极限条件来完成, 证明过程就是将上述思想具体化.

证明　设 $f(x) \neq 常数 A$, 则存在 x_0, 使得 $f(x_0) \neq A$. 不妨设 $f(x_0) > A$. (注: 选定了一个函数值) 任取 $\mu : A < \mu < f(x_0)$, (选定介值) 注意到

$$\lim_{x \to 1^+} f(x) = \lim_{x \to +\infty} f(x) = A,$$

利用极限的保序性, 存在 $\xi_1 \in (1, x_0), \xi_2 \in (x_0, +\infty)$, 使得

$$f(\xi_i) < \mu < f(x_0), \quad i = 1, 2$$

由连续函数的介值定理, 存在 $x_1 \in (\xi_1, x_0), x_2 \in (x_0, \xi_2)$, 使得 $f(x_i) = \mu, i = 1, 2$. 在 (x_1, x_2) 上用 Rolle 定理即可.

抽象总结　(1) 也可以用 Rolle 定理的思想证明, 即确定内部极值点. 事实上, 设 $f(x) \neq 常数 A$, 则存在 x_0, 使得 $f(x_0) \neq A$. 不妨设 $f(x_0) > A$. 利用极限的保序性, 则存在 $\delta \in (0, x_0 - 1)$ 和 $G \in (x_0, +\infty)$, 使得

$$f(x) < A + \frac{f(x_0) - A}{2} = \frac{f(x_0) + A}{2}, \quad x \in (1, 1 + \delta) \cup (G, +\infty).$$

因为 $f(x) \in C[1+\delta, G]$, 所以, 存在最大值, 即存在 $c \in [1+\delta, G]$, 使得

$$f(c) = \max\{f(x) : x \in [1+\delta, G]\},$$

显然, $f(c) \geqslant f(x_0) > \dfrac{f(x_0) + A}{2}$, 因而, $c \in (1+\delta, G)$, 故 $f'(c) = 0$.

(2) 还可以利用变量代换转化为 Rolle 定理. 记 $g(t) = f\left(\dfrac{1}{t}\right)$, 定义

$$g(0) = \lim_{t \to 0^+} f\left(\frac{1}{t}\right) = \lim_{x \to +\infty} f(x) = A,$$

则 $g(t)$ 在 $[0, 1]$ 上满足 Rolle 定理, 因此, 存在 $\xi \in (0, 1)$, 使得 $g'(\xi) = 0$, 取 $c = \dfrac{1}{\xi}$, 则 $f'(c) = 0$.

例 3 设 $f(x)$ 在 $[a, b]$ 非负且有直到 3 阶的连续导数, 方程 $f(x) = 0$ 在 (a, b) 有两个不同的实根, 证明存在 $\xi \in (a, b)$, 使得 $f'''(\xi) = 0$.

结构分析 题型从结论形式看, 属于导函数的零点问题, 思路为应用 Rolle 定理. 类比已知, 处理方法就是对二阶导函数利用 Rolle 定理, 因而, 必须寻求两个使得二阶导数相等的点, 为此, 只需寻找 3 个使得一阶导数相等的点, 或寻找 4 个使函数值相等的点, 这就是证明题目的出发点. 在寻找这些点时, 要注意一些特殊点处的性质, 如函数的零点、一阶导函数的零点 (驻点), 而由 Fermat 定理, 可导极值点一定是驻点, 因此, 确定极值点也是确定一阶导函数零点的方法.

证明 设 $x_1, x_2 \in (a, b)$ 且 $x_1 < x_2$ 使得 $f(x_1) = f(x_2) = 0$, 则由 Rolle 定理, 存在 $x_3 \in (x_1, x_2)$, 使得 $f'(x_3) = 0$.

(分析: 显然, 剩下的两个一阶导数的零点要从极值点中寻找.)

由于函数非负, 因而, x_1 和 x_2 是函数的两个极小值点, 故

$$f'(x_1) = f'(x_2) = 0,$$

再次用 Rolle 定理, 则存在 $\xi_1 \in (x_1, x_3)$, $\xi_2 \in (x_3, x_2)$, 使得

$$f''(\xi_1) = f''(\xi_2) = 0$$

因此, 存在 $\xi \in (\xi_1, \xi_2)$, 使得 $f'''(\xi) = 0$.

例 4 设 $f(x)$ 在 $[a, b]$ 连续, 在 (a, b) 可微且 $f(a) = f(b) = 0$, 证明: 存在 $\xi \in (a, b)$, 使得 $f'(\xi) = f(\xi)$.

结构分析 题型是方程的根或函数的零点问题, 特别方程中含有导数项, 因而, 首选的工具应是 Rolle 定理, 使其转化为导函数的根的问题. 方法设计: 关键

的问题是如何构造函数, 使得所求根的问题正好是导函数的零点? 就本例而言, 结论等价于寻求方程 $f'(x) - f(x) = 0$ 的根. 因此, 关键的问题是, 左端项是否为某个函数的导函数或者是导函数的因子, 若是, 这个函数应该具有什么结构. 注意到左端项即含有函数 $f(x)$, 也含有其导数 $f'(x)$, 由导数计算法则可知, $f(x)g(x)$ 和 $\ln f(x)$ 的导函数形式符合上述要求, 特别是积函数的导数形式:

$$(f(x)g(x))' = f'(x)g(x) + f(x)g'(x),$$

更符合本例的形式, 换句话说, 若有 $g(x) = -g'(x)$, 则此时

$$(f(x)g(x))' = (f'(x) - f(x))g(x),$$

若还有 $g(x)$ 恒不为零, 则函数 $f'(x) - f(x)$ 的零点问题等价于 $f(x)g(x)$ 的导函数的零点问题. 显然, 满足上述条件的函数有 $g(x) = \mathrm{e}^{-x}$, 下面只需验证对相应的函数, Rolle 定理的条件满足.

证明　记 $F(x) = f(x)\mathrm{e}^{-x}$, 则 $F(a) = F(b)=0$, 由 Rolle 定理, 存在 $\xi \in (a,b)$, 使得 $F'(\xi) = 0$, 即 $f'(\xi) = f(\xi)$.

抽象总结　(1) 题目的结论可以进一步推广, 即其结论对 $f'(\xi) = \alpha f(\xi)$ 形式也成立, 此时取 $g(x) = \mathrm{e}^{-\alpha x}$.

(2) 若将条件改为 $f(x) > 0, \ln f(a) - a = \ln f(b) - b$, 则对 $F(x) = \ln f(x) - x$ 用 Rolle 定理, 成立同样的结论.

三、　简单小结

Rolle 定理主要研究导函数的零点问题, 验证的定量条件是等值点的确定, 这些点都是特殊的点, 因此, 确定这些点的思想方法是挖掘特殊点的信息, 这些特殊点通常是区间端点、最值点以及条件中隐藏特殊信息的点.

第25讲 微分中值定理的结构分析及应用方法

微分中值定理是函数微分理论的核心, 是研究函数高级分析性质的主要工具, 本讲我们对微分中值定理进行结构分析.

一、 微分中值定理及其结构分析

微分中值定理由几个不同的结论组成.

定理 1 (Lagrange 中值定理)　若函数 $f(x)$ 满足条件:

(1) 在 $[a,b]$ 上连续;

(2) 在 $x [a,b]$ 内可导,

则存在一点 $\xi \in (a,b)$, 使得

$$f'(\xi) = \frac{f(b) - f(a)}{b - a}.$$

结构分析　(1) 从结论看, 定理给出了中值点 ξ 处的导数信息, 由于等式的右端为一个确定的数, 因此, 结论本质上给出了导函数的零点或对应的方程根的存在性, 因此, 从这个意义上讲, 它和连续函数的介值定理、导函数的 Rolle 定理属于同一类结论, 都是研究函数的零点或方程的根的问题, 由于介值问题的形式更具有一般性, 所以, 我们把这类问题都抽象为介值问题.

(2) 从结论的结构看, 结构相对复杂, 涉及中值点、区间的两个端点, 我们抽象出其特点为: 两个分离的结构特征, 即等式两端的中值点与端点分离的结构, 即等式左端只涉及中值点, 右端只涉及区间端点; 以及右端两个端点的分离结构.

(3) 从结论的右端结构看, 右端分式的分子和分母都是差值结构, 分子为函数在端点处的函数值差, 分母为自变量在端点处的差, 分式为二者差值的比; 由于差值结构也是增量结构, 因此, 分式也可以视为函数和自变量在区间上的增量比; 掌握结构特征有利于定理的应用.

(4) 从逻辑关系上讲, 结论表明可以利用函数性质得到导函数的某些信息.

(5) 将定理的结论改变一下形式, 中值定理还可以表述为 $f(b) = f(a) + f'(\xi) \cdot (b - a)$ 或 $f(a + h) - f(a) = f'(a + \theta h)h$, $0<\theta<1$, 因而, 中值定理给出了**导函数和函数值的差或函数增量的联系**, 因而, 函数差值结构可以视为中值定理作用对象的特征, 由此通过导数研究函数的分析性质, 这正是中值定理的作用. 这从逻辑关

系上反映了微分中值定理的另一应用思想, 即利用导数研究函数或函数差值结构, 由此体现了中值定理的不同应用.

定理 2 (Cauchy 中值定理)　若函数 $f(x)$ 和 $g(x)$ 满足如下条件:

(1) 在 $[a,b]$ 上连续;

(2) 在 (a,b) 内可导;

(3) $g'(x) \neq 0$,

则存在 $\xi \in (a,b)$, 使得

$$\frac{f'(\xi)}{g'(\xi)} = \frac{f(b) - f(a)}{g(b) - g(a)}.$$

结构分析　(1) 定理的结论表明, 此定理作用对象仍是中值问题, 也可以视为特殊的函数零点问题或方程根的问题.

(2) 结构特征: 仍具有两个分离的结构特征, 右端端点分离涉及两个函数, 右端正是两个函数在区间上对应的差值或增量.

二、 应用

例 1　设 $b > a > 0, f(x)$ 在 $[a,b]$ 连续, 在 (a,b) 可微, 证明存在 $\xi \in (a,b)$, 使得 $\dfrac{1}{b-a} \begin{vmatrix} f(a) & f(b) \\ a & b \end{vmatrix} = f(\xi) - \xi f'(\xi)$.

结构分析　题型为典型的中值问题. 思路基本确定为使用中值定理解决. 具体方法的设计:　根据两个分离的结构特征, 需要将左端进行端点分离, 左端为 $\dfrac{bf(a) - af(b)}{b-a}$, 为将两个端点分离, 需要将分子中的第一项去掉 b, 第二项去掉 a, 即

$$\frac{bf(a) - af(b)}{b - a} = \frac{\dfrac{1}{a}f(a) - \dfrac{1}{b}f(b)}{\dfrac{1}{a} - \dfrac{1}{b}},$$

或

$$\frac{bf(a) - af(b)}{b - a} = \frac{\dfrac{1}{b}f(b) - \dfrac{1}{a}f(a)}{\dfrac{1}{b} - \dfrac{1}{a}},$$

至此, 对何函数用何种形式的中值定理就很清楚了, 当然, 方法不唯一.

证明　记 $F(x) = \dfrac{f(x)}{x}$, $G(x) = \dfrac{1}{x}$, 由 Cauchy 中值定理, 存在 $\xi \in (a,b)$, 使得

$$\frac{F(b) - F(a)}{G(b) - G(a)} = \frac{F'(\xi)}{G'(\xi)},$$

代入既得

$$\frac{1}{b-a}\begin{vmatrix} f(a) & f(b) \\ a & b \end{vmatrix} = f(\xi) - \xi f'(\xi).$$

例 2 设 $f(x)$ 在 $[a,b]$ 上连续, 在 (a,b) 可导, 证明存在 $\xi, \varsigma \in (a,b)$, 使得 $2f(\xi)f'(\xi) = f'(\varsigma)(f(b) + f(a))$.

结构分析 题型是中值问题, 由于涉及两个中值点, 把这类问题称为双中值点问题; 且题目条件具有明显的中值定理的特征, 由此确定思路是利用中值定理求解. 具体方法设计: 从结论看, 由于涉及两个中值点, 方法设计的思想是对两个相关联的不同函数使用中值定理, 产生两个中值点, 利用共同的值将二者联系起来; 注意到中值定理的分离结构的特征, 可以从产生差值结构为切入点进行方法设计, 由于右端是函数值和的形式, 利用平方差性质, 很容易变为差值结构

$$2f(\xi)f'(\xi)(f(b) - f(a)) = f'(\varsigma)(f^2(b) - f^2(a)),$$

进一步产生差值比的结构

$$2f(\xi)f'(\xi)\frac{f(b) - f(a)}{b - a} = f'(\varsigma)\frac{f^2(b) - f^2(a)}{b - a},$$

比较两端, 且注意中值结构, 应该是两次应用中值定理

$$2f(\xi)f'(\xi) = \frac{f^2(b) - f^2(a)}{b - a}, \quad \frac{f(b) - f(a)}{b - a} = f'(\varsigma),$$

因此, 联系两个中值的桥梁是 $\dfrac{f(b) - f(a)}{b - a}$, 至此, 问题得到解决.

证明 对 $f^2(x)$ 应用中值定理, 则存在 $\varsigma \in (a,b)$, 使得

$$2f(\varsigma)f'(\varsigma) = \frac{f^2(b) - f^2(a)}{b - a},$$

对 $f(x)$ 应用中值定理, 则存在 $\xi \in (a,b)$, 使得

$$f'(\xi) = \frac{f(b) - f(a)}{b - a},$$

故结论成立.

三、 简单小结

微分中值定理是微分理论的核心结论, 是研究函数分析性质的主要工具, 必须熟练掌握中值定理的应用, 因此, 必须从结构角度对中值定理进行分析, 掌握其结构特征, 掌握利用结构特征设计分析、研究和解决中值问题的具体思想方法.

第26讲 Taylor 展开定理结构分析与应用方法

Taylor 展开理论是微分理论的又一重要理论工具, 是研究函数的更复杂分析性质的重要工具, 本讲我们对 Taylor 展开定理进行解读.

一、Taylor 展开定理及其结构分析

先给出 Taylor 展开定理.

定理 1 若 $f(x)$ 在 $x = x_0$ 点的某邻域 $U(x_0)$ 有直到 $n+1$ 阶连续导数, 则有

$$f(x) = f(x_0) + f'(x_0)(x - x_0) + \frac{f''(x_0)}{2!}(x - x_0)^2 + \cdots$$
$$+ \frac{f^{(n)}(x_0)}{n!}(x - x_0)^n + R_n(x), \quad x \to x_0,$$

上述公式称为函数 $f(x)$ 在 $x = x_0$ 点的 Taylor 公式或 Taylor 展开式, $p_n(x) = f(x_0) + f'(x_0)(x - x_0) + \frac{f''(x_0)}{2!}(x - x_0)^2 + \cdots + \frac{f^{(n)}(x_0)}{n!}(x - x_0)^n$ 也称为 $f(x)$ 在 $x = x_0$ 点的 n 阶 Taylor 多项式, $R_n(x) = o\left((x - x_0)^n\right)$ 称为 $f(x)$ 在 $x = x_0$ 点的 Taylor 展开式的 Peano 型余项.

结构分析 (1) 由于此 Taylor 展开式是在 x_0 点附近成立的, 余项 $R_n(x) = o\left((x - x_0)^n\right)$ 为无穷小量结构, 因此, 也称此时的展开式为局部展开式;

(2) 正是局部性的原因, 使得上述的展开式只能在 $x \to x_0$ 条件下使用, 因此, 其主要用于极限计算;

(3) 展开式表明, 任何满足条件的函数都可以展开成以 Taylor 多项式为主体结构的形式, 而多项式结构是最简单的函数结构, 因此, 函数的 Taylor 展开不仅实现了化繁为简, 而且, 还可以借助多项式实现不同函数的形式统一, 建立各种不同函数的联系, 体现了定理的形式统一的应用思想;

(4) Taylor 展开式的结构还有一个特点, 展开式中含有同一个点处的各阶导数的信息, 这为定理的使用提供了线索, 即题目条件中如果给出了同一个点处的信息, 应该考虑 Taylor 展开式的应用.

定理 2 若 $f(x)$ 在 $[a, b]$ 上有直到 n 阶的连续导数, 在 (a, b) 内存在 $n+1$ 阶导数, $x_0 \in [a, b]$, 则对任意 $x \in [a, b]$, 有

$$f(x) = f(x_0) + f'(x_0)(x - x_0) + \frac{f''(x_0)}{2!}(x - x_0)^2 + \cdots + \frac{f^{(n)}(x_0)}{n!}(x - x_0)^n + R_n(x),$$

其中 $R_n(x) = \dfrac{f^{(n+1)}(\xi)}{(n+1)!}(x - x_0)^{n+1}(\xi = x_0 + \theta(x - x_0), \theta \in (0, 1))$ 称为 Lagrange 型余项, 上述展开式也称为 $f(x)$ 的具 Lagrange 型余项的 Taylor 展开式.

结构分析 (1) 从定理的条件和结论看, 展开式是对所有的 $x \in [a, b]$ 成立, 因此, 定理 2 也称为 $f(x)$ 在 $[a, b]$ 上的整体 Taylor 展开式;

(2) 正因如此, 此定理常用于研究 $f(x)$ 在整个区间 $[a, b]$ 上的性质;

(3) 由于展开式中涉及函数的各阶导数, 因此, 展开式也建立了函数及其各阶导数间的联系, 这种联系为函数中间导数的估计 (利用函数及其高阶导数估计中间阶数的导数) 提供了研究工具;

(4) 在 Lagrange 型余项中, 由于涉及介值点 ξ, 因此, 定理 2 也视为中值定理的推广或一般形式, 可用于处理涉及高阶导函数的介值问题.

二、 应用分析

1. 极限计算

例 1 计算 $\lim\limits_{x \to 0} \dfrac{\cos x - e^{-\frac{x^2}{2}}}{x^4}$.

结构分析 题型: 函数极限的计算. 函数结构特点: 涉及三种不同结构的因子, 需要进行形式统一的同类化处理. 类比已知: Taylor 展开式可以将各种结构的函数展开为多项式, 达到各种不同结构的形式统一, 因此, 可以利用 Taylor 展开计算极限. 具体方法设计: Taylor 展开定理应用时的重点是展开至适当的阶, 一般, 通过不同因子间的类比确定参照标准, 进一步确定展开的阶数. 本题, 分母的幂因子最简单, 作为参照标准, 因此, 分子中的两个因子只需展开至 4 阶.

解 将 $\cos x$, $e^{-\frac{x^2}{2}}$ 展开到 4 阶, 得 $x \to 0$ 时,

$$\cos x = 1 - \frac{x^2}{2!} + \frac{x^4}{4!} + o(x^4),$$

$$e^{-\frac{x^2}{2}} = 1 - \frac{x^2}{2} + \frac{1}{2!}\left(-\frac{x^2}{2}\right)^2 + o(x^4),$$

代入立即可得

$$\lim_{x \to 0} \frac{\cos x - e^{-\frac{x^2}{2}}}{x^4} = -\frac{1}{12}.$$

抽象总结 Taylor 展开定理应用时的重点是展开至适当的阶, 必须在题目结构中寻找并确定对比标准, 确定展开的阶.

例 2 计算 $\lim\limits_{x \to +\infty} \left[x - x^2 \ln \left(1 + \dfrac{1}{x} \right) \right]$.

结构分析 题型是函数极限的计算. 思路: 利用 Taylor 展开定理求解 (当然, 可以有不同的方法). 方法设计: 由于在 $x = \infty$ 处没有函数的展开式, 因此, 须先将极限转化为有限点处的极限, 这也是化不定为确定思想的应用.

解 令 $t = \dfrac{1}{x}$, 则

$$\lim_{x \to +\infty} \left[x - x^2 \ln \left(1 + \frac{1}{x} \right) \right] = \lim_{t \to 0^+} \left[\frac{1}{t} - \frac{1}{t^2} \ln(1 + t) \right],$$

将 $\ln(1 + t)$ 展开, 对比分母, 展开至二阶, 则

$$\ln(1 + t) = t - \frac{t^2}{2} + o(t^2), \quad t \to 0,$$

代入得

$$\lim_{x \to +\infty} \left[x - x^2 \ln \left(1 + \frac{1}{x} \right) \right] = \lim_{t \to 0^+} \left[\frac{1}{t} - \frac{1}{t^2} \left(t - \frac{t^2}{2} + o(t^2) \right) \right] = \frac{1}{2}.$$

当然, 局部 Taylor 展开式还可以用于研究其他的局部性质, 如极值问题, 看下例.

例 3 设 $f(x)$ 具有连续的 n 阶导数, 若 $f^{(k)}(x_0) = 0 (k = 1, 2, \cdots, n-1)$, $f^{(n)}(x_0) \neq 0$,

(1) 当 n 为偶数, 且 $f^{(n)}(x_0) > 0$ 时, $f(x_0)$ 为极小值;

(2) 当 n 为偶数, 且 $f^{(n)}(x_0) < 0$ 时, $f(x_0)$ 为极大值;

(3) 当 n 为奇数时, $f(x_0)$ 为不是函数的极值.

结构分析 题型为函数极值的讨论. 已知理论: 定义、一阶和二阶导数判别法. 由于条件中包含有此点的各阶导数信息, 类比已知, 这是 Taylor 展开定理的作用对象特征, 类比已知理论, 一阶和二阶导数判别法解决不了问题, 由此确定研究思路是利用定义证明结论. 具体方法设计: 利用 Taylor 展开定理进行函数值比较即可.

证明 将 $f(x)$ 在此点进行 Taylor 展开, 则

$$f(x) = f(x_0) + \frac{f^{(n)}(\xi)}{n!} (x - x_0)^n, \quad \forall x \in U(x_0).$$

(1) 当 n 为偶数, 且 $f^{(n)}(x_0) > 0$ 时, 由于 $f^{(n)}(x)$ 连续, 则存在 $\delta > 0$, 使得

$$f^{(n)}(x) > 0, \quad x \in U(x_0, \delta),$$

故 $f(x) > f(x_0), \forall x \in U(x_0, \delta)$, 因此, $f(x_0)$ 为极小值.

(2) 类似可证.

(3) 当 n 为奇数时, 若 $f^{(n)}(x_0) > 0$, 同样存在 $\delta > 0$, 使得

$$f^{(n)}(x) > 0, \quad x \in U(x_0, \delta),$$

因而,

$$f(x) > f(x_0), \quad \forall x : x_0 < x < x_0 + \delta,$$

$$f(x) < f(x_0), \quad \forall x : x_0 - \delta < x < x_0,$$

故 $f(x_0)$ 不是极值.

2. 中间导数估计

整体 Taylor 展开定理的典型应用就是用于函数的中间导数估计, 这种估计理论在现代分析学理论中具有非常重要的作用. 下面, 通过例子说明中间导数估计.

例 4 设在整个实数轴上 $f(x)$ 有三阶导数且存在 $M_0 > 0, M_3 > 0$, 使得 $|f(x)| \leqslant M_0, |f'''(x)| \leqslant M_3$, 证明 $f'(x), f''(x)$ 也有界.

结构分析 题型: 若将函数本身视为函数的零阶导数, 题目的条件是已知函数的零阶导数和三阶导数的界, 估计一阶导数和二阶导数的界, 这类题型称为中间导数的估计. 思路确立: 中间导数估计是 Taylor 展开定理作用的典型特征, 因此, 确定用 Taylor 展开定理证明的思路. 方法设计: 利用 Taylor 展开定理, 需要解决的首要问题是展开点的选择, 由于需要对任意点的导数进行估计, 因此, 必须选择任意点为展开点; 难点是在估计一阶导数时, 需要甩掉二阶导数的影响, 估计二阶导数时, 需要甩掉一阶导数的影响, 必须通过选取关联点建立联系, 达到消去的目的, 可以通过下面的证明过程进行强化理解.

证明 将函数在任意点 t 处展开, 则

$$f(x) = f(t) + f'(t)(x - t) + \frac{1}{2}f''(t)(x - t)^2 + \frac{1}{3!}f'''(\xi)(x - t)^3,$$

其中 ξ 在 t 和 x 之间.

(先估计 $f'(t)$, 此时, 必须消去 $f''(t)$ 的影响, 可以通过选取适当的、相互关联的 x, 得到两个不同的展开式, 也可视为关于 $f'(t), f''(t)$ 的方程组, 通过求解方程组达到目的.)

对任意的实数 a, 分别取 $x = t \pm a$, 则

$$f(t + a) = f(t) + af'(t) + \frac{1}{2}f''(t)a^2 + \frac{1}{3!}f'''(\xi_1)a^3,$$

$$f(t-a) = f(t) - af'(t) + \frac{1}{2}f''(t)a^2 - \frac{1}{3!}f'''(\xi_2)a^3,$$

(从上述两个表达式中可以看出, 在估计某个中间导数时, 如何消去另一个中间导数的影响.) 将两式相减得

$$2af'(t) = f(t+a) - f(t-a) - \frac{a^3}{3!}[f'''(\xi_2) + f'''(\xi_1)],$$

因而,

$$|f'(t)| \leqslant \frac{M_0}{|a|} + \frac{1}{6}a^2 M_3.$$

任取 a, 如取 $a = 1$, 可得

$$|f'(t)| \leqslant M_0 + \frac{1}{6}M_3,$$

因而, 一阶导数有界.

还可以选择适当的 a, 得到最佳的界. 事实上, 设 $h(t) = \dfrac{M_0}{t} + \dfrac{1}{6}M_3 t^2$, 可以计算它在 $t = \left(\dfrac{3M_0}{M_3}\right)^{\frac{1}{3}}$ 处达到最小值, 因而, 还有

$$|f'(t)| \leqslant \frac{3^{\frac{2}{3}}}{2}(M_0)^{\frac{2}{3}}(M_3)^{\frac{1}{3}},$$

这是这种方法下最好的界.

类似, 将两式相加, 得

$$a^2 f''(t) = f(t+a) + f(t-a) - 2f(t) - \frac{a^3}{3!}[f'''(\xi_1) - f'''(\xi_2)],$$

因而,

$$|f''(t)| \leqslant \frac{4M_0}{a^2} + \frac{1}{3}a M_3.$$

取 $a = 1$ 即得

$$|f''(t)| \leqslant 4M_0 + \frac{1}{3}M_3.$$

同样, 可以得到更好的界为

$$|f''(t)| \leqslant \frac{4}{3}(M_0)^{\frac{1}{3}}(M_3)^{\frac{2}{3}}.$$

3. 高阶导数中值估计

在 Taylor 整体展开式中, 余项中含有高阶导数的中值项 $f^{(n+1)}(\xi)$, 因此, 通常可以利用 Taylor 的整体展开式进行高阶导数中值估计.

例 5 设 $f(x)$ 在 $[0,1]$ 二阶可导, $f(0) = f(1) = 0$, $\min\limits_{x \in [0,1]} f(x) = -1$, 证明存在 $\xi \in (0,1)$, 使得 $f''(\xi) \geqslant 8$.

结构分析 题型为高阶导数的中值估计. 类比已知, 涉及中值点问题的已知理论有微分中值定理和 Taylor 展开定理, 微分中值定理只涉及一阶导数的中值问题, 当然, 可以多次利用微分中值定理或对低阶导函数利用微分中值定理得到高阶导函数的中值信息, 这是一个研究思路; 更直接的思路是利用 Taylor 展开定理直接得到高阶导函数的中值信息, 因此, 我们确立本题研究的思路是利用 Taylor 展开定理证明. 方法设计: 首先解决展开点的确定问题, 类比题目条件结构, 由于不涉及一阶导数的信息, 这是确定展开点的重要线索, 即选择展开点使得此点的一阶导数值为 0, 这是一类特殊点, 需要在特殊点中选择, 如区间端点以及题目中含有特殊信息的点, 如极值点; 由于中值点既和展开点有关, 也和自变量的位置有关, 因此, 确定展开点后, 剩下的工作就是确定对应的自变量的取点, 使得对应的中值点满足要求.

证明 由条件可知, 最小值一定在内部达到, 不妨设 $x_0 \in (0,1)$, 使得 $f(x_0) = -1$, 因而 $f'(x_0) = 0$. 在此点展开, 得

$$f(x) = -1 + \frac{1}{2}f''(\xi)(x - x_0)^2,$$

其中 ξ 在 x_0 和 x 之间.

下面, 确定 x, 使得对应的 ξ 满足要求; 显然, 这样的点也是特殊点, 我们应该在特殊点类 (区间端点、条件中含有特殊信息的点) 中寻找.

取 $x = 0$, 则存在 $\xi_1 \in (0, x_0)$, 使得

$$0 = f(0) = -1 + \frac{1}{2}f''(\xi_1)(0 - x_0)^2,$$

故 $f''(\xi_1) = \dfrac{2}{x_0^2}$.

此时还不能得到结论, 除非 $0 < x_0 \leqslant \dfrac{1}{2}$. 还有一个条件没有使用, 为此, 再利用剩下的条件试一下.

取 $x = 1$, 则存在 $\xi_2 \in (x_0, 1)$, 使得

$$0 = f(1) = -1 + \frac{1}{2}f''(\xi_2)(1 - x_0)^2$$

故 $f''(\xi_2) = \dfrac{2}{(1-x_0)^2}$.

类似, 只有当 $0 < 1 - x_0 \leqslant \dfrac{1}{2}$ 时结论成立, 与前面的分析比较, 发现至少有一个条件成立, 因而, 总能保证结论成立.

因而,

$$f''(\xi) = \max\{f''(\xi_1), f''(\xi_2)\} = \max\left\{\frac{2}{x_0^2}, \frac{2}{(1-x_0)^2}\right\} \geqslant 8.$$

抽象总结　高阶导数的中值估计是一类较难的题目, 难点有两个: 展开点的确定和中值点的确定, 必须通过筛选特殊点信息来解决这些难点.

例 6　设 $f(x)$ 在 $[a,b]$ 二阶可导, $f'(a) = f'(b) = 0$, 证明: 存在 $\xi \in (a,b)$, 使得 $|f''(\xi)| \geqslant \dfrac{4}{(b-a)^2}|f(b) - f(a)|$.

结构分析　题型是高阶导数的中值估计. 思路: 利用 Taylor 展开定理. 方法设计: 由于要求展开与一阶导数无关, 条件中有两个对应点, 需要得到两个展开式, 需要挖掘特殊点的信息.

证明　将 $f(x)$ 在 $x = a$ 点展开, 则

$$f(x) = f(a) + \frac{1}{2}f''(\xi)(x-a)^2,$$

其中, ξ 位于 a 与 x 之间.

与要证明的结论作比较, 必须去掉与 x 有关的项, 可以通过选定特殊的 x 达到这一目的, 显然, 这样的 x 必须与 a, b 有关, 满足这样条件的点有 3 个: $x = a$, $x = b$ 和 $x = \dfrac{a+b}{2}$, 简单验证表明, 代入这 3 个点不能直接得到结论, 事实上, 还有一个同等的条件没有利用, 因此, 考虑端点 b 处的展开, 则

$$f(x) = f(b) + \frac{1}{2}f''(\xi)(x-b)^2,$$

其中, ξ 位于 b 与 x 之间.

由于将两个端点有机联系在一起且产生 $(b-a)^2$ 项的点是中点 $\dfrac{a+b}{2}$, 因此, 将 $x = \dfrac{a+b}{2}$ 代入两个展开式, 得

$$f\left(\frac{a+b}{2}\right) = f(a) + f'(a)\left(\frac{a+b}{2} - a\right) + \frac{1}{2}f''(\xi_1)\left(\frac{a+b}{2} - a\right)^2,$$

$$f\left(\frac{a+b}{2}\right) = f(b) + f'(b)\left(\frac{a+b}{2} - b\right) + \frac{1}{2}f''(\xi_2)\left(\frac{a+b}{2} - b\right)^2,$$

其中 $\xi_1 \in \left(a, \frac{a+b}{2}\right)$, $\xi_2 \in \left(\frac{a+b}{2}, b\right)$, 相减得

$$f(b) - f(a) = \frac{1}{2}[f''(\xi_2) - f''(\xi_1)]\left(\frac{b-a}{2}\right)^2,$$

故

$$f''(\xi_2) - f''(\xi_1) = \frac{8}{(b-a)^2}[f(b) - f(a)],$$

记 $|f''(\xi)| = \max\{|f''(\xi_1)|, |f''(\xi_2)|\}$, 则

$$2|f''(\xi)| \geqslant |f''(\xi_2) - f''(\xi_1)| = \frac{8}{(b-a)^2}|f(b) - f(a)|.$$

问题得证!

三、 简单小结

从上面几个应用举例中可以初步体会 Taylor 展开定理的重要作用, 也可以感受到应用的难度, 当然, Taylor 展开定理的应用还不止于此, 还有更多方面的应用, 因此, 必须深刻掌握展开定理的应用思想, 核心思想就是特殊点的信息挖掘, 要深刻领会这一点.

第27讲 不等式中的数学思想方法

不等式是数学分析研究的重要内容之一, 其重要性在现代分析理论中显得更为重要, 体现得更加突出, 甚至已经形成了一个重要的研究领域. 在数学分析中, 我们经常遇到各种形式的不等式, 不等式证明的难度相对较大, 本讲我们对数学分析微分理论中遇到的不等式, 以不等式的类型为例, 对其研究思想方法进行简单解读.

一、 函数不等式

函数不等式是较为简单且常见的不等式, 其基本模型为

$$f(x) \leqslant g(x), \quad x \in I,$$

即比较两个函数在区间 I 上的大小关系.

处理这类不等式常见的思想方法不唯一, 可以根据函数不等式的结构选取不同的具体方法.

1. 单调性方法

单调性方法是研究函数不等式的基本方法, 也是最简单直接的方法, 研究思路是利用函数单调性理论, 具体方法是通过导函数符号的判断, 得到单调性, 由单调性得到不等式.

例 1   证明 $\dfrac{\tan x}{x} > \dfrac{x}{\sin x}, 0 < x < \dfrac{\pi}{2}$.

结构分析   题型为函数关系的比较, 属于单参量不等式. 思路方法: 常用的思想方法是单调性理论和方法, 具体方法就是通过判断导数的符号得到单调性, 要注意的是依据求导简单的原则简化结构, 有时需要多次求导, 借助于高阶导数判断低阶导数的符号; 对本例而言, 相当于证明

$$\tan x \sin x - x^2 > 0,$$

也相当于证明

$$\sin^2 x - x^2 \cos x > 0.$$

证明   令 $f(x) = \sin^2 x - x^2 \cos x$, 则

$$f'(x) = 2 \sin x \cos x - 2x \cos x + x^2 \sin x,$$

由于不能确定 $f'(x)$ 的符号, 继续求导, 则

$$f''(x) = 2\cos^2 x - 2\sin^2 x - 2\cos x + 4x\sin x + x^2\cos x$$

$$= 2 - 4\sin^2 x - 2\cos x + 4x\sin x + x^2\cos x$$

$$= 2(1 - \cos x) + 4\sin x(x - \sin x) + x^2\cos x,$$

由于 $x > \sin x, 0 < x < \dfrac{\pi}{2}$, 则

$$f''(x) > 0, \quad 0 < x < \frac{\pi}{2},$$

因而, $f'(x)$ 在 $\left[0, \dfrac{\pi}{2}\right]$ 上单调递增, 故 $f'(x) > f'(0) = 0, 0 < x < \dfrac{\pi}{2}$, 进一步得到 $f(x)$ 在 $\left[0, \dfrac{\pi}{2}\right]$ 上单调递增, 由于 $f(0) = 0$, 故

$$f(x) > 0, \quad 0 < x < \frac{\pi}{2},$$

即原不等式成立.

抽象总结 单调性理论应用于函数不等式的证明思路简单, 主要难点在于导数的计算和判断导数的符号, 因此, 通常需要对不等式进行化简.

2. Taylor 展开式方法

还有一类函数不等式, 是将函数和多项式函数的比较, 具有这类特征的函数不等式可以考虑利用 Taylor 展开定理证明, 其原理是: Taylor 展开定理本身就是将函数转化为多项式, 建立函数和多项式的关系, 因此, 可以根据余项符号建立函数和对应展开多项式的不等关系.

例 2 证明不等式

$$\sin x > x - \frac{x^3}{6}, \quad x \in (0, \pi).$$

结构分析 题型为函数不等式. 特点是左端为多项式函数. 由于是低阶多项式函数, 可以用单调性方法证明; 可以结合多项式函数的特点, 确定用 Taylor 展开式方法.

证明 利用 Taylor 展开定理, 则

$$\sin x = x - \frac{x^3}{6} + \frac{\sin \xi}{4!}x^4, \quad x \in (0, \pi),$$

其中 $\xi \in (0, x)$.

由于 $\dfrac{\sin \xi}{4!} x^4 > 0, x \in (0, \pi)$, 因而, 原不等式成立.

注　还可以将题目结论加强为: $\sin x \geqslant x - \dfrac{x^3}{6}, x > 0$.

此时, 需要将上述方法进行简单修正: 记 $f(x) = \sin x - x + \dfrac{x^3}{6}, x > 0$, 则

$$f(0) = 0, \quad f'(0) = 0, \quad f''(0) = 0$$

且 $f'''(x) = 1 - \cos x \geqslant 0, \ x > 0$, 因而, 利用 Taylor 展开式, 存在 $\xi \in (0, x)$, 使得

$$f(x) = \frac{1}{3!} f'''(\xi) x^3 \geqslant 0,$$

因而, 成立 $\sin x \geqslant x - \dfrac{x^3}{6}, x > 0$.

二、 双参不等式

双参不等式的基本模型是 $F(a, b) \geqslant 0$. 由于涉及两个参数 a 和 b, 所以, 我们把上述不等式称为双参不等式.

双参不等式的最简模型是两点不等式 $f(a) \geqslant f(b)$. 这种类型不等式的证明方法也不唯一; 最直接的方法是将不等式抽象为比较函数值的大小, 因此, 可以通过研究函数的单调性得到不等式, 此时属于前面讨论过的情形; 我们局限于两点结构模型, 针对性的研究理论是微分中值定理; 我们以 Lagrange 微分中值定理为例, 作用原理是根据定理的结论

$$f(b) - f(a) = f'(\xi)(b - a),$$

因此, 若能得到 $f'(\xi)$ 的估计, 就能得到估计 a, b 的不等式.

例 3　证明 $n(b - a)a^{n-1} \leqslant b^n - a^n \leqslant n(b - a)b^{n-1}$, 其中, $b > a > 0, n > 2$.

结构分析　题型为双参不等式 (a, b 是具有同等地位的量, 是双参数). 结构特点: 差值结构. 思路: 微分中值定理. 方法设计: 构造对应函数, 验证结论.

证明　记 $f(x) = x^n, x \in [a, b]$, 由 Lagrange 中值定理得

$$b^n - a^n = n\xi^{n-1}(b - a),$$

由于 $b > \xi > a > 0$, 故不等式成立.

例 4　证明 $\arctan b - \arctan a < \ln \dfrac{b}{a}, b > a > 0$.

结构分析 这是一个双参不等式, 且具有函数差值结构, 是中值定理处理的题型. 由于涉及两个函数, 考虑 Cauchy 中值定理证明, 原理是

$$\frac{f(b) - f(a)}{g(b) - g(a)} = \frac{f'(\xi)}{g'(\xi)}.$$

若 $\left|\dfrac{f'(\xi)}{g'(\xi)}\right| \leqslant M$, 则可以得到双参不等式

$$|f(b) - f(a)| \leqslant M|g(b) - g(a)|,$$

因此, 选择不同的函数 f 和 g, 可以得到不同的不等式.

证明 令 $f(x) = \arctan x, g(x) = \ln x$, 则利用 Cauchy 中值定理, 存在 $\xi \in (a, b)$, 使得

$$\frac{f(b) - f(a)}{g(b) - g(a)} = \frac{f'(\xi)}{g'(\xi)},$$

由于

$$\frac{f'(x)}{g'(x)} = \frac{x}{1 + x^2} < 1, \quad x \in (a, b),$$

故

$$0 < f(b) - f(a) < g(b) - g(a),$$

即原不等式成立.

三、 三点不等式

三点不等式的基本模型是: $F\left(x, y, \dfrac{x+y}{2}\right) \geqslant 0$. 由于不等式中涉及三个点, 因此, 称为三点不等式.

研究三点不等式的主要理论是凸性理论, 因为凸函数的定义中就涉及三个点, 我们通过例子加以说明.

例 5 设 $x > 0, y > 0$, 证明 $x \ln x + y \ln y > (x + y)[\ln(x + y) - \ln 2]$.

结构分析 题型: 形式上, 这是一个双参不等式. 结构特点: 涉及函数 $\ln x$ 在三个不同点的函数值, 简单变形可以更准确地归为三点不等式. 思路: 可以考虑用凸性证明. 方法设计: 需将不等式的两端转化为凸性结构的特点, 即不等式两端应该是某个函数的如下形式 $f(\lambda x_1 + (1 - \lambda)x_2)$ 和 $\lambda f(x_1) + (1 - \lambda)f(x_2)$, 特别, 通常取 $\lambda = \dfrac{1}{2}$ 或 $x_1 = a, x_2 = b$ 或 $x_1 = x, x_2 = y$, 故不等式的两端也常转化为

$\dfrac{f(a)+f(b)}{2}$ 和 $f\left(\dfrac{a+b}{2}\right)$ 或 $\dfrac{f(x)+f(y)}{2}$ 和 $f\left(\dfrac{x+y}{2}\right)$. 因此, 为将本题的不等式两端转化为上述形式, 只需对两端乘以 $\dfrac{1}{2}$, 即变形为

$$\frac{x\ln x + y\ln y}{2} > \frac{(x+y)}{2}\ln\frac{(x+y)}{2},$$

至此, 确定具体方法.

证明　记 $f(x)=x\ln x, x>0$, 计算得 $f'(x)=\ln x+1, f''(x)=\dfrac{1}{x}$, 故 $f(x)$ 在 $(0,+\infty)$ 上是下凸的, 由凸性定义得

$$\frac{f(x)+f(y)}{2} > f\left(\frac{x+y}{2}\right), \quad \forall x>0, y>0.$$

将函数代入即可.

四、 最值型不等式

最值型不等式的基本模型是 $f(x) \geqslant f(a)$(或 $f(x) \geqslant C$), 即函数在 a 点达到最小值 (C).

这种类型的不等式证明思路很简单, 只需利用最值理论研究对应函数的最值即可; 难点在于如何将给定的不等式抽象为最值型不等式, 或通过不等式的结构抓住其最值型的特点将其抽象为最值型不等式.

例 6　证明: $\left(1+\dfrac{1}{x}\right)^{x}(1+x)^{\frac{1}{x}} \leqslant 4$, 其中 $x>0$.

结构分析　题型为不等式. 结构上可以视为函数不等式, 还可以更进一步归为最值型不等式, 因此, 可以利用最值理论验证. 具体方法设计: 由于右端的因子是幂指结构, 通常需要对数法简化结构, 且注意到两个因子的幂、底都是对称的倒数结构, 可以在讨论时利用此结构特征进行简化.

证明　记 $f(x)=x\ln\left(1+\dfrac{1}{x}\right)+\dfrac{1}{x}\ln(1+x)$, 只需讨论 $1>x>0$ 的情形.

由于 $f(x)=x\ln(1+x)-x\ln x+\dfrac{1}{x}\ln(1+x)$, 则

$$f'(x)=\ln(1+x)-\ln x-\frac{1}{x+1}-\frac{1}{x^2}\ln(1+x)+\frac{1}{x(x+1)},$$

$$f''(x)=\frac{2}{x^3}\left[\ln(1+x)-\frac{x(2x+1)}{(x+1)^2}\right],$$

再记 $g(x) = \ln(1+x) - \dfrac{x(2x+1)}{(x+1)^2}$, 则

$$g'(x) = \frac{x(x-1)}{(x+1)^2} < 0, \quad 0 < x < 1,$$

由于 $g(0) = 0$, 故 $g(x) < 0, 0 < x < 1$, 因而, $f''(x) < 0, 0 < x < 1$, 由于 $f'(1) = 0$, 故 $f'(x) > 0, 0 < x < 1$, 故 $f(x) < f(1) = 2\ln 2, 0 < x < 1$.

当 $x > 1$ 时, 作变换 $t = \dfrac{1}{x}$, 则 $0 < t < 1$, 且

$$f(x) = t\ln\left(1 + \frac{1}{t}\right) + \frac{1}{t}\ln(1+t), \quad 0 < t < 1,$$

利用前面结果, 则 $t\ln\left(1 + \dfrac{1}{t}\right) + \dfrac{1}{t}\ln(1+t) < 4, 0 < t < 1$, 故成立

$$f(x) = x\ln\left(1 + \frac{1}{x}\right) + \frac{1}{x}\ln(1+x) < 2\ln 2, \quad x > 1,$$

由于 $f(1) = 2\ln 2$, 因而, $f(x) = x\ln\left(1 + \dfrac{1}{x}\right) + \dfrac{1}{x}\ln(1+x) \leqslant 2\ln 2, x > 0$, 故结论成立. 注意到 $\left(1 + \dfrac{1}{x}\right)^x (1+x)^{\frac{1}{x}} \leqslant 4$, 故

$$\left(1 + \frac{1}{x}\right)^x (1+x)^{\frac{1}{x}} \leqslant 4, \quad x > 0.$$

注 也可以将函数在 $x = 1$ 点展开得到不等式.

例 7 求最小的 β 和最大的 α, 使得对任意正整数 n 都有

$$\left(1 + \frac{1}{n}\right)^{n+\alpha} \leqslant e \leqslant \left(1 + \frac{1}{n}\right)^{n+\beta}.$$

结构分析 题型是关于正整数 n 的不等式. 这类题目相对较难, 因为这是形式上的初等不等式, 因此, 处理的思路是进行连续性处理, 将其转化为函数不等式, 从而可以用高级的函数理论 (如微分理论) 来研究. 利用这样的思路分析此处不等式, 变量是 n, 因此, 需要将离散型的变量 n 连续化处理转变为连续型变量 x, 转化为关于 x 的函数性质的研究, 由于还要确定另外的参量, 需要把参量尽可能分离出来, 如连续化处理后的不等式相当于 $\left(1 + \dfrac{1}{x}\right)^{x+\alpha} \leqslant e \leqslant \left(1 + \dfrac{1}{x}\right)^{x+\beta}$, 分离

出 α 和 β, 等价于证明不等式 $\alpha \leqslant \dfrac{1}{\ln\left(1+\dfrac{1}{x}\right)} - x \leqslant \beta$, 本质上这是函数的最值

问题, 由此确定证明的思路方法. 当然, 结构还可以再简化, 把困难因子从对数函数中分离或转化出来, 方法是利用倒代换将函数转化为 $\dfrac{1}{\ln(1+t)} - \dfrac{1}{t}$.

证明　即 $f(t) = \dfrac{1}{\ln(1+t)} - \dfrac{1}{t}, 0 < t \leqslant 1$, 则

$$f'(t) = \frac{(1+t)\ln^2(1+t) - t^2}{t^2(1+t)\ln^2(1+t)}, \quad 0 < t \leqslant 1,$$

再记 $g(t) = (1+t)\ln^2(1+t) - t^2$, 则

$$g'(t) = \ln^2(1+t) + 2\ln(1+t) - 2t,$$

$$g''(t) = \frac{2[\ln(1+t) - t]}{1+t} < 0, \quad 0 < t < 1,$$

由于 $g'(0) = 0$, 故 $g'(t) < 0, 0 < t < 1$. 同样, 由于 $g(0) = 0$, 故 $g(t) < 0, 0 < t < 1$. 所以, $f'(t) < 0, 0 < t < 1$, 由于 $f(1) = \dfrac{1 - \ln 2}{\ln 2}$, 且

$$\lim_{t \to 0^+} f(t) = \lim_{t \to 0^+}\left[\frac{1}{\ln(1+t)} - \frac{1}{t}\right] = \frac{1}{2},$$

故 $\dfrac{1}{2} < \dfrac{1}{\ln(1+t)} - \dfrac{1}{t} \leqslant \dfrac{1 - \ln 2}{\ln 2}, 0 < t \leqslant 1$, 所以, 满足上述要求的最小的 β 为 $\dfrac{1 - \ln 2}{\ln 2}$, 最大的 α 为 $\dfrac{1}{2}$.

五、进一步说明

不等式是一类复杂且重要的题目, 上述针对性的方法也只是用于解决针对性的结构性题目, 且方法不是唯一的, 同一个题目可以用不同的方法解决, 但是, 不管哪个题目都必须先分析结构, 尽可能将题目转化为上述类型之一, 然后针对性地设计方法.

例 8　证明不等式 $x^a y^{1-a} \leqslant ax + (1-a)y$, 其中 $a \in (0,1), x > 0, y > 0$.

结构分析　题型形式上是一个双参不等式, 但是, 其结构不具备中值定理和凸性方法所处理的对象的结构特点, 为此, 注意到幂的对称性, 可以将双参合并, 转化为单参量不等式.

证明　原不等式相当于

$$x^a y^{-a} \leqslant axy^{-1} + (1-a),$$

因此, 若令 $t = xy^{-1}$, 则其等价于

$$t^a \leqslant at + (1-a).$$

为证明上述不等式, 令 $f(t) = at + (1-a) - t^a$, 则

$$f'(t) = a - at^{a-1},$$

求得驻点为 $t_0 = 1$, 注意到

$$f(0) = (1-a) > 0, \quad \lim_{t \to +\infty} f(t) = +\infty, \quad f''(t_0) = a(1-a) > 0,$$

因而, $f(t)$ 在 t_0 点达到最小值, 故

$$f(t) > f(t_0) = 0, \quad t > 0,$$

原不等式成立.

六、 简单小结

不等式类型多, 结构千差万别, 研究难度大, 必须多方位分析结构, 挖掘尽可能多的结构特点, 对同一个对象, 从不同角度观察, 得到的结构特征可能也不同, 形成的对应解题思路也不同, 当然, 特征挖掘得越深刻、越准确, 据此设计的思路与方法就会越简单, 因此, 一定要掌握结构分析的思想方法.

第28讲 再论Cauchy 收敛准则及其应用

极限理论是整个数学分析的基础, 数学分析的整个理论体系就是建立在极限理论基础之上, 从微积分的基本概念到其核心理论, 处处都有极限的应用, 由此奠定了极限理论在数学分析中的重要作用.

极限, 作为一个重要的数学概念, 要解决的基本问题就是存在性问题, 也即收敛性问题; 对各种不同的极限, 我们可以给出不同的判别收敛性的定理, 其中一个最重要的判别定理就是 Cauchy 收敛准则.

Cauchy 收敛准则是判断极限存在的非常重要的理论工具, 在极限理论中具有非常重要的地位和作用, 但是, 理解 Cauchy 收敛准则是非常困难的, 熟练运用 Cauchy 收敛准则更是困难的, 因此, 我们通过对 Cauchy 收敛准则的全面、深度的解读, 达到进一步掌握 Cauchy 收敛准则及其应用的目的. 本讲我们对数列的 Cauchy 收敛准则进行解读.

一、 Cauchy 收敛准则解析

设 $\{x_n\}$ 是给定的数列.

定理 1 (Cauchy 收敛准则) $\{x_n\}$ 收敛的充分必要条件是对任意的 $\varepsilon > 0$, 存在 N, 使得对任意的 $n, m > N$, 都成立 $|x_n - x_m| < \varepsilon$.

结构分析 (1) 从整体看, Cauchy 收敛准则是一个定性的结论, 即只给出了数列收敛的条件, 只能用于验证数列的收敛性, 进行定性分析, 至于收敛条件下的极限是什么, 没有任何结论, 不能用于定量计算; 这与定义形成了明显的区别, 定义既是定性的, 又是定量的, 但是, 以定量为主, 因此, 常用于验证性的证明, 即在知道极限值的条件下, 验证此值就是极限, 在获得定量结论的同时, 得到收敛性的定性结论.

(2) 从整体看, Cauchy 收敛准则具有充要条件结构, 即给出了判别数列敛散性的一个充要条件, 即可用于证明收敛性, 也可用于证明发散性, 是一个非常好的结论.

(3) 从条件的具体结构看, 条件中仅涉及数列自身, 因此, 此定理通过数列自身结构, 给出了判断数列收敛性的法则, 因此, Cauchy 收敛准则从结构的高度揭示了数列敛散性的本质, 因此, 我们把满足 Cauchy 收敛准则条件的收敛数列称为基本列, 由此说明, Cauchy 收敛准则刻画了收敛数列的结构特征.

(4) 正因为 Cauchy 收敛准则揭示了收敛数列的结构特征, 因此, 凡是有极限的地方, 都有对应的 Cauchy 收敛准则, 在后续教学内容中, 函数极限、函数连续性、一致连续性的条件刻画、导数和定积分的存在性、广义积分的收敛性、数项级数的收敛性、函数项级数的一致收敛性等等都涉及极限, 也都有对应的 Cauchy 收敛准则, 都需要利用 Cauchy 收敛准则判断对应的敛散性, 由此可以看出 Cauchy 收敛准则的极其重要性.

(5) Cauchy 收敛准则是极限理论的灵魂, 要想深刻理解极限理论, 熟练运用极限理论解决问题, 就必须深刻理解 Cauchy 收敛准则, 熟练掌握其应用.

(6) Cauchy 收敛准则中, 由于利用 $|x_n - x_m|$ 刻画了数列敛散性的条件, 通常把 $|x_n - x_m|$ 称为数列的 Cauchy 片段, 因此, Cauchy 收敛准则的条件也可以简单抽象为充分远的 Cauchy 片段能够任意小.

(7) Cauchy 收敛准则中量的逻辑关系分析: 在 Cauchy 收敛准则的条件中, 各量出现的顺序实际反映出各量间的逻辑关系, $\varepsilon > 0$ 是任意的独立的量, N 是由 ε 确定的, 依赖于 ε, m, n 在满足大于 N 的条件下具有任意性且相互是独立的. 掌握这些逻辑关系可以避免应用中的错误.

(8) Cauchy 收敛准则的不同表达形式. 由于 Cauchy 片段也可以表示为 $|x_{n+p} - x_n|$, 因此, Cauchy 收敛准则也可以表述为: $\{x_n\}$ 收敛的充要条件是对 $\forall \varepsilon > 0$, 存在 N, 当 $n > N$, 对任意的正整数 p, 成立

$$|x_{n+p} - x_n| < \varepsilon.$$

同样注意结论中各个量的前后顺序, 这种顺序表明了各量间的逻辑关系, 还要特别应注意 p 的任意性和独立性.

(9) Cauchy 收敛准则的否定式. 由于 Cauchy 收敛准则是充要条件结构, 根据肯定式和否定式相互转化的原则, 可以给出 Cauchy 收敛准则的否定式.

$\{x_n\}$ 发散的充分必要条件是: 存在 $\varepsilon_0 > 0$, 对任意的正整数 N, 存在 $n_0, m_0 > N$, 成立 $|x_{n_0} - x_{m_0}| \geqslant \varepsilon_0$.

(10) 作用对象分析 (应用分析). Cauchy 收敛准则是普适性的结论, 理论上可以作用于所有对象, 但是, 事实上, 普适性的结论更倾向于理论意义和理论价值, 在具体作用对象上, Cauchy 收敛准则通常作用于结构较简单的对象 (这是与定义相比, 定义是最底层工具, 仅作用于最简单的结构).

二、 Cauchy 收敛准则的应用

根据 Cauchy 收敛准则的结构, 特别是条件中定量关系式的不等式方向, 抽象形成对应的 Cauchy 收敛准则应用的基本方法.

肯定式应用的放大法 从结构上看, **放大法**同样可以用于 Cauchy 收敛准则以证明数列的收敛性.

放大对象: Cauchy 片段 $|x_n - x_m|$.

放大过程: 为方便, 假设 $m > n$, 放大过程可以抽象为

$$|x_n - x_m| < \cdots < G(n),$$

即放大过程必须甩掉大的指标 m, 得到关于小指标 n 的控制结果, 这也是放大过程中的重点和难点.

$G(n)$ 满足原则:

(1) 单调递减, 保证放控结果: $n > N$ 时, 有 $G(n) < G(N)$;

(2) $G(n)$ 收敛于 0, 保证对充分大的 $n > N$, 有 $G(n) < G(N) < \varepsilon$;

(3) $G(n)$ 尽可能简单, 保证 $G(N) < \varepsilon$ 的不等式求解简单, 由此确定 N.

对第二种形式的 Cauchy 片段, 放大过程为

$$|x_{n+p} - x_n| < \cdots < G(n), \quad \forall p.$$

放大过程中的重点和难点是甩掉 p, 其中 $G(n)$ 满足同样的条件.

例 1 证明 $\{x_n\}$ 的收敛性, 其中 $x_n = 1 - \dfrac{1}{2} + \cdots + (-1)^{n+1} \dfrac{1}{n}$.

结构分析 题型为具体数列的收敛性分析, 属于定性分析. 类比已知, 用于数列敛散性定性分析的工具, 直接的工具有单调有界收敛定理和 Cauchy 收敛准则, 单调有界收敛定理多用于具体的迭代结构的数列, 通常还涉及定量分析, 计算极限, 因此, 本题更倾向于利用 Cauchy 收敛准则的解题思路. 方法设计: 考察 Cauchy 片段 $|x_{n+p} - x_n|$, 共有 p 项, 且正负项交替出现, 因此, 通常通过讨论 p 的奇偶性实现对 Cauchy 片段的放大.

证明 对任意正整数 n, p, 由于

$$|x_{n+p} - x_n|$$

$$= \left| \frac{1}{n+1} - \frac{1}{n+2} + \cdots + (-1)^{p-1} \frac{1}{n} \right|$$

$$= \begin{cases} \left(\dfrac{1}{n+1} - \dfrac{1}{n+2} \right) + \cdots + \left(\dfrac{1}{n+p-1} - \dfrac{1}{n+p} \right), & p \text{ 为偶数}, \\[2mm] \left(\dfrac{1}{n+1} - \dfrac{1}{n+2} \right) + \cdots + \left(\dfrac{1}{n+p-2} - \dfrac{1}{n+p-1} \right) + \dfrac{1}{n+p}, & p \text{ 为奇数} \end{cases}$$

$$= \begin{cases} \left(\dfrac{1}{n+1} - \dfrac{1}{n+2} \right) + \cdots + \left(\dfrac{1}{n+p-1} - \dfrac{1}{n+p} \right), & p \text{ 为偶数}, \\[2mm] \dfrac{1}{n+1} - \left(\dfrac{1}{n+2} - \dfrac{1}{n+3} \right) - \cdots - \left(\dfrac{1}{n+p-1} - \dfrac{1}{n+p} \right), & p \text{ 为奇数} \end{cases}$$

$$< \frac{1}{n+1} < \frac{1}{n},$$

故对任意的 $\forall \varepsilon > 0$, 取 $N = \left[\dfrac{1}{\varepsilon}\right] + 1$, 则当 $n > N$ 时, 对任意的正整数 p, 成立

$$|x_{n+p} - x_n| < \varepsilon,$$

由 Cauchy 收敛准则, $\{x_n\}$ 收敛.

抽象总结　对 Cauchy 片段进行放缩估计时, 一般先将绝对值号去掉; 本题涉及的组成元素相对简单, 只是由于正负项的交替出现, 使得处理难度增加, 由于只能利用正整数的性质进行放大处理, 因此, 通过项数 p 的奇偶分类讨论, 相邻两项相互结合, 利用正整数的性质实现放大处理.

例 2　设 $\{x_n\}$ 满足压缩条件:

$$|x_{n+1} - x_n| < k\,|x_n - x_{n-1}|,$$

其中 $0 < k < 1$, 证明 $\{x_n\}$ 收敛.

结构分析　题型: 数列收敛性的定性分析. 结构特点: 数列的结构特征为相邻两项差的估计, 我们知道, 由相邻两项差可以得到任意两项的差, 而通过任意两项的差证明收敛性的工具就是 Cauchy 收敛准则. 由此确定证明思路: 利用 Cauchy 收敛准则证明. 方法设计: 利用相邻两项差估计任意两项差, 或化任意两项差 (未知估计项) 为相邻两项差 (已知项) 的常用方法就是插项法, 实现化未知为已知.

证明　由条件可以得到相邻两项差的估计, 即

$$|x_{n+1} - x_n| < \cdots < k^{n-1}\,|x_2 - x_1|,$$

因此, 对任意的 n 和 p, 则

$$\begin{aligned}
|x_{n+p} - x_n| &\leqslant |x_{n+p} - x_{n+p-1}| + |x_{n+p-1} - x_{n+p-2}| + \cdots + |x_{n+1} - x_n| \\
&\leqslant (k^{n+p-2} + \cdots + k^{n-1})\,|x_2 - x_1| \\
&= k^{n-1}\frac{1 - k^p}{1 - k}\,|x_2 - x_1| \leqslant Mk^n,
\end{aligned}$$

其中 $M = \dfrac{1}{(1-k)k}\,|x_2 - x_1|$.

对任意 $\varepsilon > 0$, 取 $N > \dfrac{\ln\dfrac{\varepsilon}{M}}{\ln k}$, 则当 $n > N$ 时, $|x_{n+p} - x_n| < \varepsilon$, 对任意的 p, 故数列 $\{x_n\}$ 收敛.

否定式应用的缩小法　Cauchy 收敛准则是充要条件结构, 其逆否命题同样成立, 可以应用于判断数列的发散性.

从结构上看, 用 Cauchy 收敛准则的逆否结构证明数列的发散性时通常用缩小法.

缩小对象: Cauchy 片段 $|x_{n+p} - x_n|$;

缩小过程: 缩小过程可以抽象为

$$|x_{n+p} - x_n| \geqslant \cdots \geqslant G(n,p),$$

最终结果: 确定一个 $\varepsilon_0 > 0$, 对任意 N, 确定一对有关联的 $n, p > N$, 使得 $G(n,p) \geqslant \varepsilon_0$.

例 3　讨论数列 $\{x_n\}$ 的敛散性, 其中 $x_n = 1 + \dfrac{1}{\sqrt{2}} + \cdots + \dfrac{1}{\sqrt{n}}$.

结构分析　题型是具体数列的敛散性讨论, 且仅有定性分析, 不涉及定量计算. 由于数列结构并不复杂, 可以考虑利用 Cauchy 收敛准则的思路. 方法设计: 对 Cauchy 片段放缩估计, 注意到无理结构的难点, 重点是在放缩过程中有理化处理, 放大和缩小两个方向都可以试一试, 再进一步明确具体的方法.

证明　对任意的正整数 n, p, 由于

$$|x_{n+p} - x_n| = \frac{1}{\sqrt{n+1}} + \frac{1}{\sqrt{n+2}} + \cdots + \frac{1}{\sqrt{n+p}}$$
$$> \frac{1}{n+1} + \frac{1}{n+2} + \cdots + \frac{1}{n+p} > \frac{p}{n+p},$$

因此, 对 $\varepsilon_0 = \dfrac{1}{2}$, 对任意的 N, 取 $n = p > N$, 则 $|x_{n+p} - x_n| > \varepsilon_0$, 故数列 $\{x_n\}$ 的发散.

抽象总结　分析总结上述过程, 重点是得到一个缩小结果 $G(n,p)$, 通过适当的 n, p 关系, 确定 ε_0, 使得 $G(n,p) \geqslant \varepsilon_0$.

例 4　讨论数列 $\{x_n\}$ 的敛散性, 其中 $x_n = \sin n$.

结构分析　题型结构表明, 需要利用 Cauchy 收敛准则, 需要对 Cauchy 片段进行缩小处理, 此处, 我们给出一个基于求解思想的参数确定方法. 分析如下: 考察 Cauchy 片段 $|x_{n+p} - x_n| = |\sin(n+p) - \sin n| = 2\left|\cos\dfrac{2n+p}{2}\sin\dfrac{p}{2}\right|$, 现在, 我们分析对什么样的 n, p 的参数关系, 从简单的关系逐步分析, 显然, 若 $p = 2n$, 则 Cauchy 片段简化为

$$|x_{n+p} - x_n| = 2\left|\cos\frac{2n+p}{2}\sin\frac{p}{2}\right| = 2|\cos 1 \sin n|,$$

下面要解决的问题是确定满足要求 n, 使得 Cauchy 片段有正的下界, 这就需要利用正弦函数的周期性, 如取 n 满足 $2k\pi + \dfrac{\pi}{4} < n < 2k\pi + \dfrac{3\pi}{4}$, 由于 $\dfrac{3\pi}{4} - \dfrac{\pi}{4} = \dfrac{\pi}{2} > 1$,

满足上述要求的正整数 n 存在, 此时

$$|x_{n+p} - x_n| = 2\left|\cos\frac{2n+p}{2}\sin\frac{p}{2}\right| = 2|\cos 1 \sin n| > \sqrt{2}\cos 1,$$

将上述分析过程具体化就是证明.

证明 对 $\varepsilon_0 = \sqrt{2}\cos 1$, 对任意的正整数 N, 取 k 满足 $2k\pi + \dfrac{\pi}{4} > N$, 取 n 满足 $2k\pi + \dfrac{\pi}{4} < n < 2k\pi + \dfrac{3\pi}{4}$, $p = 2n$, 则

$$|x_{n+p} - x_n| = 2\left|\cos\frac{2n+p}{2}\sin\frac{p}{2}\right| = 2|\cos 1 \sin n| > \varepsilon_0,$$

由 Cauchy 收敛准则, 数列发散.

抽象总结 在上述证明过程, 基于对 Cauchy 片段的结构分析, 以寻求片段具有正下界为目的, 反向确定 n, p (相当于求解对应的不等式), 因此, 我们把上述方法抽象为基于求解的思想方法用于利用 Cauchy 收敛准则证明对应的发散性, 这种思想方法可以推广到更复杂的极限中, 也可以推广到类似的非一致连续性的证明中.

三、 简单小结

Cauchy 收敛准则在极限理论中具有重要的地位和作用, 利用 Cauchy 收敛准则处理极限问题贯穿课程的始终, 因此, 必须深入理解 Cauchy 收敛准则的结构特征, 熟练掌握 Cauchy 收敛准则的应用.

第 29 讲　从特殊到一般的应用方法

人类对任何事物的认识都遵循从简单到复杂、从特殊到一般的认知过程, 这是人类实践经验的高度总结, 由此, 形成进一步的科研思想, 这种科研思想同样也贯穿于整个课程的教学. 本讲我们仅以课程教学过程中的问题求解为例, 介绍从特殊到一般的科研思想的应用.

一、从特殊到一般的应用思想方法

在研究、解决理论或实际问题时, 经常会遇到复杂的问题或模型, 难以确定解决的思路和方法, 为此, 通常先进行简化, 得到一个简化的问题或模型, 此时, 由于结构相对简单, 相对地容易确定解决的思路和方法, 完成求解之后, 再进一步解决对应的一般的问题或模型, 这里, 我们讨论在简单情形解决之后如何求解一般情形, 抽象为两种不同的思想方法.

1. 直接转化法

所谓直接转化法是指利用一个简单的变换, 将复杂情形直接转化为简单情形, 从而利用已经解决的简单情形的结论得到一般情形的结果.

直接转化法大多应用于相对简单的问题或模型.

2. 化用法

所谓化用法是指直接转化法不能用时, 通过对简单情形的求解思想方法的修改完善, 再推广一般情形, 完成对一般情形的求解.

化用法多用于相对较复杂的问题或模型.

下面, 通过实际应用举例说明方法的应用.

二、应用举例

先看几个直接转化法的应用实例.

事实上, 教材中, 一些定理的证明正是这种方法的应用, 如 Stolz 定理、L'Hosptial 法则的证明都是先证明极限为 0 时的简单情形的结论成立, 对极限为非 0 的情形, 直接进行变换转化为极限为 0 的情形, 直接利用刚建立的简单情形的结论得到一般情形的结论. 再看一个具体的例子.

例 1 设 $\lim\limits_{n\to+\infty} x_n = a$, 证明 $\lim\limits_{n\to+\infty} \dfrac{x_1 + x_2 + \cdots + x_n}{n} = a$.

结构分析 题型是极限结论的验证. 仅从结论看, 此题具有典型的 Stolz 定理作用对象的特征, 可以利用 Stolz 定理证明, 这也是最简单的证明方法, 但是此题通常出现在数列极限的定义、运算法则和性质之后, 显然极限的运算法则不适用, 由此确定利用极限的定义证明的思路, 在这样的证明思路下, 这是一个较难的题目. 因此在方法的设计上, 我们先处理简单情形, 即 $a = 0$ 的情形; 然后再证明一般情形. 当然, 整体上本题的结构并不太复杂, 因此, 从特殊到一般时, 可以采用直接转化法.

证明 (1) $a = 0$ 时的简单情形.

由于 $\lim\limits_{n\to+\infty} x_n = 0$, 则对任意 $\varepsilon > 0$, 存在 N, 使得当 $n > N$ 时, 成立

$$|x_n - 0| = |x_n| < \varepsilon,$$

故当 $n > N$ 时,

$$\left| \frac{x_1 + x_2 + \cdots + x_n}{n} - 0 \right| \leqslant \frac{|x_1| + |x_2| + \cdots + |x_N| + |x_{N+1}| + \cdots + |x_n|}{n}$$

$$\leqslant \frac{|x_1| + |x_2| + \cdots + |x_N|}{n} + \frac{1}{n}(n - N)\varepsilon$$

$$\leqslant \frac{|x_1| + |x_2| + \cdots + |x_N|}{n} + \varepsilon,$$

由于 $|x_1| + |x_2| + \cdots + |x_N|$ 是常数, 因而, $\lim\limits_{n\to+\infty} \dfrac{|x_1| + |x_2| + \cdots + |x_N|}{n} = 0$, 对上述 $\varepsilon > 0$, 存在 $N_1 > 0$, 使得当 $n > N_1$ 时, 成立

$$\frac{|x_1| + |x_2| + \cdots + |x_N|}{n} \leqslant \varepsilon,$$

故当 $n > \max\{N, N_1\}$ 时,

$$\left| \frac{x_1 + x_2 + \cdots + x_n}{n} - 0 \right| \leqslant 2\varepsilon,$$

故 $\lim\limits_{n\to+\infty} \dfrac{x_1 + x_2 + \cdots + x_n}{n} = 0$.

(2) 一般情形.

记 $y_n = x_n - a$, 则 $\lim\limits_{n\to+\infty} y_n = 0$, 利用 (1) 的结论, 则

$$\lim\limits_{n\to+\infty} \frac{y_1 + y_2 + \cdots + y_n}{n} = 0,$$

故

$$\lim_{n\to+\infty} \frac{x_1+x_2+\cdots+x_n}{n} = \lim_{n\to+\infty}\left(\frac{y_1+y_2+\cdots+y_n}{n}+a\right)=a,$$

因而, 结论成立.

抽象总结　在上述证明过程中, 对一般情形的处理, 我们采用的方法就是直接转化法, 由此可以看到, 对较简单的问题, 直接转化法是一个有效的研究解决问题的方法.

例 2　设 $\lim\limits_{n\to+\infty} x_n = a$, $\lim\limits_{n\to+\infty} y_n = b$, 证明

$$\lim_{n\to+\infty} \frac{y_n x_1 + y_{n-1} x_2 + \cdots + y_1 x_n}{n} = ab.$$

结构分析　题目出现在极限的定义、运算法则和性质之后, 类比分析, 其与例 1 关联紧密, 是例 1 结论的进一步延伸, 从研究思路看, 应充分利用例 1 的结果来证明, 具体方法的设计仍然采用从简单到复杂的研究思想.

证明　由于 $\{x_n\}$, $\{y_n\}$ 收敛, 因而, 二者是有界数列, 故存在 $M>0$, 使得

$$|x_n| \leqslant M, \quad |y_n| \leqslant M, \quad \forall n.$$

(1) 简单情形 $a=0$.

此时,

$$\left|\frac{y_n x_1 + y_{n-1} x_2 + \cdots + y_1 x_n}{n}\right| \leqslant M\frac{|x_1|+|x_2|+\cdots+|x_n|}{n},$$

由于 $\lim\limits_{n\to+\infty} x_n = 0$, 则 $\lim\limits_{n\to+\infty} |x_n| = 0$, 由例 1 的结论, 则

$$\lim_{n\to+\infty} \frac{|x_1|+|x_2|+\cdots+|x_n|}{n} = 0,$$

因此, $\lim\limits_{n\to+\infty} \dfrac{y_n x_1 + y_{n-1} x_2 + \cdots + y_1 x_n}{n} = 0$, 即 $a=0$ 时结论成立.

(2) 一般情形.

记 $z_n = x_n - a$, 则 $\lim\limits_{n\to+\infty} z_n = 0$, 由 (1), 则

$$\lim_{n\to+\infty} \frac{y_n z_1 + y_{n-1} z_2 + \cdots + y_1 z_n}{n} = 0,$$

因而, 再次利用例 1 的结论, 有

$$\lim_{n\to+\infty} \frac{y_n x_1 + y_{n-1} x_2 + \cdots + y_1 x_n}{n}$$

$$= \lim_{n \to +\infty} \left[\frac{y_n z_1 + y_{n-1} z_2 + \cdots + y_1 z_n}{n} + a \frac{y_n + y_{n-1} + \cdots + y_1}{n} \right] = ab,$$

故结论成立.

例 3 设 $\{x_n\}$ 为正数列, 且 $\lim\limits_{n \to +\infty} x_n = a$, 则 $\lim\limits_{n \to +\infty} (x_1 x_2 \cdots x_n)^{\frac{1}{n}} = a$.

结构分析 与例 2 结构同; 用相同的思想方法处理.

证明 (1) 当 $a = 0$ 时的简单情形.

由于 $\lim\limits_{n \to +\infty} x_n = 0$, 则由定义, 对任意的 $\varepsilon \in (0,1)$, 存在 N_1, 使得当 $n > N_1$ 时,

$$|x_n - 0| = |x_n| < \varepsilon,$$

故当 $n > N_1$ 时,

$$0 < (x_1 x_2 \cdots x_n)^{\frac{1}{n}} \leqslant (x_1 x_2 \cdots x_{N_1})^{\frac{1}{n}} (x_{N_1+1} x_{N_1+2} \cdots x_n)^{\frac{1}{n}}$$
$$\leqslant (x_1 x_2 \cdots x_{N_1})^{\frac{1}{n}} \varepsilon^{\frac{n-N_1}{n}},$$

即

$$0 < (x_1 x_2 \cdots x_n)^{\frac{1}{n}} \leqslant [(x_1 x_2 \cdots x_{N_1}) \varepsilon^{-N_1}]^{\frac{1}{n}} \varepsilon,$$

由于 $\lim\limits_{n \to +\infty} [(x_1 x_2 \cdots x_{N_1}) \varepsilon^{-N_1}]^{\frac{1}{n}} = 1$, 因而, 存在 $N_2 > N_1$, 当 $n > N_2$ 时, 有

$$0 < [(x_1 x_2 \cdots x_{N_1}) \varepsilon^{-N_1}]^{\frac{1}{n}} < 2,$$

故当 $n > N_2$ 时,

$$0 < (x_1 x_2 \cdots x_n)^{\frac{1}{n}} < 2\varepsilon,$$

故 $\lim\limits_{n \to +\infty} (x_1 x_2 \cdots x_n)^{\frac{1}{n}} = 0$.

(2) 当 $a > 0$ 时的一般情形.

不能用直接转化法, 我们采用间接化用法.

由于 $\lim\limits_{n \to +\infty} x_n = a$, 则由定义, 对任意的 $\varepsilon \in (0, \min\{a,1\})$, 存在 N_1, 使得当 $n > N_1$ 时,

$$|x_n - a| < \varepsilon,$$

即

$$0 < a - \varepsilon < x_n < a + \varepsilon,$$

故当 $n > N_1$ 时,

$$(x_1 x_2 \cdots x_n)^{\frac{1}{n}} = (x_1 x_2 \cdots x_{N_1})^{\frac{1}{n}} (x_{N_1+1} x_{N_1+2} \cdots x_n)^{\frac{1}{n}}$$

$$\leqslant (x_1 x_2 \cdots x_{N_1})^{\frac{1}{n}} (a+\varepsilon)^{\frac{n-N_1}{n}}$$

$$\leqslant \left[(x_1 x_2 \cdots x_{N_1})(a+\varepsilon)^{-N_1}\right]^{\frac{1}{n}} (a+\varepsilon),$$

类似还有

$$(x_1 x_2 \cdots x_n)^{\frac{1}{n}} = (x_1 x_2 \cdots x_{N_1})^{\frac{1}{n}} (x_{N_1+1} x_{N_1+2} \cdots x_n)^{\frac{1}{n}}$$

$$\geqslant (x_1 x_2 \cdots x_{N_1})^{\frac{1}{n}} (a-\varepsilon)^{\frac{n-N_1}{n}}$$

$$\geqslant \left[(x_1 x_2 \cdots x_{N_1})(a-\varepsilon)^{-N_1}\right]^{\frac{1}{n}} (a-\varepsilon),$$

由于 $\lim\limits_{n\to+\infty} \left[(x_1 x_2 \cdots x_{N_1})(a\pm\varepsilon)^{-N_1}\right]^{\frac{1}{n}} (a\pm\varepsilon) = a\pm\varepsilon$, 因而, 存在 $N_2 > N_1$, 当 $n > N_2$ 时,

$$a - 2\varepsilon = (a-\varepsilon) - \varepsilon < \left[(x_1 x_2 \cdots x_{N_1})(a-\varepsilon)^{-N_1}\right]^{\frac{1}{n}} (a-\varepsilon),$$

$$\left[(x_1 x_2 \cdots x_{N_1})(a+\varepsilon)^{-N_1}\right]^{\frac{1}{n}} (a+\varepsilon) < (a+\varepsilon) + \varepsilon = a + 2\varepsilon,$$

故当 $n > N_2$ 时,

$$a - 2\varepsilon < (x_1 x_2 \cdots x_n)^{\frac{1}{n}} < a + 2\varepsilon,$$

故 $\lim\limits_{n\to+\infty} (x_1 x_2 \cdots x_n)^{\frac{1}{n}} = a$.

抽象总结　此例的结构相对复杂, 在处理 $a > 0$ 的情形时不能转化为 $a = 0$ 的情形, 我们采用了相应的化用法.

三、 简单小结

从简单到复杂、从特殊到一般的科研思想是人类探索自然活动所取得经验的高度抽象总结, 也是常用的一种科研思想, 在后续学习中, 在较难问题的处理中, 会经常用到这种研究思想, 因此, 从数学素养的培养看, 要养成数学思维习惯, 面临复杂的问题或模型时, 先要分析结构, 从简单情形开始研究 (如去掉一些次要因素, 得到近似的问题或模型), 形成解决的思想方法, 再进一步利用直接转化法或化用法推广到一般, 完成相应的求解.

第30讲 部分和整体逻辑关系的应用方法

整体与部分的逻辑关系是自然界广泛存在的一种逻辑关系, 哲学上基于这种逻辑关系的抽象, 形成了对应的分析、研究和解决问题的思想方法, 体现了整体与部分逻辑关系的方法论的意义; 这种方法论也经常用于数学命题研究方法的设计. 本讲我们对整体与部分逻辑关系在数学分析的课程教学中的应用进行简单解读.

一、 基本原理

从集合上看, 整体与部分的逻辑关系是简单的从属包含关系, 在一些数学命题的结构中, 有时会隐藏着这种逻辑关系, 挖掘出这样的逻辑关系, 会为命题的证明或运用提供线索和思路. 一般来讲, 基于整体和部分的逻辑关系用于描述数学性质时, 其逻辑关系表明: 整体成立的性质, 对部分也成立; 而当某个部分不满足某性质时, 其对应的整体也不满足此性质, 基于这种原理, 在涉及隐藏整体和部分的逻辑关系命题中, 我们可以据此设计对应的研究思想方法.

二、 应用举例

下面, 我们通过两方面的例子说明其应用.

1. 数列与子列

将给定的一个数列作为整体, 则其子列就是对应的一个部分, 由于数列的子列有无穷多个, 这样的部分也有无穷多个, 因此, 可以利用整体与部分的逻辑关系研究数列及其子列的敛散性关系, 这是数列极限理论的一部分.

定理 1 设 $\{x_n\}$ 收敛于 a, 则其任何子列 $\{x_{n_k}\}$ 不仅收敛且都收敛于 a.

结构分析 题型是数列和其子列收敛关系的讨论; 条件给出了作为整体的数列所具有的性质 "收敛于 a", 结论是作为部分的子列都具有此性质, 这正是整体与部分的逻辑关系的体现, 因此, 证明此命题的方法就是简单的验证方法.

定理 2 如果 $\{x_n\}$ 的所有子列都收敛于同一个极限 a, 则必有 $\{x_n\}$ 收敛于 a.

结构分析 题型是数列和子列敛散性关系的讨论; 条件结构给出了每一个部分的个体所满足的性质; 需要验证的结论是整体也满足此性质; 基于这样的逻辑关系, 通常用反证方法证明命题, 由此确定了证明的方法. 同样基于这样的逻辑关系, 决定了定理 2 的应用: 由于子列有无穷多个, 一般不可能无限验证每一个子列的收敛性得到数列的收敛性, 而是常用其逆否命题, 验证数列的发散性, 即如下结论.

推论 1　(1) 若存在 $\{x_n\}$ 的两个子列 $\{x_{n_k}^{(1)}\}$, $\{x_{n_k}^{(2)}\}$ 分别收敛于不同的极限, 则 $\{x_n\}$ 必发散.

(2) 若 $\{x_n\}$ 存在发散的子列 $\{x_{n_k}\}$, 则 $\{x_n\}$ 发散.

因此, 上述理论的建立体现了整体与部分逻辑关系的方法论的应用.

2. 函数极限与数列极限

以 $\lim\limits_{x \to x_0} f(x)$ 为例.

由于 $x \to x_0$ 可以离散为无限多种形式的 $x \to x_0$, 因此, 二者的关系可以抽象为整体与部分的逻辑关系, 将这种关系应用于极限理论, 形成对应的结论.

定理 3 (Heine 定理)　$\lim\limits_{x \to x_0} f(x) = A$ 的充要条件为对任意收敛于 x_0 且 $x_n \neq x_0$ 的数列 $\{x_n\}$, 都有 $\lim\limits_{n \to +\infty} f(x_n) = A$.

结构分析　从逻辑上看, 结构与定理 2 相同, 其证明的思路与方法也相同, 应用机理也相同.

3. 其他应用举例

例 1　证明: $f(x) = \dfrac{1}{x} \cos \dfrac{1}{x}$ 在 $x = 0$ 的任何邻域内均无界, 但当 $x \to 0$ 时, $f(x)$ 不是无穷大量.

结构分析　题型为函数分析性质的研究; 类比已知, 要研究的性质是最基本的分析性质, 基本上需要利用定义取验证; 但是, 如果考虑到连续变量和离散变量的整体和部分的逻辑关系, 考虑到命题结构的否定式, 可以利用已知的数列极限理论, 通过举反例的形式给出更简单的证明方法.

证明　取 $x_n = \dfrac{1}{2n\pi}$, 则 $x_n \to 0$, 而

$$f(x_n) = 2n\pi \to \infty, \quad n \to \infty,$$

故 $f(x) = \dfrac{1}{x} \cos \dfrac{1}{x}$ 在 $x = 0$ 的任何邻域内均无界.

取 $y_n = \dfrac{1}{2n\pi + \dfrac{\pi}{2}}$, 则 $y_n \to 0$, 而

$$f(y_n) = 0 \to 0, \quad n \to \infty,$$

故当 $x \to 0$ 时 $f(x) = \dfrac{1}{x} \cos \dfrac{1}{x}$ 不是无穷大量.

三、 简单小结

通过上述两个方面的应用举例, 可以看到基于整体与部分逻辑关系的方法论应用意义, 事实上, 具有整体和部分的逻辑关系的概念或命题还有很多, 如函数极限和单侧极限的关系、导数和左右导数的关系, 在多元函数理论中, 这种逻辑关系更是经常出现, 如重极限和累次极限、多元连续和一元连续等, 以及处理这些关系的降维方法正是基于整体与部分的逻辑关系提出的. 因此, 掌握这样的方法论有利于分析、研究和解决问题的思路形成和方法设计, 在学习过程中, 我们要善于分析, 从结构中寻找各种特征, 基于特征设计针对性的方法才能形成简洁有效的解决问题的方法.

第31讲 不定积分计算的基本思想

不定积分是积分理论的重要内容之一, 其计算理论是整个积分计算理论的基础, 本讲我们从思想层面对不定积分的计算进行简单的解读, 针对性的计算方法在后续内容中介绍.

一、 不定积分理论产生的背景

任何数学理论的产生都基于两大背景, 其一是应用背景, 人类在认识自然、改造自然的活动中, 会遇到不断涌现出来的新问题, 对这些问题的分析和研究, 也会产生新的求解思想方法, 对这些思想方法的高度抽象、系统的完善发展产生或形成新的数学理论; 其二是数学理论自身发展的推动性, 在数学理论完善过程中, 也会提出一些理论问题, 对这些问题的解决也会提出新的数学理论. 定积分理论源于应用背景问题, 不定积分则是更多源于数学理论自身的发展完善.

对称性是广泛存在的一种现象, 数学理论中也广泛存在对称性, 如加与减、乘与除等都是对称性运算, 因而, 在引入导数概念后, 关于导数的求导运算是否也存在对称运算是导数理论发展过程中要考虑的理论问题, 对此问题的研究产生了不定积分理论.

二、 不定积分计算的基本公式

正是源于求导运算的逆运算, 因此, 不定积分理论的建立从原函数概念的引入开始.

定义 1 设函数 $f(x)$ 与 $F(x)$ 在区间 I 上有定义且 $F(x)$ 可导, 若

$$F'(x) = f(x), \quad \forall x \in I,$$

称 $F(x)$ 为 $f(x)$ 在区间 I 上的一个原函数.

根据导数的性质, 原函数不唯一, 为此引入不定积分的概念将原函数的全体表示出来.

定义 2 函数 $f(x)$ 在区间 I 上的原函数的全体称为 $f(x)$ 在 I 上的不定积分, 记为 $\int f(x)\mathrm{d}x$.

因此, 若 $F(x)$ 为 $f(x)$ 在区间 I 上的一个原函数, 则

$$\int f(x)\mathrm{d}x = F(x) + C.$$

由此, 得到性质:

性质 1 $\displaystyle\int F'(x)\mathrm{d}x = F(x) + C.$

上述定义和性质揭示了不定积分概念产生的理论背景, 揭示了不定积分计算和导数计算的 "几乎互逆的关系", 揭示了不定积分计算的基本思路——化为导数的计算, 即将被积函数转化为导数形式, 利用性质得到计算结果. 因此, 将基本的求导公式利用性质对等翻译过来, 就得到了相应的不定积分计算的基本公式:

(1) $\displaystyle\int 0\mathrm{d}x = C \Leftarrow C' = 0;$

(2) $\displaystyle\int 1\mathrm{d}x = \int \mathrm{d}x = x + C \Leftarrow x' = 1;$

(3) $\displaystyle\int x^{\alpha}\mathrm{d}x = \frac{x^{\alpha+1}}{\alpha+1} + C\ (\alpha \neq -1, x > 0) \Leftarrow \left(\frac{x^{\alpha+1}}{\alpha+1}\right)' = x^{\alpha};$

(4) $\displaystyle\int \frac{1}{x}\mathrm{d}x = \ln|x| + C\ (x \neq 0) \Leftarrow (\ln x)' = \frac{1}{x};$

(5) $\displaystyle\int \mathrm{e}^x\mathrm{d}x = \mathrm{e}^x + C \Leftarrow (\mathrm{e}^x)' = \mathrm{e}^x;$

(6) $\displaystyle\int a^x\mathrm{d}x = \frac{a^x}{\ln a} + C\ (a > 0, a \neq 1) \Leftarrow \left(\frac{a^x}{\ln a}\right)' = a^x;$

(7) $\displaystyle\int \cos x\mathrm{d}x = \sin x + C \Leftarrow (\sin x)' = \cos x;$

(8) $\displaystyle\int \sin x\mathrm{d}x = -\cos x + C \Leftarrow (-\cos x)' = \sin x;$

(9) $\displaystyle\int \sec^2 x\mathrm{d}x = \tan x + C \Leftarrow (\tan x)' = \sec^2 x;$

(10) $\displaystyle\int \csc^2 x\mathrm{d}x = -\cot x + C \Leftarrow (\cot x)' = -\csc^2 x;$

(11) $\displaystyle\int \sec x \cdot \tan x\mathrm{d}x = \sec x + C \Leftarrow (\sec x)' = \sec x \tan x;$

(12) $\displaystyle\int \csc x \cdot \cot x\mathrm{d}x = -\csc x + C \Leftarrow (-\csc x)' = \csc x \cot x;$

(13) $\displaystyle\int \frac{\mathrm{d}x}{\sqrt{1-x^2}} = \arcsin x + C = -\arccos x + C \Leftarrow (\arcsin x)' = \frac{1}{\sqrt{1-x^2}};$

(14) $\displaystyle\int \frac{\mathrm{d}x}{1+x^2} = \arctan x + C = -\operatorname{arc}\cot x + C \Leftarrow (\arctan x)' = \frac{1}{1+x^2}.$

上述公式是不定积分的基本公式, 由此决定了不定积分计算的基本思路是利用各种方法进行结构简化, 把要计算的不定积分转化为基本公式之一, 利用基本公式得到计算结果. 因此, 不定积分的计算本质上还是结构的简化.

三、 应用举例

根据数学理论框架结构特征, 定义是底层工具, 只能处理最简单的结构, 因此, 由不定积分定义得到的基本公式也只能处理最简结构, 更一般或复杂的结构需要更高级的理论工具, 因此, 掌握了最基本的运算法则后, 就可以处理结构相对简单的例子了.

例 1　求 $\displaystyle\int \frac{x^4}{x^2+1}\mathrm{d}x$.

结构分析　题型为有理式的不定积分计算. 类比已知: 在基本公式中, 与此关联紧密的已知公式有幂函数、简单的有理式的不定积分 $\left(\displaystyle\int \frac{\mathrm{d}x}{x}, \int \frac{\mathrm{d}x}{1+x^2}\right)$. 思路方法设计: 利用初等的有理式简化方法, 实现积分结构的简化, 将待求的不定积分转化为基本公式中已知的积分; 可以利用形式统一的思想设计具体的简化方法.

解　化简结构, 利用已知公式, 则

$$\int \frac{x^4}{x^2+1}\mathrm{d}x = \int \frac{x^4-1+1}{x^2+1}\mathrm{d}x = \int \left(x^2-1+\frac{1}{x^2+1}\right)\mathrm{d}x$$
$$= \frac{1}{3}x^3 - x + \arctan x + C.$$

例 2　求 $\displaystyle\int \sin^2 \frac{x}{2}\mathrm{d}x$.

结构分析　题型为三角函数的不定积分计算. 类比已知: 在基本公式中, 与此关联紧密的已知公式是正弦函数和余弦函数的不定积分. 思路方法设计: 利用初等的三角函数性质对被积函数降幂处理, 实现积分结构的简化, 将待求的不定积分转化为基本公式中已知的积分.

解　利用三角函数的性质, 则

$$\int \sin^2 \frac{x}{2}\mathrm{d}x = \int \frac{1-\cos x}{2}\mathrm{d}x = \frac{1}{2}\left(\int \mathrm{d}x - \int \cos x\mathrm{d}x\right) = \frac{1}{2}x - \sin x + C.$$

四、 简单小结

不定积分计算的核心问题是导数的计算问题, 通过把被积函数转化为导数形式, 利用性质得到结果; 具体计算方法的设计本质上是结构的简化, 通过各种技术方法将被积函数转化为基本公式中的结构, 利用基本公式得到结果.

第32讲 不定积分计算的换元法

不定积分计算的难易程度取决于其结构, 即被积函数的结构, 方法设计的基本思路也是围绕被积函数的结构简化进行的, 因此, 不定积分计算的方法也是对应的结构简化的方法. 本讲我们对不定积分计算的换元法进行简单解读.

一、 换元法的基本原理

先给出换元法的结论.

定理 1 设 $f(x)$ 连续, $\varphi(t)$ 具有一阶连续导数, $x = \varphi(t)$ 存在连续的反函数, 且 $\int f(\varphi(t))\varphi'(t)\mathrm{d}t = F(t) + C$, 则 $\int f(x)\mathrm{d}x = F(\varphi^{-1}(x)) + C$.

结构分析 (1) 从结论看应用机理: 换元法的应用过程可以表述为

$$\int f(x)\mathrm{d}x \xlongequal{x=\varphi(t)} \int f(\varphi(t))\varphi'(t)\mathrm{d}t = F(t) + C = F(\varphi^{-1}(x)) + C,$$

应用机理是将不定积分 $\int f(x)\mathrm{d}x$ 的计算转化为 $\int f(\varphi(t))\varphi'(t)\mathrm{d}t$ 的计算, 从形式上看, 后者比前者复杂, 在实际应用中, 选择变换的原则是后者比前者的结构更简单, 后者的结构通常包含在基本积分公式表中, 可以利用基本公式实现其计算, 这是换元法实现不定积分计算的基本思想.

(2) 换元法的作用对象是结构相对复杂的不定积分, 通常被积函数中含有两类不同结构的因子.

(3) 换元法应用的难点是换元的选择; 换元选择的原则还是以结构简化为根本.

(4) 换元选择的思路还是基于结构分析, 即分析结构, 确定困难因子; 换元的方法就是选择困难因子进行换元, 利用换元将困难因子简单化, 当然, 在困难因子简单化的同时, 关联的简单因子会复杂化, 换元的选择一定要保证这种复杂化是非本质的, 即简单因子在换元下的结构属性不能变化.

二、 应用举例

例 1 计算 $\int \dfrac{x+1}{(2x+1)^{\frac{1}{2}}}\mathrm{d}x$.

结构分析 被积函数由两类不同因子组成, 二者比较, 结构复杂的困难因子是 $(2x+1)^{\frac{1}{2}}$, 可以选择变换 $t = (2x+1)^{\frac{1}{2}}$ 将无理因子简化为有理因子, 实现结构简化, 由于结构由无理结构转化为有理结构, 我们把这种简化称为是本质的简化; 当然, 无理因子简化的同时, 有理因子 $x+1$ 复杂为 $x+1=\dfrac{1}{2}(t^2+1)$, 由于这种复杂化只是将一次多项式结构转化为二次多项式结构, 结构本质没有变, 只是形式上复杂了, 我们称这样的复杂化是非本质的.

解　作变换 $t=(2x+1)^{\frac{1}{2}}$, 则

$$\int \frac{x+1}{(2x+1)^{\frac{1}{2}}}\mathrm{d}x = \int \frac{t^2+1}{2t}t\mathrm{d}t = \frac{1}{6}t^3 + \frac{1}{2}t + C = \frac{1}{6}(2x+1)^{\frac{3}{2}} + \frac{1}{2}(2x+1)^{\frac{1}{2}} + C.$$

换元法只能作用于相对较复杂结构 (与基本公式表中的结构相比) 的不定积分的计算, 更复杂结构的不定积分的计算需要用到更复杂、更精细的计算方法, 我们在后续内容中继续介绍.

但是, 在相对简单的一类无理结构中, 通常可以利用三角函数的换元进行有理化, 转化为三角函数的不定积分.

例 2　计算 $\displaystyle\int \frac{1}{(x^2+1)^{\frac{3}{2}}}\mathrm{d}x$.

结构分析　这是较复杂的无理结构的不定积分的计算, 类比基本积分公式表, 涉及无理结构的公式有最简单的幂结构和由反正弦 (反余弦) 函数给出的公式, 类比其结构, 不能实现它们之间的直接转化, 因此, 通常的计算思想是有理化, 即选择合适的换元法, 将无理结构化为有理结构, 实现结构简单化, 完成计算.

通常利用三角函数换元实现有理化, 选择三角函数换元的理论基础是三角函数公式 $\sin^2 x + \cos^2 x = 1, 1 + \tan^2 x = \sec^2 x$. 类比本题结构特点, 选择后者公式作为换元的理论依据.

解　作换元 $x=\tan t$, 则

$$\int \frac{1}{(x^2+1)^{\frac{3}{2}}}\mathrm{d}x = \int \frac{\sec^2 t}{\sec^3 t}\mathrm{d}t = \int \cos t\mathrm{d}t = \sin t + C = \frac{x}{(x^2+1)^{\frac{1}{2}}} + C.$$

利用三角函数换元可以计算一类基本的无理结构的不定积分, 获得一类基本结论, 这是不定积分计算的基本内容之一, 在教材中都有介绍, 不再过多举例; 还有一类不定积分的计算, 需要根据其自身结构特点确定换元, 因此, 必须尽可能从多方面挖掘结构特征.

例 3　计算 $\displaystyle\int \frac{1}{\sqrt{(x-a)(b-x)}}\mathrm{d}x$.

结构分析　还是无理结构的不定积分, 方法设计的总体思想还是有理化, 直接从结构的形式看, 不易确定换元, 由于结构中涉及两个因子 $x-a$ 和 $b-x$, 尽可能挖掘二者的关系和简单的、易于利用的性质, 两个因子相对简单, 可以挖掘

的性质是二者的关系: $(x - a) + (b - x) = b - a$. 常数是最简单的因子, 为利用三角函数关系式, 对其稍加变形, 得到 $\dfrac{x - a}{b - a} + \dfrac{b - x}{b - a} = 1$, 由此结构上可以类比 $\sin^2 x + \cos^2 x = 1$, 由此可以确定换元.

解 令 $x - a = (b - a)\sin^2 t$, 则 $b - x = (b - a)\cos^2 t$, 因而

$$\int \frac{1}{\sqrt{(x - a)(b - x)}}\mathrm{d}x = \int \frac{2(b - a)\sin t \cos t}{(b - a)\sin t \cos t}\mathrm{d}t$$

$$= 2t + C = 2\arcsin\sqrt{\frac{x - a}{b - a}} + C.$$

三、 简单小结

换元法是不定积分计算的基本方法, 其作用对象通常较基本积分公式表中的结构复杂而较相对复杂结构又相对简单, 计算的基本思想是利用换元将积分结构简化, 将结构转化为与基本公式表中结构相同或相近的结构以实现计算; 应用的难点在于换元的选择, 解决方法就是利用结构特点, 类比已知, 围绕结构简化确定换元, 因此, 必须要多方面分析结构, 多角度分析结构特点, 选择合适的结构特点切入, 实现结构的最简化.

第**33**讲 不定积分计算的分部积分法

分部积分法是不定积分计算的最重要也是最主要的方法, 通常用于处理更复杂的不定积分的计算, 本讲我们对分部积分法的应用进行简单的介绍.

一、 分部积分法

分部积分方法的理论依据是乘积函数的导数计算法则: $(u \cdot v)' = u'v + uv'$. 由此得到不定积分计算的分部积分法则

$$\int uv' \mathrm{d}x = \int (uv)' \mathrm{d}x - \int u'v \mathrm{d}x = uv - \int u'v \mathrm{d}x,$$

这就是分部积分公式.

这一公式的另一形式为

$$\int u \mathrm{d}v = uv - \int v \mathrm{d}u,$$

特别,

$$\int u \mathrm{d}x = xu - \int x \mathrm{d}u = xu - \int xu' \mathrm{d}x.$$

结构分析 (1) 从公式的逻辑关系看, 分部积分法实现不定积分计算的逻辑是将不定积分 $\int uv' \mathrm{d}x$ 的计算转化为计算不定积分 $\int u'v \mathrm{d}x$.

(2) 从结构看, 分部积分法实现计算的机理是: 通过将被积函数中对因子 v 的导数计算转移到对因子 u 的导数计算, 实现不定积分结构的简化, 进而实现计算, 简而言之, 分部积分法是通过导数转移实现不定积分的简化并计算.

(3) 作用对象: 由于要利用高级运算之导数运算以简化结构, 因此, 其通常用于复杂结构的不定积分的计算, 被积函数通常由两个或两个以上的不同结构的因子组成.

(4) 应用方法: 由于要计算的不定积分的被积函数结构中, 不显含导数因子的形式, 因此, 要利用分部积分法计算不定积分, 首先要从形式上选择一个因子转化为导因子形式, 进行形式上的统一, 为应用做准备; 因此, 应用的难点是导因子的选择, 即选择哪个因子将其转化为导因子. 难点的解决: 根据结构简化的基本思想, 利用分部积分公式时, 需要利用导数转移简化结构, 通过求导改变以简化结构, 即原积分中对因子 v 的求导转化为对因子 u 的求导. 通过对因子 u 的求导, 实现不定积分结构的简单化, 因此, 原则上要求 $u'v$ 的结构要比 $v'u$ 的结构简单, 这也是利用分部积分法时选择因子 u 和 v 的原则, 即应该这样选择 u, v:

选择 v: 使得 v, v' 结构上变化不大, 或结构的改变是非本质的;

选择 u: 使得 u' 比 u 结构上更简单, 结构改变通常是本质的.

因此, 类比导数计算公式, 在包含因子 $\sin x, \cos x, \mathrm{e}^x, P_n(x)$ 等的不定积分中, 由于对这些因子的求导, 其结构没有发生变化, 故通常将这些因子选为 v; 而在包含因子如 $\ln x, \arctan x$ 等结构中, 常将这些因子选为 u, 因为通过这些因子的求导, 可以使它们结构发生了本质上的简单化, 如 $(\ln x)' = \dfrac{1}{x}, (\arctan x)' = \dfrac{1}{1+x^2}$.

通过上面分析可知, 分部积分法主要是利用求导改变积分因子的结构, 使被积函数中不同结构的因子通过求导达到形式统一, 从而简化不定积分的结构, 这正是分部积分法的本质所在, 由此也表明了分部积分法作用对象的特点: **被积函数由两类或两类以上不同结构的因子组成**.

二、 应用举例

例 1 计算 $\displaystyle\int x \ln x \mathrm{d}x$.

结构分析 被积函数由两类不同结构的因子组成, 需要改变结构的因子为 $\ln x$, 需要把导数转移到此因子上, 故需要把因子 x 改写为导因子形式.

解 利用分部积分公式, 则

$$\int x \ln x \mathrm{d}x = \frac{1}{2} \int (x^2)' \ln x \mathrm{d}x = \frac{1}{2}\left[x^2 \ln x - \int x(\ln x)' \mathrm{d}x \right]$$
$$= \frac{1}{2}\left[x^2 \ln x - \int 1 \mathrm{d}x \right] = \frac{1}{2}\left[x^2 \ln x - x \right] + C.$$

例 2 计算 $\displaystyle\int \arctan x \mathrm{d}x$.

结构分析 被积函数由单个因子组成, 类比基本公式, 需要改变此因子的结构, 可以考虑分部积分法, 此时, 可以将单个因子视为特殊的乘积形式, 将其系数 1 视为因子, 且将其写为导因子的形式, 便于将导数转移到另一个复杂因子上, 实现结构简化.

解 利用分部积分公式, 则

$$\int \arctan x \mathrm{d}x = \int (x)' \arctan x \mathrm{d}x = x \arctan x - \int \frac{x}{1+x^2} \mathrm{d}x$$

$$= x \arctan x - \frac{1}{2} \ln(1 + x^2) + C.$$

上述两个例子是分部积分公式处理的较简单的基本对象, 下面的例子结构更复杂, 更能体现分部积分法的应用效果.

例 3　计算 $\displaystyle\int \frac{\arctan x}{x^2(1 + x^2)} \mathrm{d}x$.

结构分析　被积函数由两类不同结构的因子组成, 需要改变结构的因子是 arctan$x$, 需要产生一个导因子, 当然, 如果能用初等方法进行结构简化, 可以考虑优先进行.

解　由于

$$\int \frac{\arctan x}{x^2(1 + x^2)} \mathrm{d}x = \int \left[\frac{1}{x^2} - \frac{1}{1 + x^2} \right] \arctan x \mathrm{d}x$$

$$= \int \frac{\arctan x}{x^2} \mathrm{d}x - \int \frac{\arctan x}{1 + x^2} \mathrm{d}x,$$

由此将复杂的积分利用初等的方法转化为两个相对简单的积分, 观察二者的结构特点, 后者可以直接用凑微分法求解, 即

$$\int \frac{\arctan x}{1 + x^2} \mathrm{d}x = \int \arctan x \mathrm{d} \arctan x = \frac{1}{2} \arctan^2 x + C.$$

对前者, 必须考虑用分部积分法处理, 即

$$\int \frac{\arctan x}{x^2} \mathrm{d}x = -\int \left(\frac{1}{x} \right)' \arctan x \mathrm{d}x$$

$$= -\frac{1}{x} \arctan x + \int \frac{1}{x(1 + x^2)} \mathrm{d}x$$

$$= -\frac{1}{x} \arctan x + \frac{1}{2} \int \frac{1}{x^2(1 + x^2)} \mathrm{d}x^2$$

$$= -\frac{1}{x} \arctan x + \frac{1}{2} \int \left[\frac{1}{x^2} - \frac{1}{1 + x^2} \right] \mathrm{d}x^2$$

$$= -\frac{1}{x} \arctan x + \frac{1}{2} \ln \frac{x^2}{(1 + x^2)} + C.$$

故

$$\int \frac{\arctan x}{x^2(1 + x^2)} \mathrm{d}x = -\frac{1}{x} \arctan x - \frac{1}{2} \arctan^2 x + \frac{1}{2} \ln \frac{x^2}{(1 + x^2)} + C.$$

对更复杂的结构, 可以利用不定积分的性质将导因子的产生转化为另一个不定积分的计算.

例 4 计算 $\int \dfrac{x^3 \arcsin x}{\sqrt{1-x^2}} \mathrm{d}x$.

结构分析 复杂因子应该选择 arcsin$x$, 需要求导改变其结构, 为了与分部积分公式进行形式统一, 需要产生导因子, 我们利用求另一个不定积分计算的方法求导因子.

解 先计算 $\int \dfrac{x^3}{\sqrt{1-x^2}} \mathrm{d}x$, 则

$$\int \frac{x^3}{\sqrt{1-x^2}} \mathrm{d}x = -\int x^2 (\sqrt{1-x^2})' \mathrm{d}x = -x^2\sqrt{1-x^2} + 2\int x\sqrt{1-x^2}\mathrm{d}x$$

$$= -x^2\sqrt{1-x^2} - \frac{2}{3}(1-x^2)^{\frac{3}{2}} + C,$$

取 $u(x) = -x^2\sqrt{1-x^2} - \dfrac{2}{3}(1-x^2)^{\frac{3}{2}}$, 则 $u'(x) = \dfrac{x^3}{\sqrt{1-x^2}}$, 故

$$\int \frac{x^3 \arcsin x}{\sqrt{1-x^2}} \mathrm{d}x = \int u'(x) \arcsin x \mathrm{d}x$$

$$= u(x) \arcsin x - \int \frac{u(x)}{\sqrt{1-x^2}} \mathrm{d}x$$

$$= u(x) \arcsin x - \int \left(-x^2 - \frac{2}{3}(1-x^2) \right) \mathrm{d}x$$

$$= u(x) \arcsin x + \frac{2}{3}x + \frac{1}{9}x^3 + C.$$

例 5 计算 $\int x \arctan x \ln(1+x^2) \mathrm{d}x$.

结构分析 被积函数由三类不同结构的因子组成, 有两类因子都需要求导改变结构, 可以逐次利用分部积分法. 相对来说, 三类因子中以 arctan$x$ 最复杂, 可以从简至繁逐次解决.

解 先计算 $\int x\ln(1+x^2)\mathrm{d}x$, 利用分部积分公式, 则

$$\int x\ln(1+x^2)\mathrm{d}x = \frac{1}{2}x^2\ln(1+x^2) - \int \frac{x^3}{1+x^2}\mathrm{d}x$$

$$= \frac{1}{2}x^2\ln(1+x^2) - \frac{1}{2}\int \frac{x^2}{1+x^2}\mathrm{d}x^2$$

$$= \frac{1}{2}(x^2 + 1)\ln(1 + x^2) - \frac{1}{2}x^2 + C.$$

取 $u(x) = \frac{1}{2}(x^2 + 1)\ln(1 + x^2) - \frac{1}{2}x^2$, 则 $u'(x) = x\ln(1 + x^2)$, 因而

$$\int x\arctan x\ln(1 + x^2)\mathrm{d}x = \int u'(x)\arctan x\mathrm{d}x = u(x)\arctan x - \int \frac{u(x)}{1 + x^2}\mathrm{d}x,$$

由于

$$\begin{aligned}\int \frac{u(x)}{1 + x^2}\mathrm{d}x &= \frac{1}{2}\int \left[\ln(1 + x^2) - \frac{x^2}{1 + x^2}\right]\mathrm{d}x \\ &= \frac{1}{2}\left[x\ln(1 + x^2) - 3\int \frac{x^2}{1 + x^2}\mathrm{d}x\right] \\ &= \frac{1}{2}[x\ln(1 + x^2) - 3x + 3\arctan x] + C,\end{aligned}$$

故

$$\begin{aligned}\int x\arctan x\ln(1 + x^2)\mathrm{d}x = &\frac{1}{2}[(x^2 + 1)\ln(1 + x^2) - x^2]\arctan x \\ &- \frac{1}{2}[x\ln(1 + x^2) - 3x + 3\arctan x] + C.\end{aligned}$$

　　上述几个题目中, 被积函数通常由两类或两类以上不同结构因子组成, 通过分部积分法改变复杂因子的结构, 实现结构的统一和简化; 还有一类题目, 被积函数由不同结构的因子组成, 但是, 不能通过求导消去或改变一种结构, 此时, 通常可以利用分部积分公式将被积函数转化为全微分结构以实现求解, 或利用分部积分公式将不易计算的部分抵消.

　　例 6　计算 $I = \displaystyle\int \mathrm{e}^x\frac{1 + \sin x}{1 + \cos x}\mathrm{d}x.$

　　结构分析　被积函数有两类不同结构的因子组成, 但是, 类比导数公式, 两类因子具有特点: ① 两类因子都不能通过求导改变结构; ② 两类因子与其相应的导因子可以相互转化. 因而, 可以利用分部积分公式在因子和其导因子间建立联系; 在利用分部积分时, 由于对分式的求导更加复杂, 因此, 需要将其视为导因子的结构, 将导数转移到另一个简单因子上; 难点是从分式中产生导因子. 当然, 结构的初等简化仍是必须要考虑的线索, 特别对形式上复杂的分式结构, 其简化的原则通常是: 分母上多项要 "合"——多项并为一项、分子上多项要 "分"——多项分解为单项和.

解

$$I = \int e^x \frac{1}{1+\cos x} dx + \int e^x \frac{\sin x}{1+\cos x} dx$$

$$= \frac{1}{2} \int e^x \frac{1}{\cos^2 \frac{x}{2}} dx + \frac{1}{2} \int e^x \frac{\sin x}{\cos^2 \frac{x}{2}} dx$$

$$= \int e^x \left(\tan \frac{x}{2}\right)' dx + \int e^x \tan \frac{x}{2} dx$$

$$= e^x \tan \frac{x}{2} - \int e^x \tan \frac{x}{2} dx + \int e^x \tan \frac{x}{2} dx$$

$$= e^x \tan \frac{x}{2} + C.$$

抽象总结 从求解过程可知: ① 尽可能先利用初等方法进行结构简化; ② 对分式简化时, 对分母利用 "合而为一"、对分子利用 "拆而分之" 的简化思想; ③ 从整体看, 这类积分通常具有全微分结构, 求解过程还可以为

$$I = \int e^x \left(\tan \frac{x}{2}\right)' dx + \int e^x \tan \frac{x}{2} dx$$

$$= \int \left(e^x \tan \frac{x}{2}\right)' dx = e^x \tan \frac{x}{2} + C.$$

最后积分的被积函数是全微分函数.

三、 简单小结

分部积分法是非常重要的不定积分的计算方法, 是各种考试的重要考点, 本讲我们利用分部积分法处理了一些主要类型, 还有一些特殊的题型需要利用分部积分法求解, 体现了此方法的重要性, 因此, 一定要熟练掌握该方法的应用, 掌握该方法作用对象特征, 掌握导因子选择的原则及产生导因子的方法.

当然, 还有一些更复杂的结构需要利用更精细的方法去解决, 我们将在后续内容中介绍.

第34讲 含 n 结构的不定积分的计算方法

在不定积分的计算中, 还经常涉及一类题目, 被积函数中含正整数 n, 我们把这类题型称为含 n 结构的不定积分, 本讲介绍这类题型的求解思想方法.

一、 计算的基本思想

含 n 结构的不定积分的一般形式可以表示为 $I_n = \displaystyle\int f_n(x)\mathrm{d}x$, 其中 n 为非负整数. 对这类结构的不定积分, 一般不易直接计算出结果, 通常得到一个递推公式, 因此, 其答案由递推公式和初值组成. 正是答案的这种结构特征, 使得这类题型的求解思想方法与其他题型有区别: 求解思想围绕降 n 或升 n 展开 (有时 n 称为指标, 求解思想也称为降指或升指思想). 具体方法设计根据 n 的位置而不同, 一般来说, 若 n 在幂指数位置, 通常利用求导的高等运算方法降指或升指 (在分子上降指, 在分母上升指), 若 n 在一般的系数位置, 通常利用初等运算进行降指或升指, 强制形式统一的思想是常用的构造初等运算方法的指导思想. 下面, 我们结合具体题目讲解求解的具体方法.

二、 应用举例

假设 n 是非负整数.

例 1 计算 $I_n = \displaystyle\int \ln^n x\mathrm{d}x$.

结构分析 含 n 结构的不定积分的计算; n 是幂指数, 考虑用求导降幂, 由此确定用分部积分法, 通过导数转移, 实现求导降幂. 注意到 $\ln x$ 的导数结构为 $(\ln x)' = \dfrac{1}{x}$, 和系数 1 的导因子结构相同 $((x)' = 1)$, 形式统一可以实现相互运算, 因此, 可以直接利用分部积分公式.

解 利用分部积分公式, 则

$$I_n = \int x' \ln^n x\mathrm{d}x = x\ln^n x - n\int \ln^{n-1} x\mathrm{d}x = x\ln^n x - nI_{n-1}, \quad n = 1, 2, \cdots,$$

其中 $I_0 = \displaystyle\int 1\mathrm{d}x = x + C$.

这是一个简单的例子, 从中可以体会求解的思想方法, 再看一些复杂的例子.

例 2 计算 $I_n = \int \tan^n x \mathrm{d}x$.

结构分析 与例 1 结构相同, 二者差异是在于二者涉及的被积函数的导数结构, 三角函数的导数还是三角函数, 由于三角函数和多项式的结构不同, 因此, 不能用常数 1 产生导因子, 必须用三角函数产生导因子, 因而, 必须利用三角函数的性质 (包括导数性质) 从三角函数中分离出导因子, 这是两个题目的差异之处. 此题, 需要考虑三角函数的性质 $1 + \tan^2 x = \sec^2 x, (\tan x)' = \sec^2 x$, 这是设计具体方法的出发点.

解 由于

$$I_n = \int \tan^{n-2} x \tan^2 x \mathrm{d}x$$

$$= \int \tan^{n-2} x (\sec^2 x - 1) \mathrm{d}x$$

$$= \int \tan^{n-2} x \sec^2 x \mathrm{d}x - I_{n-2},$$

又

$$\int \tan^{n-2} x \sec^2 x \mathrm{d}x = \int \tan^{n-2} x (\tan x)' \mathrm{d}x$$

$$= \tan^{n-1} x - (n-2) \int \tan^{n-2} x \sec^2 x \mathrm{d}x$$

$$= \tan^{n-1} x - (n-2) \int \tan^{n-2} x (1 + \tan^2 x) \mathrm{d}x$$

$$= \tan^{n-1} x - (n-2)(I_{n-2} + I_n),$$

故 $I_n = \tan^{n-1} x - (n-2)(I_{n-2} + I_n) - I_{n-2}$, 由此得

$$I_n = \frac{1}{n-1} \tan^{n-1} x - I_{n-2}, \quad n = 2, 3, \cdots,$$

其中 $I_0 = x + C, I_1 = \ln|\cos x| + C$.

抽象总结 (1) 涉及三角函数的含 n 的不定积分的计算, 通常需要三角函数自身关系式和其导数关系式获得递推公式, 需要从三角函数中分离出一部分产生导因子;

(2) 当递推公式是隔项递推时, 需要两个初值, 由 I_0 得到 I_{2k}, 由 I_1 得到 $I_{2k+1}, k = 1, 2, \cdots$.

例 3　计算 $I_n = \int (\arcsin x)^n \mathrm{d}x$.

结构分析　由于 $(\arcsin x)' = \dfrac{1}{\sqrt{1-x^2}}$, 根据此结构, 在使用分部积分公式时, 可以利用系数产生导因子.

解　利用分部积分公式, 则

$$I_n = \int x'(\arcsin x)^n \mathrm{d}x = x\arcsin x - n\int \frac{x}{\sqrt{1-x^2}}(\arcsin x)^{n-1}\mathrm{d}x,$$

为了得到递推公式, 必须将 $\dfrac{x}{\sqrt{1-x^2}}$ 消去, 为此, 再次利用反三角函数的导数关系式, 则

$$\int \frac{x}{\sqrt{1-x^2}}(\arcsin x)^{n-1}\mathrm{d}x$$

$$= -\int (\sqrt{1-x^2})'(\arcsin x)^{n-1}\mathrm{d}x$$

$$= -\sqrt{1-x^2}(\arcsin x)^{n-1} + (n-1)\int \sqrt{1-x^2}(\arcsin x)^{n-2}\frac{1}{\sqrt{1-x^2}}\mathrm{d}x$$

$$= -\sqrt{1-x^2}(\arcsin x)^{n-1} + (n-1)I_{n-2},$$

故 $I_n = x\arcsin x - n(-\sqrt{1-x^2}(\arcsin x)^{n-1} + (n-1)I_{n-2})$, 因而

$$I_n = x\arcsin x + n\sqrt{1-x^2}(\arcsin x)^{n-1} - n(n-1)I_{n-2},$$

其中 $I_0 = x + C$, $I_1 = x\arcsin x + \sqrt{1-x^2} + C$.

例 4　计算 $I_n = \int \dfrac{1}{x^n\sqrt{1+x^2}}\mathrm{d}x$.

结构分析　指标 n 在幂位置上, 需要通过求导实现降幂或升幂, 因此, 必须将另一个因子化为导因子.

解　由于

$$I_n = \int \left(\sqrt{1+x^2}\right)' \frac{1}{x^{n+1}}\mathrm{d}x = \frac{\sqrt{1+x^2}}{x^{n+1}} + (n+1)\int \frac{\sqrt{1+x^2}}{x^{n+2}}\mathrm{d}x,$$

为了得到递推公式, 需要将后面的积分结构向 I_n 的结构进行转化, 可以利用形式统一的方法进行, 即

$$\int \frac{\sqrt{1+x^2}}{x^{n+2}}\mathrm{d}x = \int \frac{1+x^2}{x^{n+2}\sqrt{1+x^2}}\mathrm{d}x = I_{n+2} + I_n,$$

故

$$I_n = \frac{\sqrt{1+x^2}}{x^{n+1}} + (n+1)(I_{n+2} + I_n),$$

因而,

$$I_{n+2} = -\frac{\sqrt{1+x^2}}{x^{n+1}} - \frac{n}{n+1}I_n,$$

其中 $I_0 = \ln(x + \sqrt{1+x^2}) + C,$

$$I_1 = \int \frac{1}{x\sqrt{1+x^2}}\mathrm{d}x = \frac{1}{2}\int \frac{1}{x^2\sqrt{1+x^2}}\mathrm{d}x^2 = \ln\frac{|x|}{1+\sqrt{1+x^2}} + C.$$

例 5 计算 $I_n = \int \frac{\sin nx}{\sin x}\mathrm{d}x.$

结构分析 与前面题目的差别在于指标 n 出现的位置不同; 由于指标 n 出现在系数位置, 不能通过求导降标, 采用形式统一的思想, 利用三角函数的关系式实现降标处理.

解 由于

$$\begin{aligned}
I_n &= \int \frac{\sin((n-1)+1)x}{\sin x}\mathrm{d}x \\
&= \int \frac{\sin(n-1)x\cos x + \cos(n-1)x\sin x}{\sin x}\mathrm{d}x \\
&= \int \frac{\sin(n-1)x\cos x}{\sin x}\mathrm{d}x + \int \cos(n-1)x\mathrm{d}x \\
&= \frac{\sin(n-1)x}{n-1} + \int \frac{\sin(n-1)x\cos x}{\sin x}\mathrm{d}x,
\end{aligned}$$

对第二项, 由于结构的特点, 仍然不需要采用分部积分法, 可以继续利用上述的递推思想, 利用三角函数关系式将 $\cos x$ 转化为 $\sin x$, 即

$$\begin{aligned}
I_n &= \frac{\sin(n-1)x}{n-1} + \int \frac{\sin[(n-2)+1]x\cos x}{\sin x}\mathrm{d}x \\
&= \frac{\sin(n-1)x}{n-1} + \int \frac{[\sin(n-2)x\cos x + \cos(n-2)x\sin x]\cos x}{\sin x}\mathrm{d}x \\
&= \frac{\sin(n-1)x}{n-1} + \int \frac{\sin(n-2)x\cos^2 x}{\sin x}\mathrm{d}x + \int \cos(n-2)x\cos x\mathrm{d}x \\
&= \frac{\sin(n-1)x}{n-1} + \int \frac{\sin(n-2)x\left(1-\sin^2 x\right)}{\sin x}\mathrm{d}x + \int \cos(n-2)x\cos x\mathrm{d}x
\end{aligned}$$

$$= \frac{\sin(n-1)x}{n-1} + I_{n-2} + \int [\cos(n-2)x \cos x - \sin(n-2)x \sin x] \mathrm{d}x$$

$$= \frac{\sin(n-1)x}{n-1} + I_{n-2} + \int \cos(n-1)x \mathrm{d}x$$

$$= \frac{2\sin(n-1)x}{n-1} + I_{n-2}, \quad n = 2, 3, \cdots,$$

其中 $I_0 = C, I_1 = x + C$.

三、　简单小结

本讲我们对含 n 的不定积分的计算进行了介绍, 其计算方法的设计围绕指标 n 展开, 因此, 根据指标所处的位置不同, 采用不同的处理思想, 使得我们能在掌握这些思想方法后, 比较容易实现题目的计算.

第35讲 不定积分计算的主次分析法

前面几讲, 我们对不定积分计算的主要方法进行了介绍, 各种方法都具有针对性, 都具有较为明确的作用对象的特征, 掌握这些方法可以从常规上解决大多类型的不定积分的计算问题, 对更复杂的题目, 需要从多角度分析以确定具体的解题思路, 设计具体的计算方法, 本讲我们对更复杂的题目进行分析, 讲解主次分析法及其应用.

一、 主次分析法

我们已经学习了求导和求积的两种高等运算, 从定量运算法则看, 导数有四则运算法则, 求积只有线性运算法则, 表明不定积分的计算要比导数的计算复杂, 虽然我们逐渐建立了不定积分的换元法和分部积分法, 解决了常规类型的不定积分的计算, 对更复杂的题目还需要利用结构分析, 从结构入手确立解题思路和方法.

不定积分计算的思想方法的设计基于结构中的关系的分析, 包括凑微分法、换元法和分部积分法, 都是基于各因子间对应的不同关系选择对应的方法, 只是此时因子间的关系相对简单, 易于发现, 易于由此确立对应的方法; 对更复杂的结构, 各因子间的关系深度耦合, 关系更加复杂, 此时, 不易直接通过因子的表面关系形成对应的解题思路与方法, 必须从更多的角度, 更深的深度挖掘各种关系, 选择合适的关系形成对应的解题思路方法, 我们把这种解题思想方法抽象为主次分析的思想方法, 即分析结构中的组成因子, 确定复杂因子或困难因子, 挖掘此因子的各种关系, 利用这些关系确定解题思路方法.

主次分析法的理论基础是矛盾分析法; 任何问题的解决都必须进行矛盾分析, 分析主要矛盾和次要矛盾, 抓住问题的主要矛盾, 以主要矛盾的解决为突破形成对问题的解决.

二、 应用举例

例 1 计算 $I = \displaystyle\int \frac{x+1}{x(1+x\mathrm{e}^x)}\mathrm{d}x$.

结构分析 被积函数由两类不同的因子组成, 由于因子的深度耦合, 不能通过直接求导消去其中一类因子. 为此, 我们进行深度结构分析: 被积函数总体上由两个因子 $x, x\mathrm{e}^x$ 组成, 也可以更加详细地分为四个因子; 复杂因子为 $x\mathrm{e}^x$, 由两个不同结构的因子耦合在一起, 各角度挖掘关系, 没有明显的初等代数关系, 考虑微分关系, 则 $(xe^x)' = (1+x)e^x$, 类比结构中的各个因子, 都与其有各种不同的关系, 方法的设计围绕这些关系展开, 即将形式统一到此因子及其导因子的结构上.

解　由于 $(xe^x)' = (1+x)e^x$, 则

$$I = \int \frac{(x+1)e^x}{xe^x(1+xe^x)}\mathrm{d}x = \int \frac{\mathrm{d}(xe^x)}{xe^x(1+xe^x)}$$

$$= \int \left[\frac{1}{xe^x} - \frac{1}{1+xe^x}\right]\mathrm{d}(xe^x) = \ln\frac{xe^x}{1+xe^x} + C.$$

抽象总结　通过题目的求解, 我们领会主次分析法的应用思想, 即通过分析结构, 分解出结构的组成因子, 确定复杂因子或困难因子, 挖掘困难因子与其他因子的关系, 特别注意微分关系, 利用这些关系设计具体的求解思路与方法.

例 2　计算 $I = \displaystyle\int \frac{\cos^2 x - \sin x}{\cos x(e + e^{\sin x}\cos x)}\mathrm{d}x.$

结构分析　不同结构的因子深度耦合, 不能通过求导改变或消去, 采用主次分析法, 不同形式的因子有多个, 耦合在一起的复杂因子是 $e^{\sin x}\cos x$, 其微分形式为 $(e^{\sin x}\cos x)' = e^{\sin x}(\cos^2 x - \sin x)$. 具体方法的设计围绕着复杂因子及其微分形式展开, 利用形式统一的思想方法将其他因子都统一到复杂因子及其微分形式上.

解　由于 $(e^{\sin x}\cos x)' = e^{\sin x}(\cos^2 x - \sin x)$, 则

$$I = \int \frac{(\cos^2 x - \sin x)e^{\sin x}}{e^{\sin x}\cos x(e + e^{\sin x}\cos x)}\mathrm{d}x$$

$$= \int \frac{\mathrm{d}(e^{\sin x}\cos x)}{e^{\sin x}\cos x(e + e^{\sin x}\cos x)}$$

$$= \frac{1}{e}\int \left[\frac{1}{e^{\sin x}\cos x} - \frac{1}{(e + e^{\sin x}\cos x)}\right]\mathrm{d}(e^{\sin x}\cos x)$$

$$= \frac{1}{e}\ln\left|\frac{e^{\sin x}\cos x}{e + e^{\sin x}\cos x}\right| + C.$$

抽象总结　上述两个题目结构的本质是相同的, 最终都归化为其简单的模型 $\displaystyle\int \frac{\mathrm{d}t}{t(1+t)}$, 由此反推得到题目设计的思想方法: 在构造或设计复杂题目时, 通常从简单题目入手, 将某些因子复杂化, 形成新的题目, 如例 1 和例 2 就是在简单模型中, 将简单因子 t 进行了复杂化, 即令 $t = xe^x$ 得到例 1, 令 $t = e^{\sin x}\cos x$ 得到例 2, 而解题的思路与其相反, 找出复杂因子将其简单化, 因此, 我们不仅要学会解题, 还需要掌握一些设计题目的技术.

例 3　计算 $I = \displaystyle\int \frac{x^2}{(x\sin x + \cos x)^2}\mathrm{d}x$.

结构分析　被积函数由不同结构的因子组成, 如果详细拆分, 因子有 x^2, $x\sin x, \cos x$, 组合因子有 $x\sin x + \cos x$ 和 $(x\sin x + \cos x)^2$, 复杂因子的选择可以从简单的耦合因子 $x\sin x$ 到组合因子 $x\sin x + \cos x$ 和 $(x\sin x + \cos x)^2$ 逐次选择, 通过考察它们及其微分形式与其他因子的关系, 以确定因子的正确选择. 本题重要因子的微分形式为

$$(x\sin x)' = \sin x + x\cos x,$$

$$(x\sin x + \cos x)' = x\cos x,$$

$$((x\sin x + \cos x)^2)' = 2(x\sin x + \cos x)x\cos x.$$

注意到分子的结构, 选择 $x\sin x + \cos x$ 为复杂因子更适当. 一方面, 更容易建立与分子的联系, 这是主要因素; 另一方面其本身的形式也不是最复杂的. 确定了复杂因子后, 还是需要利用形式统一的方法将其与其他因子进行联系.

解　由于 $(x\sin x + \cos x)' = x\cos x$, 则

$$
\begin{aligned}
I &= \int \frac{x}{\cos x}\frac{x\cos x}{(x\sin x + \cos x)^2}\mathrm{d}x \\
&= -\int \frac{x}{\cos x}\left(\frac{1}{x\sin x + \cos x}\right)'\mathrm{d}x \\
&= -\frac{x}{\cos x}\frac{1}{x\sin x + \cos x} + \int \left(\frac{x}{\cos x}\right)'\frac{1}{x\sin x + \cos x}\mathrm{d}x \\
&= -\frac{x}{\cos x(x\sin x + \cos x)} + \int \frac{1}{\cos^2 x}\mathrm{d}x \\
&= -\frac{x}{\cos x(x\sin x + \cos x)} + \tan x + C.
\end{aligned}
$$

例 4　计算 $I = \displaystyle\int \frac{1 + x\cos x - x^2\sin x}{x^2\mathrm{e}^{2x\cos x} + 1}\mathrm{e}^{x\cos x}\mathrm{d}x$.

结构分析　结构中涉及的因子有 $x\cos x$, $x^2\sin x$, $\mathrm{e}^{x\cos x}$, $x\mathrm{e}^{x\cos x}$ 和 $(x\mathrm{e}^{x\cos x})^2$, 都是耦合因子, 耦合度越来越高, 越来越复杂, 考虑到后两个因子的关系, 可以选择 $x\mathrm{e}^{x\cos x}$ 为复杂因子, 考察其微分:

$$(x\mathrm{e}^{x\cos x})' = \mathrm{e}^{x\cos x}(1 + x\cos x - x^2\sin x),$$

至此, 因子间的关系已经挖掘出来, 形成有效的解题方法了.

解　由于 $(xe^{x\cos x})' = e^{x\cos x}(1 + x\cos x - x^2\sin x)$，

$$I = \int \frac{1}{x^2 e^{2x\cos x} + 1} \mathrm{d}(xe^{x\cos x}) = \arctan(xe^{x\cos x}) + C.$$

对一些相对简单的、不具耦合结构的不定积分的计算有时利用主次分析法会更简单些.

例 5　计算 $I = \int \frac{x^2}{x^2 - 1} \ln \frac{x-1}{x+1} \mathrm{d}x$.

结构分析　被积函数由两类不同结构的因子组成, 可以利用分部积分法通过导数转移到对数函数上, 实现结构简化, 完成计算. 我们利用主次分析法计算可能更简单, 此时, 复杂因子为 $\ln \frac{x-1}{x+1}$, 其微分 $\left(\ln \frac{x-1}{x+1}\right)' = \frac{2}{x^2 - 1}$, 由此可以设计计算方法, 当然, 随时注意初等的结构简化.

解　先简化结构, 向复杂因子进行形式统一, 则

$$
\begin{aligned}
I &= \int \left(1 + \frac{1}{x^2 - 1}\right) \ln \frac{x-1}{x+1} \mathrm{d}x \\
&= \int (\ln(x-1) - \ln(x+1))\mathrm{d}x + \frac{1}{2} \int \left(\ln \frac{x-1}{x+1}\right)' \ln \frac{x-1}{x+1} \mathrm{d}x \\
&= (x-1)\ln(x-1) - (x+1)\ln(x+1) + \frac{1}{2} \ln^2 \frac{x-1}{x+1} + C.
\end{aligned}
$$

三、简单小结

在本讲中, 我们对主次分析法进行了简单的介绍, 主次分析法是矛盾分析法的具体应用, 矛盾论是我们在中学学习过的分析问题、解决问题的一般性理论, 将学习过的科学研究的一般理论应用于教学实践也是我们必须要掌握的教学技能.

第36讲 三角函数的不定积分的计算方法

被积函数为三角函数的不定积分也是一类重要的不定积分, 由于其结构的特殊性, 这类不定积分的计算并不容易, 需要利用特殊的三角函数的性质完成计算, 本讲我们对三角函数的不定积分计算中的思想方法进行简单介绍.

三角函数的不定积分较为特殊, 虽然对三角函数有理式的不定积分都可以利用万能代换公式解决, 一般性的理论都具有普适性, 作用对象的范围广, 针对性差, 因此, 计算方法和过程一般不是最简的; 事实上, 我们所遇到的三角函数的不定积分大多都具有自身的结构特点, 根据其结构特点设计的方法通常具有针对性和最简性.

一般来说, 不定积分计算方法的设计通常基于被积函数的结构, 结构分析的重点是挖掘因子间的各种关系, 主次分析法中, 我们利用复杂因子及其微分关系设计了解题方法, 在三角函数的不定积分中, 我们需要利用丰富的三角函数关系式 (包括微分关系式) 设计计算方法, 下面, 我们通过具体的例子说明这一思想方法的应用.

例 1 计算 $I = \displaystyle\int \frac{\sin x \cos x}{\sin x + \cos x} \mathrm{d}x$.

结构分析 三角函数的不定积分, 充分利用三角函数关系式设计计算方法. 由于具体的结构是有理分式结构, 分母是两项和, 初等简化的思想是 "合二为一", 但是, 注意到变量 x 的位置, 要保持在所有三角函数因子中的一致性, 这可以利用三角函数性质 (关系式) 来完成, 由此形成对应的方法. 当然, 也可以利用三角函数的性质, 以消去分母达到简化分式, 形成另外的解法.

解 法一

$$
\begin{aligned}
I &= \frac{1}{2} \int \frac{(\sin x + \cos x)^2 - 1}{\sin x + \cos x} \mathrm{d}x \\
&= \frac{1}{2} \int (\sin x + \cos x) \mathrm{d}x - \frac{1}{2} \int \frac{1}{\sin x + \cos x} \mathrm{d}x \\
&= \frac{1}{2} \int (\sin x + \cos x) \mathrm{d}x - \frac{\sqrt{2}}{4} \int \frac{1}{\sin \left(x + \frac{\pi}{4} \right)} \mathrm{d}x \\
&= \frac{1}{2} (\sin x - \cos x) - \frac{\sqrt{2}}{8} \ln \left| \frac{\cos \left(x + \frac{\pi}{4} \right) - 1}{\cos \left(x + \frac{\pi}{4} \right) + 1} \right| + C.
\end{aligned}
$$

法二

$$I = \int \frac{\sin x \cos x(\sin x - \cos x)}{\sin^2 x - \cos^2 x}\mathrm{d}x$$

$$= \int \frac{\sin^2 x\,\mathrm{d}\sin x}{2\sin^2 x - 1}\mathrm{d}x + \int \frac{\cos^2 x\,\mathrm{d}(\cos x)}{1 - 2\cos^2 x},$$

至此, 将其转化为有理式的不定积分 $\displaystyle\int \frac{t^2}{t^2-1}\mathrm{d}t$, 我们略去后面的计算.

注　在上述方法中, 不建议用倍角公式将分母 "合二为一", 因为此时产生因子 $\cos 2x$, $2x$ 与其他因子中的 x 不一致, 不易建立不同因子间的关系.

法三

$$I = \frac{\sqrt{2}}{2} \int \frac{\sin\left(x + \frac{\pi}{4} - \frac{\pi}{4}\right)\cos\left(x + \frac{\pi}{4} - \frac{\pi}{4}\right)}{\sin\left(x + \frac{\pi}{4}\right)}\mathrm{d}x$$

$$= \frac{\sqrt{2}}{4} \int \frac{\sin^2\left(x + \frac{\pi}{4}\right) - \cos^2\left(x + \frac{\pi}{4}\right)}{\sin\left(x + \frac{\pi}{4}\right)}\mathrm{d}x$$

$$= \frac{\sqrt{2}}{4} \int \frac{2\sin^2\left(x + \frac{\pi}{4}\right) - 1}{\sin\left(x + \frac{\pi}{4}\right)}\mathrm{d}x$$

$$= \frac{\sqrt{2}}{2} \int \sin\left(x + \frac{\pi}{4}\right)\mathrm{d}x - \frac{\sqrt{2}}{4} \int \frac{1}{\sin\left(x + \frac{\pi}{4}\right)}\mathrm{d}x$$

$$= -\frac{\sqrt{2}}{2}\cos\left(x + \frac{\pi}{4}\right) - \frac{\sqrt{2}}{4}\ln\left|\frac{\cos\left(x + \frac{\pi}{4}\right) - 1}{\cos\left(x + \frac{\pi}{4}\right) + 1}\right| + C.$$

抽象总结　三角函数的关系式很多, 利用不同的关系式可以得到不同的解题方法, 方法不同对应的解题过程的难易程度也不同, 这是三角函数不定积分求解的特点之一, 因此, 要多角度考虑, 围绕结构简化选择合适的关系式, 形成最简单的解题方法.

例 2　计算 $I = \displaystyle\int \frac{\sin x + \cos x}{\sin x + 2\cos x}\mathrm{d}x$.

结构分析　三角函数有理式的不定积分, 结构特点是分子、分母具有相同的结构, 都是正弦和余弦因子的线性组合, 这些因子还有一个结构特点: 其与其导因子可以相互转化, 即这种组合的导数保持相同的结构, 因此, 可以由此将分子按照分母及其导数形式进行分解, 实现结构简化, 形成对应的方法.

解 由于 $(\sin x + 2\cos x)' = \cos x - 2\sin x$, 设

$$\sin x + \cos x = A(\sin x + 2\cos x) + B(\cos x - 2\sin x),$$

则 $A = \dfrac{3}{5}, B = -\dfrac{1}{5}$, 因而,

$$I = \int \left[\frac{3}{5} - \frac{(\sin x + 2\cos x)'}{\sin x + 2\cos x} \right] \mathrm{d}x = \frac{3}{5}x - \frac{1}{5}\ln|\sin x + 2\cos x| + C.$$

抽象总结 对此题, 我们充分利用三角函数的导数关系式设计了简单的计算方法.

例 3 计算 $I = \displaystyle\int \frac{\cos x - \sin x}{1 + \sin x \cos x}\mathrm{d}x$.

解

$$I = \int \frac{1}{1 + \sin x \cos x}\mathrm{d}(\sin x + \cos x)$$

$$= 2\int \frac{1}{1 + (1 + 2\sin x \cos x)}\mathrm{d}(\sin x + \cos x)$$

$$= 2\int \frac{1}{1 + (\sin x + \cos x)^2}\mathrm{d}(\sin x + \cos x)$$

$$= 2\arctan(\sin x + \cos x) + C.$$

一般来说, 由于三角函数的关系式较多, 三角函数有理式的不定积分计算不太容易, 特别是设计一个最简单的方法更不容易, 我们必须挖掘结构特点, 从多角度分析因子间的联系, 确定相对简单的解题方法.

第**37**讲　定积分定义中的数学思想方法

在第 1 讲中, 我们对微分学和积分学中的数学思想进行了介绍, 本讲我们通过对定积分定义进行再分析, 挖掘定义过程中所隐藏的数学应用思想.

定积分概念源于人类的实践活动, 是对实践活动中分析问题、解决问题所采用的思想方法的高度抽象与总结, 在教材中, 我们以几何中的平面封闭图形的面积的计算问题和物理学中物体沿直线运动的做功问题的求解为例, 基于当时的已知理论和人类的认知规律, 给出了对应的求解, 由此, 进一步抽象出定积分的定义.

定义 1　设 $f(x)$ 定义在区间 $[a,b]$ 上, 对 $[a,b]$ 任意的分割 $T : a = x_0 < x_1 < \cdots < x_n = b$, 记 $\Delta x_i = x_i - x_{i-1}$, $i = 1, 2, \cdots, n$, $\lambda(T) = \max\limits_{1 \leqslant i \leqslant n} \Delta x_i$ 为分割细度, 任取 $\xi_i \in [x_{i-1}, x_i]$, 作和式 $\sum\limits_{i=1}^{n} f(\xi_i)\Delta x_i$, 若 $\lim\limits_{\lambda(T) \to 0} \sum\limits_{i=1}^{n} f(\xi_i)\Delta x_i$ 存在且其极限值不依赖于分割 T 和点 ξ_i 的选取, 称 $f(x)$ 在 $[a,b]$ 上可积, 极限值称为 $f(x)$ 在 $[a,b]$ 上的定积分, 记为 $\int_a^b f(x)\mathrm{d}x$, 即

$$\int_a^b f(x)\mathrm{d}x = \lim_{\lambda(T) \to 0} \sum_{i=1}^{n} f(\xi_i)\Delta x_i.$$

定积分的定义是整个教材中最复杂、最难的定义, 涉及的过程量比较多, 也由此隐藏了定义中的数学思想, 因此, 为挖掘定义中的数学思想, 我们对定义的内涵和定义的过程进行分析.

定义的过程可以分为四步: 分割、局部近似、求和、取极限. 我们对上述四个阶段进行分析, 挖掘每个步骤中蕴藏的思想内涵.

(1) 分割. 定积分定义中的第一步是分割, 采用这样的技术手段源于背景问题的整体属性, 即无论是几何中的面积问题, 还是物理学中的做功问题, 所求的量都是整体量, 满足可加性, 因此, 分割后, 若能计算出每个小分割区间上对应的量, 将其累加求和, 就可以得到整个区间上对应的量; 由此决定了定积分 $\int_a^b f(x)\mathrm{d}x$ 具有整体量的属性, 是一个整体概念, 因此, 只能定义函数 $f(x)$ 定义在区间 $[a,b]$

上的可积性, 而不能定义函数在某一点的可积性. 故分割中蕴含了定积分的整体属性, 隐藏了对整体量的处理思想方法; 当然, 这还只是表面现象, 分割还隐藏着更深刻的数学工程应用的思想, 即数学应用中的近似思想, 我们将在下面继续讨论.

(2) 局部近似. 分割之后, 问题求解的难点聚焦于局部的求解, 当然, 此时应该没有已知的直接用于求解的理论, 当现有的理论和技术不能实现准确求解时, 基于人类的认知规律和应用实践, 需要从近似的角度考虑问题的求解. 近似是非常重要的数学在工程中的应用思想, 虽然数学是 "最准确的科学", 但是, 随着社会的发展进步, 待求解的模型通常是越来越复杂的非线性模型, 实现精确的求解是不可能的, 因此, 通常需要进行离散化处理, 转化为近似的线性模型, 求其数值解, 数值解就是一种近似解, 因此, 从模型的线性化处理到数值解的计算, 处处都体现近似的处理思想. 将计算的结果运用到实践中时, 受制于工程技术和工艺水平的限制, 也都是近似结果, 如制作理论长度为 2 米的钢管, 在不同的工艺下, 制作出来的钢管长度都不是科学意义下的 2 米, 都有误差; 又如由于 π 是无理数, 所有涉及圆面积、球体积的应用都是近似的; 常说的 "严丝合缝" 就是近似的通俗表达, 因此, 近似是工程应用的重要思想, 当然, 近似的应用不能否定科学上的准确的意义. 因此, 对整体量进行分割之后, 在局部的小区间上进行近似计算体现了数学应用的思想.

继续分析具体的近似方法. 为计算小区间 $[x_{i-1}, x_i]$ 上对应的量, 取 $\xi_i \in [x_{i-1}, x_i]$, 以 $f(\xi_i)$ 为 $f(x)$ 在小区间上的近似, 对应的计算量为 $f(\xi_i)\Delta x_i$, 从几何意义讲, 是用直边近似代替曲边, 以矩形面积近似曲边梯形的面积, 这也是通常所讲的定积分的 "以直代曲" 的思想; 从现代分析学的角度, 这里的 "以直代曲" 的思想实际是线性化思想, 即用线性量 (常数 $f(\xi_i)$) 近似代替非线性量 (函数 $f(x)$), 因此, 抽象到现代分析学的高度, 具体的 "以直代曲" 的近似方法就是非线性问题的线性化近似方法, 现在已经抽象为处理非线性问题的重要的思想方法. 因此, 在定积分定义中的局部近似方法既体现了数学应用中的近似思想, 又体现了现代分析学中非线性问题的线性化处理的思想方法.

(3) 求和. 将每个小区间上的量进行累加求和就得到整个区间上分布的量, 这正是整体量的特征, 定积分中对整体量的先分再合的处理的思想方法也正是 "积分" 二字的含义.

(4) 取极限. 通过取极限实现了结果由近似向准确的转化, 体现了极限工具的重大的理论意义, 也正是极限理论的创建, 奠定了近代数学的理论基础, 使得数学理论得以丰富发展, 形成现在庞大的现代数学体系. 因此, 极限的意义在于其非常重要的理论意义, 没有极限, 数学理论就没得不到完善发展, 形成不了现代的数学体系. 极限还体现了数学理论的严谨、准确的学科特征, 正是由于数学的这些特征, 也是数学工作者追求严谨、准确的科学精神, 使得数学理论成为整个科学和技术理论的推动者, 推动整个科学技术的进步, 推动社会的发展.

从上述分析可知, 正是在定义过程中隐藏了丰富的数学思想方法, 使得定积分的定义成为最困难、最复杂的定义.

第38讲 定积分定义的结构分析方法

定积分概念是微积分的核心概念, 其重要性是不言而喻的, 因此, 对此概念的要求也高, 但是, 由于概念本身的结构复杂性, 此概念、关于此概念的应用都是最难的. 本讲我们从结构分析的角度, 对概念及其应用进行解读.

一、 定积分概念的结构分析

定义 1 设 $f(x)$ 定义在区间 $[a,b]$ 上, 对 $[a,b]$ 任意的分割 $T : a = x_0 < x_1 < \cdots < x_n = b$, 记 $\Delta x_i = x_i - x_{i-1}, i = 1, 2, \cdots, n, \lambda(T) = \max\limits_{1 \leqslant i \leqslant n} \Delta x_i$, 为分割细度, 任取 $\xi_i \in [x_{i-1}, x_i]$, 作和式 $\sum\limits_{i=1}^{n} f(\xi_i) \Delta x_i$, 若 $\lim\limits_{x(T) \to 0} \sum\limits_{i=1}^{n} f(\xi_i) \Delta x_i$ 存在且其极限值不依赖于分割 T 和点 ξ_i 的选取, 则称 $f(x)$ 在 $[a,b]$ 上可积, 极限值称为 $f(x)$ 在 $[a,b]$ 上的定积分, 记为 $\int_a^b f(x)\mathrm{d}x$, 即

$$\int_a^b f(x)\mathrm{d}x = \lim_{\lambda(T) \to 0} \sum_{i=1}^{n} f(\xi_i) \Delta x_i.$$

这是一般教材中给出的定积分的定义, 大多教材也对定义进行了解读, 我们从结构角度对概念中的重难点进行分析.

结构分析 (1) 从定量角度看, 定积分是一个特殊的数列极限, 数列结构是有限不定和结构, 极限变量 $\lambda(T)$ 看似与数列结构中各因素无关, 实际由分割变量 n 和分割方式决定, 这种看似无关的关系使得定义的结构更加复杂.

(2) 从应用的角度看, 定义中的两个任意性 (分割的任意性、ξ_i 点选择的任意性) 为应用定义验证肯定性结论带来很大的困难, 因为我们不可能去一一验证, 这是一个无限的过程. 但是, 从另一个角度, 又带来两个应用便利: 其一, 应用两个任意性在验证否定性结论时, 相对简单, 此时, 只需找到两个不同的分割或选择不同的 ξ_i, 使得对应的极限不同就可以得到否定性结论; 其二, 在已知定性的可积性时, 为定量计算定积分带来很大的方便, 此时, 只需选择特殊的分割、特殊的 ξ_i, 使得对应的极限容易计算即可.

(3) 从结构上类比, 定积分的概念给出了有限不定和极限计算的新工具.

二、定义的应用

1. 可积性的定性分析

定义是底层的工具, 只能作用于简单的对象, 如同上面的分析, 更多地用定义验证否定性结论, 通常采用具体的举反例的方法.

例 1　用定义讨论 $f(x) = \begin{cases} x, & x \text{ 为有理数}, \\ 0, & x \text{ 为无理数} \end{cases}$　在 $[0,1]$ 上的可积性.

结构分析　具体函数的可积性讨论, 明确了思路是定义的应用; 由于定义底层工具的局限性, 通常用于处理否定性, 由此明确要验证的结论, 解决了验证的方向性问题; 具体方法的设计就是举反例, 即利用定义中的两个任意性, 通过两个不同的取点方式验证否定性结论.

解　对任意的 n, 作 $[0,1]$ 的 n 等分分割 T, 分点 $x_i = \dfrac{i}{n}, i = 0, 1, 2, \cdots, n$.

若取 $\xi_i \in [x_{i-1}, x_i]$ 为无理数, 则 $\displaystyle\sum_{i=1}^{n} f(\xi_i)\Delta x_i = 0$; 若取 $\xi_i = \dfrac{i}{n}, i = 1, 2, \cdots, n$,

则 $\displaystyle\sum_{i=1}^{n} f(\xi_i)\Delta x_i = \sum_{i=1}^{n} \dfrac{i}{n^2} \to \dfrac{1}{2} \neq 0$, 故 $f(x)$ 在 $[0,1]$ 上不可积.

上述用定义证明不可积的方法本质上是举反例法, 当然, 学习过定积分的计算后, 在计算某些有限不定和的极限时可以利用定积分计算的结论来完成.

例 2　用定义讨论 $f(x) = \begin{cases} x\left(\dfrac{2}{3} - x\right), & x \text{ 为有理数}, \\ 0, & x \text{ 为无理数} \end{cases}$　在 $[0,1]$ 上的可积性.

结构分析　和例 1 类似, 应该是否定性结论的验证, 仍是举反例的方法. 与例 1 不同的是: 根据定积分的计算, 由于 $\displaystyle\int_0^1 x\left(\dfrac{2}{3} - x\right)\mathrm{d}x = 0$, 因而, 例 1 中整体举反例的方法不再适用, 我们必须构造出一个极限不为 0 的有限不定和, 由于 $\displaystyle\int_0^c x\left(\dfrac{2}{3} - x\right)\mathrm{d}x > 0, \forall c \in (0,1)$, 因此, 可以采用分段取点的方法.

解　对 $[0,1]$ 作 $2n$ 等分分割 T, 分点 $x_i = \dfrac{i}{2n}, i = 0, 1, 2, \cdots, 2n$, 若取 $\xi_i \in [x_{i-1}, x_i]$ 为无理数, 则 $\displaystyle\sum_{i=1}^{2n} f(\xi_i)\Delta x_i = 0$.

若取 $\xi_i = \begin{cases} \dfrac{i}{n}, & i = 1, 2, \cdots, n, \\ \text{无理数}, & i = n+1, \cdots, 2n, \end{cases}$　则

$$\sum_{i=1}^{2n} f(\xi_i)\Delta x_i = \sum_{i=1}^{n} \frac{i}{2n}\left(\frac{2}{3}-\frac{i}{2n}\right)\frac{1}{2n} \to \frac{1}{24} \neq 0,$$

故 $f(x)$ 在 $[0,1]$ 上不可积.

注　上述计算中可以利用定积分计算为辅助结果, 即由于 $f(x) = x\left(\frac{2}{3}-x\right)$ 在 $[0,1]$ 可积且 $\int_0^{\frac{1}{2}} x\left(\frac{2}{3}-x\right)\mathrm{d}x = \frac{1}{24}$, 则必有

$$\sum_{i=1}^{2n} f(\xi_i)\Delta x_i = \sum_{i=1}^{n} \frac{i}{2n}\left(\frac{2}{3}-\frac{i}{2n}\right)\frac{1}{2n} \to \int_0^{\frac{1}{2}} x\left(\frac{2}{3}-x\right)\mathrm{d}x = \frac{1}{24} \neq 0,$$

因此, 充分利用已知理论解决问题是必须要掌握的技能.

例 3　假设 $f(x) = x$ 在 $[0,1]$ 可积, 计算 $\int_0^1 f(x)\mathrm{d}x$.

结构分析　这是在仅仅知道定义的条件下完成定积分的计算, 必须将其转化为有限不定和的极限, 因此, 必须使得有限不定和能够计算, 这就需要特殊的分割、特殊的取点.

解　由于 $f(x)$ 在 $[0,1]$ 上可积, 作 n 等分分割, 取 $\xi_i = \frac{i}{n}, i = 1, 2, \cdots, n$, 由定义, 则

$$\int_0^1 f(x)\mathrm{d}x = \lim_{n\to+\infty} \sum_{i=1}^{n} \frac{i}{n^2} = \lim_{n\to+\infty} \frac{n(n+1)}{2n^2} = \frac{1}{2}.$$

抽象总结　通过上面几个例子可以体会定义的应用思想方法.

2. 有限不定和的极限计算

有了定积分的定义, 为有限不定和极限的计算提供了新的计算工具, 计算的理论基础就是定积分的定量定义:

$$\int_a^b f(x)\mathrm{d}x = \lim_{\lambda(T)\to 0} \sum_{i=1}^{n} f(\xi_i)\Delta x_i,$$

利用此定义将有限不定和的极限转化为定积分完成计算, 具体方法的设计主要是形式统一方法, 即向定义的标准形转化.

例 4　计算 $\lim_{n\to\infty} \frac{1}{n+10}\sum_{i=1}^{n} \mathrm{e}^{\frac{i}{n}}$.

结构分析　题型为有限不定和的极限. 类比定积分的定义, 结构中含有定积分定义中的主要因素 (分割细度、分点). 确定思路: 用定积分的定义计算. 具体

方法设计: 形式统一思想下的标准化方法, 即向定积分定义的标准形转化; 本题难点在于分点和分割细度的度量单位不一样, 分点的度量为 n, 细度的度量为 $n+10$, 用形式统一的思想将二者统一, 从二者的位置看, 将细度的度量统一到 n 更简单, 由此完成标准化的转化.

解　由定积分的定义, 则

$$\lim_{n\to\infty}\frac{1}{n+10}\sum_{i=1}^{n}\mathrm{e}^{\frac{i}{n}}=\lim_{n\to\infty}\frac{n}{n+10}\frac{1}{n}\sum_{i=1}^{n}\mathrm{e}^{\frac{i}{n}}=\int_{0}^{1}\mathrm{e}^{x}\mathrm{d}x=\mathrm{e}-1.$$

抽象总结　这是用定积分定义计算有限不定和极限的基本题目与方法, 应用过程中的难点是确定分割细度和分点, 确定分点 x_i 后, 取 $a=x_0, b=x_n$, 得到积分区间, 在和式中分离出分割细度后, 将分点 x_i 或 ξ_i 变量化为 x, 得到被积函数.

例 5　计算 $\displaystyle\lim_{n\to\infty}\sum_{i=1}^{n}\frac{\sin\dfrac{i\pi}{n}}{n+\dfrac{1}{i}}$.

结构分析　有限不定和的极限, 且有分点的要素, 因此, 类比已知, 考虑用定积分的定义; 类比已知, 无关因子是 $\dfrac{1}{i}$, 因此, 必须甩掉无关因子, 分离出细度. 由于要甩掉因子, 必须用放缩方法.

解　由于

$$\frac{1}{n+1}\sum_{i=1}^{n}\sin\frac{i\pi}{n}<\sum_{i=1}^{n}\frac{\sin\dfrac{i\pi}{n}}{n+\dfrac{1}{i}}<\frac{1}{n}\sum_{i=1}^{n}\sin\frac{i\pi}{n},$$

且

$$\lim_{n\to\infty}\frac{1}{n+1}\sum_{i=1}^{n}\sin\frac{i\pi}{n}=\lim_{n\to\infty}\frac{1}{n}\sum_{i=1}^{n}\sin\frac{i\pi}{n}=\int_{0}^{1}\sin(\pi x)\mathrm{d}x=\frac{2}{\pi},$$

故 $\displaystyle\lim_{n\to\infty}\sum_{i=1}^{n}\frac{\sin\dfrac{i\pi}{n}}{n+\dfrac{1}{i}}=\frac{2}{\pi}$.

抽象总结　将简单因子复杂化, 标准度量非标准化是题目设计常见的技术手段; 在设计利用定积分的定义计算有限不定和极限的题目时, 通常将分点和细度的指标复杂化, 对应的解题过程就是利用各种技术手段将非标准化的指标进行标准化处理.

例 6　计算 $\displaystyle\lim_{n\to\infty}\left(b^{\frac{1}{n}}-1\right)\sum_{i=0}^{n-1}b^{\frac{i}{n}}\sin b^{\frac{2i+1}{2n}}$, $b>1$.

结构分析 结构中有三个指标因子 $\frac{1}{n}, \frac{i}{n}, \frac{2i+1}{2n}$, 形式上看, $b^{\frac{1}{n}}-1$ 应该为分割细度, 但是, 这类题目中的分割都是某种形式的等分分割, 分割细度应该是分点差的结构, $b^{\frac{1}{n}}-1$ 不明显具有分点差的结构, 考虑到结构中还有相似结构的因子 $b^{\frac{i}{n}}$, 可以二者合并考虑, 因此, 我们先将其还原为一般形式:

$$(b^{\frac{1}{n}}-1)\sum_{i=0}^{n-1} b^{\frac{i}{n}} \sin b^{\frac{2i+1}{2n}} = \sum_{i=0}^{n-1} \sin b^{\frac{2i+1}{2n}}(b^{\frac{i+1}{n}}-b^{\frac{i}{n}}),$$

后者中出现了分点差的结构, 由此确定分割的分点与细度, 类比 $b^{\frac{2i+1}{2n}}$ 与分点的关系, 容易判断此点就是定义中的 ξ_i, 至此, 定义中的各要素都得以确定, 可以将其转化为定积分计算.

解 由于

$$原式 = \lim_{n\to\infty} \sum_{i=0}^{n-1} \sin b^{\frac{2i+1}{2n}} \cdot (b^{\frac{i+1}{n}}-b^{\frac{i}{n}}),$$

注意到 $b^{\frac{i}{n}} < b^{\frac{2i+1}{2n}} < b^{\frac{i+1}{n}}$, 因而,

$$原式 = \int_1^b \sin x\,\mathrm{d}x = \cos 1 - \cos b.$$

抽象总结 题目的难点在于分割形式带来分点和分割细度的结构与一般形式的不同; 本题分割不是对积分区间的等分分割, 而是对区间端点的幂指标区间 $[0,1]$ 进行的等分分割 $(1 = b^0, b = b^1)$, 由此带来题目处理的难度; 处理方法还是标准化.

三、 简单小结

定积分定义是非常重要的概念, 定义的应用, 特别是利用定义求有限不定和极限是常考的题型, 必须掌握定义的结构特征, 掌握利用形式统一的思想方法进行求解的基本要求.

第**39**讲 可积的充要条件的应用方法

可积性理论是积分理论的核心内容, 可积性讨论是积分理论的重要研究内容, 本讲我们对可积的充要条件的应用思想方法进行简单介绍.

一、 可积的充要条件的结构分析

设函数 $f(x)$ 在 $[a,b]$ 上有界, 给定分割 T

$$T : a = x_0 < x_1 < \cdots < x_n = b,$$

记 $M = \sup\limits_{x \in [a,b]} f(x), m = \inf\limits_{x \in [a,b]} f(x), M_i = \sup\limits_{x \in [x_{i-1},x_i]} f(x), m_i = \inf\limits_{x \in [x_{i-1},x_i]} f(x),$ $i = 1, 2, \cdots, n.$

设 $\overline{S}(T) = \sum\limits_{i=1}^{n} M_i \Delta x_i$ 为 Darboux 上和, $\underline{S}(T) = \sum\limits_{i=1}^{n} m_i \Delta x_i$ 为 Darboux 下和, 基于 Darboux 定理, 可以建立可积的第一充分必要条件.

定理 1 有界函数 $f(x)$ 在 $[a,b]$ 上可积的充分必要条件是

$$\lim_{\lambda(T) \to 0} \overline{S}(T) = \lim_{\lambda(T) \to 0} \underline{S}(T).$$

这是得到的第一个可积性的理论, 但是, 从形式上到内容上都决定了该定理存在很大的应用缺陷, 为了能更直接地应用已知的理论研究可积性, 对定理 1 进行简单的改进, 得到更容易使用的可积性判别理论.

记 $\omega_i = M_i - m_i = \sup\limits_{x',x'' \in [x_{i-1},x_i]} |f(x') - f(x'')|$, 称其为 $f(x)$ 在 $[x_{i-1},x_i]$ 上的振幅.

我们引入的振幅概念, 是研究可积性时的一个非常重要的概念, 从结构上, 通过振幅建立了积分和微分的联系, 因此, 我们对振幅进行结构分析.

结构分析 从表达式可知, 振幅的主体结构为 $|f(x') - f(x'')|$, 特征是函数的差值结构, 即函数在任意两点处的差值结构; 类比已知, 这种结构在微分理论中经常遇到, 如连续性、一致连续性和可微性、微分中值定理中都涉及函数的差值结构, 因此, 可以利用微分理论研究函数的振幅.

利用振幅可以给出可积性的充要条件.

定理 2 有界函数 $f(x)$ 在 $[a,b]$ 上可积的充分必要条件是 $\lim\limits_{\lambda(T)\to 0}\sum\limits_{i=1}^{n}\omega_i\Delta x_i=0.$

结构分析 (1) 从条件的结构看, 定理 2 给出了利用振幅刻画可积性的充要条件; 简而言之, 当分割很细时, 每个分割小区间上的振幅变化不大.

(2) 由于振幅的结构特征, 通过振幅, 利用定理 2 建立了微分和积分间的联系, 从而, 可以利用已经掌握的微分学理论讨论可积性, 这正是定理 2 的作用.

(3) 从函数的光滑性角度, 连续和可微函数具有较好的光滑性, 因此, 利用定理 2 主要研究并得到 "好" 函数的可积性, 因此, 定理 2 的作用对象是 "好" 函数.

从另一个角度, 由于定理 2 主要研究 "好" 函数的可积性, 这说明上述的刻画条件还不够深刻, 没有揭示可积的本质, 为此, 从上述结论出发, 进一步挖掘可积性的本质得到可积性的另一个充要条件.

定理 3 有界函数 $f(x)$ 在 $[a,b]$ 上可积的充分必要条件是对任意的 $\varepsilon>0$ 和 $\sigma>0$, 存在 $\delta>0$ 使得对任意的分割 T, 只要 $\lambda(T)<\delta$ 时, 就成立对应于 $\omega_i\geqslant\varepsilon$ 的那些区间的长度和满足 $\sum\limits_{\omega_i\geqslant\varepsilon}\Delta x_{i'}<\sigma.$

结构分析 定理 3 的条件从结构上将分割的小区间分为两类: "好" 的小区间上满足 $\omega_i<\varepsilon$, "坏" 的小区间上满足 $\omega_i\geqslant\varepsilon$. 因此, 定理 3 表明可积函数允许坏点存在, 但是, 坏点的 "个数" 不能太多. 事实上, 后续课程将揭示: 几乎处处连续的函数必可积. 由此揭示了可积函数的本质: 函数不连续点集是零测集. 也正是这个原因, 决定了定理 3 作用对象的特征: 用于研究 "坏" 函数的可积性, 即当题目中具有明显的 "坏" 条件, 即有间断点信息时, 一般考虑用此定理研究其可积性.

二、 应用举例

例 1 设函数 $f(x)$ 在 $[a,b]$ 上连续, 则函数 $f(x)$ 在 $[a,b]$ 上可积.

结构分析 题型是连续函数 ("好" 函数) 的可积性研究. 类比已知: 研究函数可积性的理论有定义、可积性两个充要条件, 可积性的定义是底层工具, 常用于研究简单结构函数的可积性, 对一般函数可积性的研究, 优先选择两个充要条件. 结构特点: 由于研究对象是连续的 "好" 函数, 没有坏点, 类比充要条件的作用对象特征, 确定利用定理 2 来证明, 由此确定证明的思路. 具体方法设计: 定理 2 的条件的主结构是振幅, 振幅的结构为任意函数在任意两点的差值结构. 类比已知条件, 函数的连续性是局部概念, 体现为任一点的连续性, 某一点的连续性的定义结构特征是函数的任意点与定点的两点差值结构, 两种差值结构的差别是: "两动"(两个都是任意点或动点) 和 "一动一定"(两个点中一个是任意的动点, 一个是定点) 的区别. 因此, 必须将局部连续性的 "一动一定" 转化为 "两动", 显然, 与连续性和 "两动" 关联最紧密的概念是一致连续性, 且一致连续性是整体概念, 与定积分的整体属性一致, 由此形成具体的技术路线: 连续——一致连续——可积, 沿着这条线进行具体化, 就形成了具体的方法.

证明 由于函数 $f(x)$ 在 $[a,b]$ 上连续, 则 $f(x)$ 在 $[a,b]$ 上一致连续, 因此, 对任意的 $\varepsilon > 0$, 存在 $\delta > 0$, 使得对任意的 $x', x'' \in [a,b]$ 且 $|x' - x''| < \delta$, 都有

$$|f(x') - f(x'')| < \varepsilon,$$

因此, 对任意的分割 T: $a = x_0 < x_1 < \cdots < x_n = b$, 当 $\lambda(T) < \delta$ 时, 都有 $\omega_i = \sup\limits_{x',x'' \in [x_{i-1}, x_i]} |f(x') - f(x'')| < \varepsilon$, 故

$$\sum_{i=1}^{n} \omega_i \Delta x_i < \varepsilon \sum_{i=1}^{n} \Delta x_i = (b-a)\varepsilon.$$

因而, $\lim\limits_{\lambda(T) \to 0} \sum\limits_{i=1}^{n} \omega_i \Delta x_i = 0$, 由定理 2, 则 $f(x)$ 在 $[a,b]$ 上可积.

抽象总结 (1) 本题给出了利用定理 2 研究 "好" 函数可积性的基本思路和方法, 重点和难点是振幅性质的挖掘, 一定要充分利用振幅 "两动" 的结构特征, 从条件中挖掘 "两动" 的性质;

(2) 充分注意可积性概念的整体属性, 因此, 在使用条件时, 可以从属性一致的要求上考虑方法的设计.

例 2 设非负函数 $f(x)$ 在 $[a,b]$ 上可积, 证明 $\ln(1 + f(x))$ 在 $[a,b]$ 上可积.

结构分析 题型为相关联的抽象函数可积性讨论, 或关联函数的可积性关系的讨论. 类比已知的可积性理论 (定义、两个充要条件), 从应用的难易程度类比, 仍以定理 2 为优选工具, 特别是条件中没有明显的坏点信息, 因此, 确定思路是利用定理 2 来证明. 具体方法设计: 根据定理 2 的条件结构, 主要解决振幅关系问题, 振幅的结构是任意两点的差值结构, 类比已知, 在已知的微分理论中, 微分中值定理是研究函数在任意两点的差值结构的常用工具, 由此, 确定具体方法设计的思路是利用中值定理, 将 $\ln(1 + f(x))$ 的差值结构转化为 $f(x)$ 的差值结构, 从而建立二者的振幅关系, 实现已知和未知的联系, 达到用已知控制未知的目的. 具体方法就是上述思路的具体化.

证明 根据微分中值定理, 则对任意的 $x', x'' \in [a,b]$, 有

$$|\ln(1 + f(x')) - \ln(1 + f(x''))| = \frac{1}{1+\xi}|f(x') - f(x'')|$$

$$< |f(x') - f(x'')|,$$

其中 ξ 介于 $f(x'), (x'')$ 之间, 因此

$$\omega_{[a,b]}^{\ln(1+f(x))} < \omega_{[a,b]}^{f(x)},$$

其中 $\omega_{[a,b]}^{h(x)}$ 表示 $h(x)$ 在 $[a,b]$ 上的振幅.

对任意分割 $T: a = x_0 < x_1 < \cdots < x_n = b$, 由于 $f(x)$ 在 $[a,b]$ 上可积, 由定理 2, 则

$$\lim_{\lambda(T) \to 0} \sum_{i=1}^{n} \omega_{[x_{i-1}, x_i]}^{f(x)} \Delta x_i = 0,$$

利用上述振幅关系, 有 $\omega_{[x_{i-1}, x_i]}^{\ln(1+f(x))} < \omega_{[x_{i-1}, x_i]}^{f(x)}$, 故

$$\lim_{\lambda(T) \to 0} \sum_{i=1}^{n} \omega_{[x_{i-1}, x_i]}^{\ln(1+f(x))} \Delta x_i = 0,$$

再次利用定理 2, 则 $\ln(1 + f(x))$ 在 $[a,b]$ 上可积.

抽象总结 (1) 上述证明过程体现了关联函数可积性关系讨论的基本思路与方法, 其核心问题是振幅关系的讨论, 本质是函数差值结构的处理, 对应的难点是关联函数的差值关系的讨论; 当然, 在不同的条件下, 难点解决的工具和具体方法不同, 本题中给出的是可微条件, 因此, 我们选择利用高等的微分理论和方法处理差值结构.

(2) 从设计题目的角度看, 利用复杂的复合函数, 借助于微分中值定理研究相关函数的可积性关系是常用的题目设计方式.

例 3 设 $f(x)$ 在 $[-1,1]$ 上有界, 其不连续点为 $\left\{\dfrac{(-1)^n}{n}\right\}$, 其中 n 为正整数, 证明 $f(x)$ 在 $[-1,1]$ 上可积.

结构分析 题型: 函数可积性的讨论. 结构特点: 函数具有明显的间断点信息. 类比已知: 符合定理 3 作用对象的特点. 确定思路: 利用定理 3 证明. 方法设计: 根据定理 3 的条件结构, 需要将坏点隔离在适当小的区间内, 或将坏点集中在小的区间内 (区间长度需要用 δ 控制). 采用的具体方法是挖洞法: 由于不连续点以 0 为极限, 以 0 为心挖洞, 对任意的洞的半径, 都可以将 "几乎所有的" 不连续点控制在洞里, 使得洞外最多有有限个不连续点; 由于洞外只有有限个不连续点, 函数在洞外是可积的, 坏点对应小区间的长度和可以被 δ 控制; 这样, 将不连续点分两类实现控制, 达到定理 3 的要求, 实现结论的证明.

证明 对任意的 $\varepsilon > 0$ 和 $\sigma > 0$, 对任意的分割 T:

$$T: -1 = x_0 < x_1 < \cdots < x_n = 1,$$

设 $-\dfrac{\sigma}{4} \in [x_{p-1}, x_p)$, $\dfrac{\sigma}{4} \in (x_{q-1}, x_q]$, 记

$$T_1: -1 = x_0 < x_1 < \cdots < x_{p-1} \leqslant -\frac{\sigma}{4},$$

$$T_2: \frac{\sigma}{4} = x_q < x_{q+1} < \cdots < x_n = 1.$$

由于 $\lim\limits_{n\to\infty} \dfrac{(-1)^n}{n} = 0$, 则存在 N, 使得 $N > n$ 时, 有 $\dfrac{(-1)^n}{n} \in \left(-\dfrac{\sigma}{4}, \dfrac{\sigma}{4}\right)$, 因此, $\left[-1, -\dfrac{\sigma}{4}\right], \left[\dfrac{\sigma}{4}, 1\right]$ 中只含有函数的有限个间断点, 故 $f(x)$ 在 $\left[-1, -\dfrac{\sigma}{4}\right], \left[\dfrac{\sigma}{4}, 1\right]$ 上可积, 由定理 3, 存在 $\delta > 0$, 当 $\lambda(T_1) < \delta, \lambda(T_2) < \delta$ 时, 有

$$\sum_{\omega_i^{T_1} \geqslant \varepsilon} \Delta x_i < \frac{\sigma}{8}, \quad \sum_{\omega_i^{T_2} \geqslant \varepsilon} \Delta x_i < \frac{\sigma}{8},$$

其中, $\sum\limits_{\omega_i^{T_i} \geqslant \varepsilon} \Delta x_i$ 表示对应分割 T_i 的小区间振幅满足 $\omega_i^{T_i} \geqslant \varepsilon$ 的区间长度和, 因此, 当 $\lambda(T) < \delta$ 时, $\lambda(T_i) < \delta, i = 1, 2$, 因而

$$\sum_{\omega_i^{T} \geqslant \varepsilon} \Delta x_i \leqslant \sum_{\omega_i^{T_1} \geqslant \varepsilon} \Delta x_i + \sum_{\omega_i^{T_2} \geqslant \varepsilon} \Delta x_i + \frac{\sigma}{2} < \frac{\sigma}{8} + \frac{\sigma}{8} + \frac{\sigma}{2} < \sigma,$$

故 $f(x)$ 在 $[-1, 1]$ 上可积.

抽象总结　(1) 例 3 的证明方法是对具有无限多间断点 (间断点集为 0 测集) 的可积函数的可积性证明的典型方法: 挖洞法, 通过挖洞, 将坏点控制在半径可以任意小的洞里, 使得洞外至多有有限个间断点, 通过洞里、洞外相关联的分割关系的讨论, 利用定理 3 验证可积性.

(2) 注意证明过程中定理 3 使用的逻辑关系: 要证明 $f(x)$ 在 $[-1, 1]$ 上可积, 为应用定理 3, 逻辑关系上要求先给出在 $[-1, 1]$ 上的分割, 由此才产生在其他子区间上的分割.

三、简单小结

本讲我们对应用定理 2、定理 3 证明函数的可积性时常用的思想方法进行了介绍, 从中应该掌握两个定理的作用对象特征、使用时的方法设计.

第 **40** 讲　特殊结构的定积分的计算方法

本讲我们对定积分的计算进行简单的介绍; 从理论的框架结构看, 定积分与不定积分有平行的计算理论, 如换元法、分部积分法等; 从二者的联系看, 利用 Newton-Leibniz 公式, 建立了定积分和不定积分的联系, 由此可以将定积分的计算转化为不定积分的计算, 因此, 本讲我们仅对特殊结构的定积分的计算进行介绍.

一、 基于对称结构的定积分的计算

1. 基本对称结构的定积分计算

在对称结构的定积分中, 定积分结构中具有对称的积分区间、具有奇偶性的被积函数 (从几何上看, 函数的奇偶性也是一种对称性, 即函数曲线具有对称性: 偶函数的曲线关于 y 轴对称, 奇函数曲线关于原点对称) 是最基本的常见的结构, 对应的计算也最简单, 成立如下的结论.

性质 1　成立 $\displaystyle\int_{-a}^{a} f(x)\mathrm{d}x = \begin{cases} 2\displaystyle\int_{0}^{a} f(x)\mathrm{d}x, & f(x) \text{ 为偶函数}, \\ 0, & f(x) \text{ 为奇函数}. \end{cases}$

性质 1 的证明很简单, 将积分区间对称分割为两部分, 利用变量代换在两部分间建立联系, 利用函数的奇偶性得到结论; 对称分割、变量代换也是处理对称结构的定积分的重要的技术性方法.

结构特征　涉及奇偶函数的定积分计算的主要特征在于积分区间的对称性, 因此, 看到这个特征, 就要想到利用此公式求解.

例 1　计算 $I = \displaystyle\int_{-1}^{1} \dfrac{x\mathrm{e}^{x^2}\cos x + x^2\sin x + 1}{1 + x^2}\mathrm{d}x.$

结构分析　题型: 定积分的计算. 结构特点: 具有明显的对称积分区间的结构特征. 思路: 利用性质 1 求解. 方法设计: 确定或分离被积函数中的奇因子、偶因子, 利用性质 1 简化结构, 实现计算, 本题中被积函数中奇函数因子、偶函数因子比较明显, 直接考虑利用上述结论求解.

解　由于 $\dfrac{x\mathrm{e}^{x^2}\cos x + x^2\sin x}{1 + x^2}$ 是奇函数, 利用性质 1, 则

$$I = 2\int_{0}^{1} \frac{1}{1 + x^2}\mathrm{d}x = \frac{\pi}{2}.$$

抽象总结　利用被积函数的奇偶性和积分区间的对称性设计题目是常用的技术手段, 此时, 通常将奇函数对应的结构进行复杂的设计, 不能用常规的计算理论计算, 必须利用上述结论进行结构简化, 完成相应的计算.

有时, 被积函数的奇偶性特征不明显, 需要进一步验证.

例 2　计算 $I = \int_{-1}^{1} \dfrac{e^x - e^{-x} + x}{1 + x^4} x^2 dx$.

结构分析　题型: 定积分的计算. 结构特点: 积分区间对称. 思路: 考虑利用性质 1 实现计算. 方法设计: 由于被积函数中的奇因子、偶因子不明显, 而复杂因子是分子中的前两个因子, 挖掘其奇偶性质, 由此, 决定对应的计算方法.

解　记 $f(x) = e^x - e^{-x}$, 则 $f(-x) = e^{-x} - e^x = -f(x)$, 因此, 此函数为奇函数, 利用性质 1, 则

$$I = \int_{-1}^{1} \frac{e^x - e^{-x} + x}{1 + x^4} x^2 dx = \int_{-1}^{1} \frac{x}{1 + x^4} x^2 dx = 0.$$

抽象总结　(1) 我们采用逐步简化的方法进行计算, 重点突出 $f(x)$ 的奇函数的性质;

(2) 注意复杂因子 (困难因子) 分析法的应用, 这是矛盾分析法的具体应用, 抓住主要矛盾, 实现问题的求解.

例 3　计算 $I = \int_{-1}^{1} \left(\dfrac{\ln(x + \sqrt{1 + x^2})}{\sqrt{1 + x^2}} + \sqrt{1 - x^2} \right) dx$.

结构分析　相似的结构, 分析复杂因子对应的奇偶性质.

解　记 $f(x) = \ln(x + \sqrt{1 + x^2})$, 则

$$f(-x) = \ln(-x + \sqrt{1 + x^2})$$
$$= \ln \frac{1}{x + \sqrt{1 + x^2}} = -f(x),$$

故 $f(x) = \ln(x + \sqrt{1 + x^2})$ 为奇函数, 所以

$$I = \int_{-1}^{1} \sqrt{1 - x^2} dx = 2 \int_{0}^{1} \sqrt{1 - x^2} dx,$$

利用定积分的几何意义, 则 $I = 2 \int_{0}^{1} \sqrt{1 - x^2} dx = \dfrac{\pi}{2}$.

2. 其他对称结构

由基本的对称结构可以衍生出各种不同的对称性, 虽然没有理论上的计算公式, 可以利用对应的计算思想方法进行对应的处理.

例 4 设 $f(x)$ 为连续函数, $f(x + \pi) = -f(x)$, $x \in [-\pi, 0]$, 计算 $I = \int_{-\pi}^{\pi} f(x)\mathrm{d}x$.

结构分析 结构特点: 积分区间的对称性; 定量条件中揭示的也是一种对称性 (将周期性和奇函数特性进行叠加, 得到以 2π 为周期的函数, 周期也是一种对称性), 因此, 其具有对称性的结构特点. 方法设计: 可以利用性质 1 的证明思想方法处理.

解 由于

$$I = \int_{-\pi}^{0} f(x)\mathrm{d}x + \int_{0}^{\pi} f(x)\mathrm{d}x,$$

作变量代换 $x = \pi + t$, 则

$$\int_{0}^{\pi} f(x)\mathrm{d}x = \int_{-\pi}^{0} f(\pi + t)\mathrm{d}x = -\int_{-\pi}^{0} f(t)\mathrm{d}t,$$

故 $I = \int_{-\pi}^{\pi} f(x)\mathrm{d}x = 0$.

抽象总结 (1) 对称结构的分段、变量代换是常用的处理方法.

(2) 由于三角函数具有相应的周期性质, 很容易结合三角函数设计题目, 如在例 4 条件下, 还成立 $I = \int_{-\pi}^{\pi} f(x)\sin(2nx)\mathrm{d}x = 0$.

例 5 若正整数 m, n 至少有一个是奇数, 计算 $I = \int_{0}^{2\pi} \sin^n x \cos^m x\mathrm{d}x$.

结构分析 这是将例 4 的结构应用到三角函数中进行的设计, 采用形式统一的思想, 将积分区间转化为对称的区间, 结合三角函数的周期性、奇偶性设计具体的方法.

解 作变换 $x = \pi + t$, 则

$$I = (-1)^{m+n} \int_{-\pi}^{\pi} \sin^n x \cos^m x\mathrm{d}x,$$

记 $f(x) = \sin^n x \cos^m x$, 若 m 为奇数, n 为偶数, 或 m 为偶数, n 为奇数, 此时都有 $f(x + \pi) = -f(x)$, 由例 4 的结论, 则 $I = 0$; 若 m, n 都为奇数, 此时 $f(x)$ 为奇函数, 故 $I = 0$, 所以, 总成立 $I = 0$.

例 6 设 $f(x)$ 为非负连续的函数, 计算 $I = \int_{a}^{b} \dfrac{f(x)}{f(x) + f(a+b-x)}\mathrm{d}x$.

结构分析 题型: 定积分的计算. 结构特点: ① 抽象函数的定积分计算, 由此设想, 其定积分值或是特定的函数值, 或和抽象函数无关, 是一个常数; ② 抽象函

数的变量结构有两种形式, 为 $a+b-x$ 和 x; ③ 从几何角度看, 由于直线 $y=x$ 与直线 $y=a+b-x$ 垂直, 因此, 变量分布具有对称结构, 即变量 $a+b-x$ 与 x 关于直线 $y=\dfrac{a+b}{2}$ 对称. 方法设计: 基于结构特点, 方法设计的思路为基于两种变量结构设计方法, 利用变量代换在两种变量结构之间进行转化, 建立相应的联系, 选择变换的原则为保证两种变量的结构相互转变, 不能增加新的变量形式, 保证积分区间不变, 才能建立相应的联系. 也可以基于对称性设计方法, 即选择变量代换, 将积分区间转化为对称形式, 再进行处理.

解 **法一**　作变量代换 $t=a+b-x$, 则

$$I=-\int_b^a \frac{f(a+b-t)}{f(a+b-t)+f(t)}\mathrm{d}t=\int_a^b \frac{f(a+b-t)}{f(a+b-t)+f(t)}\mathrm{d}t,$$

故

$$2I=\int_a^b \frac{f(a+b-t)+f(t)}{f(a+b-t)+f(t)}\mathrm{d}t=b-a,$$

所以 $I=\dfrac{b-a}{2}$.

法二　也可以利用变换将积分区间转化为对称区间, 作变量代换 $t=x-\dfrac{a+b}{2}$, 则

$$I=\int_{-\frac{b-a}{2}}^{\frac{b-a}{2}} \frac{f\left(\dfrac{b+a}{2}+t\right)}{f\left(\dfrac{a+b}{2}+t\right)+f\left(\dfrac{b+a}{2}-t\right)}\mathrm{d}t$$

$$\xlongequal{t=-s}\int_{-\frac{b-a}{2}}^{\frac{b-a}{2}} \frac{f\left(\dfrac{b+a}{2}-s\right)}{f\left(\dfrac{a+b}{2}+s\right)+f\left(\dfrac{b+a}{2}-s\right)}\mathrm{d}s,$$

因此,

$$2I=\int_{-\frac{b-a}{2}}^{\frac{b-a}{2}} \frac{f\left(\dfrac{b+a}{2}+t\right)+f\left(\dfrac{b+a}{2}-t\right)}{f\left(\dfrac{a+b}{2}+t\right)+f\left(\dfrac{b+a}{2}-t\right)}\mathrm{d}t=b-a,$$

故 $I=\dfrac{b-a}{2}$.

抽象总结 (1) 从计算过程可以总结出处理这类题目的技术方法, 即选择合适的变量代换, 在变量结构之间进行转化, 建立联系, 实现计算.

(2) 基于变量结构的对称性的基本结论是

$$\int_a^b f(x)\mathrm{d}x = \int_a^b f(a+b-x)\mathrm{d}x,$$

可以由此设计一些相应的题目.

二、 周期函数的定积分的计算

周期函数的定积分成立如下结论.

性质 2 设 $f(x)$ 是周期为 T 的连续函数, 则对任意的实数 a, 有

$$\int_a^{a+T} f(x)\mathrm{d}x = \int_0^T f(x)\mathrm{d}x.$$

由于三角函数是重要的周期函数类, 关于周期函数的定积分的计算, 我们结合三角函数的定积分计算再进行介绍.

三、 三角函数的定积分计算

虽然在不定积分理论中, 有关于三角函数的不定积分计算的一般理论, 但是, 由于三角函数特有的性质, 在定积分的计算, 有一些特殊的计算思想方法, 有些在不定积分理论中不能计算的例子, 对应的定积分能够计算, 我们仍以具体的例子讲述计算思想方法.

例 7 计算 $I = \int_0^\pi \dfrac{x\sin x}{1+\cos^2 x}\mathrm{d}x$.

结构分析 题型: 涉及三角函数的定积分的计算. 结构特点: 被积函数由两类不同因子组成. 思路设计: 在一般计算理论中, 涉及两类不同因子组成的定积分或不定积分, 通常需要换元法或分部积分法消去一类因子, 进行结构简化, 对本题对应的不定积分 $\int \dfrac{x\sin x}{1+\cos^2 x}\mathrm{d}x$, 上述的计算方法不能实现计算, 这正是这种结构的复杂性; 但是, 在定积分计算理论中, 我们可以利用三角函数的性质实现上述思路, 即消去其中一类因子, 从结构看, 消去的因子应该是 x. 方法设计: 具体的方法是对积分区间进行分段, 利用三角函数性质, 通过变量代换, 在不同的段间建立联系, 达到消去一类因子, 实现结构简化, 完成计算的目的.

解 将积分分段, 则

$$I = \int_0^{\frac{\pi}{2}} \frac{x\sin x}{1+\cos^2 x}\mathrm{d}x + \int_{\frac{\pi}{2}}^\pi \frac{x\sin x}{1+\cos^2 x}\mathrm{d}x.$$

下面, 利用变量代换在两部分间建立联系. 比如, 我们选择对 $\displaystyle\int_{\frac{\pi}{2}}^{\pi} \frac{x\sin x}{1+\cos^2 x}\mathrm{d}x$ 进行处理, 为了建立二者的联系, 需要选择变换, 将积分区间 $\left[\dfrac{\pi}{2}, \pi\right]$ 转化为 $\left[0, \dfrac{\pi}{2}\right]$, 同时保持分母不变, 以便于运算, 实现区间转化的线性变换有两个: $t = \pi - x$ 和 $t = x - \dfrac{\pi}{2}$. 由于在相应的变换下, 因子的变化, 特别是分母中的因子, 有变换结果: $\cos x = \cos(\pi - t) = -\cos t$ 和 $\cos x = \cos\left(\dfrac{\pi}{2} + t\right) = -\sin t$, 由此确定采用第一种变换.

利用变换 $t = \pi - x$, 则

$$\int_{\frac{\pi}{2}}^{\pi} \frac{x\sin x}{1+\cos^2 x}\mathrm{d}x = -\int_{\frac{\pi}{2}}^{0} \frac{(\pi - t)\sin t}{1+\cos^2 t}\mathrm{d}t = \int_{0}^{\frac{\pi}{2}} \frac{(\pi - x)\sin x}{1+\cos^2 x}\mathrm{d}x,$$

故

$$I = \pi\int_{0}^{\frac{\pi}{2}} \frac{\sin x}{1+\cos^2 x}\mathrm{d}x,$$

至此, 消去因子 x, 实现结构简化, 进一步计算, 则

$$I = \pi\int_{0}^{\frac{\pi}{2}} \frac{\sin x}{1+\cos^2 x}\mathrm{d}x = \pi\int_{0}^{1} \frac{1}{1+t^2}\mathrm{d}t = \frac{\pi^2}{4}.$$

抽象总结　(1) 上述计算过程深刻揭示了涉及三角函数的定积分计算的思想: 分段 + 变量代换, 重点是利用合适的变量代换在不同的积分间建立联系, 实现结构简化, 完成计算.

(2) 关于区间难点分割: 由于改变三角函数性质的点是 $0, \dfrac{\pi}{2}, \dfrac{3\pi}{2}, 2\pi$, 这些点通常是区间分割要考虑的点.

(3) 关于变换的选择: 选择变换有两个原则, 即基于积分区间的转化、应该保持结构中某些因子的不变性.

(4) 利用类似的思想方法, 进一步抽象可以得到更一般的结论:

$$\int_{0}^{\frac{\pi}{2}} f(\sin x)\mathrm{d}x = \int_{0}^{\frac{\pi}{2}} f(\cos x)\mathrm{d}x,$$

$$\int_{0}^{\pi} x f(\sin x)\mathrm{d}x = \frac{\pi}{2}\int_{0}^{\pi} f(\sin x)\mathrm{d}x.$$

例 8　计算 $I = \int_0^{\frac{\pi}{2}} \dfrac{f(\sin x)}{f(\sin x) + f(\cos x)} \mathrm{d}x.$

结构分析　由于积分区间是基本的 $\left[0, \dfrac{\pi}{2}\right]$, 不适合分割, 只能通过变换寻求解决方案; 由于将积分区间 $\left[0, \dfrac{\pi}{2}\right]$ 变换为 $\left[0, \dfrac{\pi}{2}\right]$ 属于恒等变换, 对应的换元只有 $x = \dfrac{\pi}{2} - t$, 由此设计具体的方法.

解　利用变换 $x = \dfrac{\pi}{2} - t$, 则

$$I = \int_0^{\frac{\pi}{2}} \frac{f(\cos t)}{f(\cos t) + f(\sin t)} \mathrm{d}t,$$

则

$$2I = \int_0^{\frac{\pi}{2}} \frac{f(\sin x)}{f(\sin x) + f(\cos x)} \mathrm{d}x + \int_0^{\frac{\pi}{2}} \frac{f(\cos t)}{f(\cos t) + f(\sin t)} \mathrm{d}t = \int_0^{\frac{\pi}{2}} \mathrm{d}t = \frac{\pi}{2},$$

所以 $I = \dfrac{\pi}{4}$.

例 9　证明 $\int_0^{\frac{\pi}{2}} \sin^n t \cos^n t \mathrm{d}t = \dfrac{1}{2^n} \int_0^{\frac{\pi}{2}} \cos^n t \mathrm{d}t, n$ 为正整数.

结构分析　类比两端, 结合例 7 后面的结论, 需要消去 $\sin t$ 或 $\cos t$, 注意到因子是同幂次, 确定思路是利用三角函数的初等性质和前面的结论来实现.

证明　由于

$$\int_0^{\frac{\pi}{2}} \sin^n t \cos^n t \mathrm{d}t = \frac{1}{2^n} \int_0^{\frac{\pi}{2}} (\sin 2t)^n \mathrm{d}t = \frac{1}{2^{n+1}} \int_0^{\pi} (\sin t)^n \mathrm{d}t,$$

而且

$$\int_0^{\pi} (\sin t)^n \mathrm{d}t = \int_0^{\frac{\pi}{2}} (\sin t)^n \mathrm{d}t + \int_{\frac{\pi}{2}}^{\pi} (\sin t)^n \mathrm{d}t,$$

$$\int_{\frac{\pi}{2}}^{\pi} (\sin t)^n \mathrm{d}t = \int_0^{\frac{\pi}{2}} (\sin t)^n \mathrm{d}t,$$

故 $\int_0^{\frac{\pi}{2}} \sin^n t \cos^n t \mathrm{d}t = \dfrac{1}{2^n} \int_0^{\frac{\pi}{2}} \cos^n t \mathrm{d}t = \dfrac{1}{2^n} \int_0^{\frac{\pi}{2}} \sin^n t \mathrm{d}t.$

例 10　(1) 证明 $\int_0^{\pi} f(\sin x, \cos x) \mathrm{d}x = \int_0^{\pi} f(\sin x, -\cos x) \mathrm{d}x.$

(2) 计算 $I = \displaystyle\int_0^{10\pi} \dfrac{\sin^3 x + \cos^3 x}{2\sin^2 x + \cos^4 x}\mathrm{d}x$.

结构分析　对题 (1), 类比两端结构, 只需选择变换, 将区间 $[0,\pi]$ 变换为 $[0,\pi]$, 将因子 $\sin x$ 变换为 $\sin t$, 将 $\cos x$ 变换为 $-\cos t$. 对题 (2), 先利用周期性将积分区间化简为基本周期区间, 然后, 利用 "分段 + 变换" 的方法进行处理. 注意题目设计的逻辑关系: 在同一个大题中, 不同小题通常有一定的逻辑关系, 可以借用其结论, 对本题, 在计算 (2) 时, 应该考虑 (1) 的结论.

解　(1) 作变换 $x = \pi - t$, 则

$$\int_0^\pi f(\sin x, \cos x)\mathrm{d}x = \int_\pi^0 f(\sin t, -\cos t)(-\mathrm{d}t)$$
$$= \int_0^\pi f(\sin x, -\cos x)\mathrm{d}x.$$

(2) 利用周期函数的定积分性质, 则

$$I = 5\int_0^{2\pi} \dfrac{\sin^3 x + \cos^3 x}{2\sin^2 x + \cos^4 x}\mathrm{d}x$$
$$= 5\int_0^\pi \dfrac{\sin^3 x + \cos^3 x}{2\sin^2 x + \cos^4 x}\mathrm{d}x + 5\int_\pi^{2\pi} \dfrac{\sin^3 x + \cos^3 x}{2\sin^2 x + \cos^4 x}\mathrm{d}x.$$

下面, 利用变换建立二者的联系, 作变换 $x = 2\pi - t$, 则

$$\int_\pi^{2\pi} \dfrac{\sin^3 x + \cos^3 x}{2\sin^2 x + \cos^4 x}\mathrm{d}x = -\int_\pi^0 \dfrac{-\sin^3 t + \cos^3 t}{2\sin^2 t + \cos^4 t}\mathrm{d}t = \int_0^\pi \dfrac{-\sin^3 x + \cos^3 x}{2\sin^2 x + \cos^4 x}\mathrm{d}x,$$

故 $I = 10\displaystyle\int_0^\pi \dfrac{\cos^3 x}{2\sin^2 x + \cos^4 x}\mathrm{d}x$.

利用 (1) 的结论, 还有 $I = 10\displaystyle\int_0^\pi \dfrac{-\cos^3 x}{2\sin^2 x + \cos^4 x}\mathrm{d}x$, 故 $I = 0$.

四、简单小结

本讲我们对具有特殊结构的定积分的计算进行简单的介绍, 通过讲解, 应该掌握具有对称结构的定积分的计算思想方法, 掌握三角函数定积分的 "分段 + 变换" 的处理的思想方法.

第 41 讲　由定积分定义的数列极限的计算方法

学习了定积分之后, 将定积分理论与前面学习的极限、微分学相结合可以构造复杂的综合型应用题目, 本讲我们对由定积分定义的数列极限的计算方法进行简单介绍.

一、 由定积分定义的数列极限的计算

我们把题型 $\lim\limits_{n\to\infty}\int_a^b f_n(x)\mathrm{d}x$ 称为由定积分定义的数列极限的计算, 更一般的推广题型为 $\lim\limits_{n\to\infty}\int_{a_n}^{b_n} f_n(x)\mathrm{d}x$.

结构分析　(1) 从题目结构的形式看, 如果能实现定积分的计算, $\int_a^b f_n(x)\mathrm{d}x$ 的计算结果与 n 有关, 是一个数列, 因此, 我们把这类题目归为由定积分定义的数列的极限;

(2) 从结构形式的逻辑关系看, 应该先计算定积分, 得到数列, 再计算数列的极限, 完成整个题目的计算, 计算过程中涉及两种计算, 这是题目的一个结构特点, 因此, 有时也把这类题目归为两种运算的换序问题.

在本课程中, 涉及两种计算的换序问题类的题目是一种常见的重要题型, 对这类题型的处理, 按照逻辑关系顺序计算是最直接的方法, 但是, 从题目的设计思路看, 最直接的方法只适用于最简单的结构, 特别是在一些考题的设计中, 通常不会设计最简单结构的考题; 从两种计算的结构看, 另一种较简单的处理思想是换序计算, 即改变原有的计算顺序实现计算, 由于这种计算方法通常需要更高理论的支撑, 需要验证更高级的、更严格的条件, 这种计算方法在由定积分定义的数列极限的计算中还不能实现; 事实上, 在本课程中, 能够实现换序的条件是一致收敛性条件, 因此, 在学习了函数列的一致收敛性理论之后, 可以在一致收敛性的条件下实现相关的换序运算; 因此, 对由定积分定义的数列极限的计算基本排除上述两种计算方法.

事实上, 即使学习了一致收敛性理论之后, 仍不能利用换序理论处理这类题目, 因为这类题目还有一个结构特点, 被积函数有坏点存在, 破坏了一致收敛性(由于现在还没有学习一致收敛性理论, 此处坏点的特征表现在 "打破函数应该具

有的好性质", 下面, 我们结合具体的例子再进行进一步的说明), 由此, 决定了这类题目的处理方法——挖洞法, 即挖去坏点, 将定积分分为两段处理, 对包含坏点的部分利用洞半径的任意小性质来控制, 对剩下的部分, 利用函数具有的好性质 (挖去了坏点, 函数就具有了好性质) 进行控制研究.

二、应用举例

例 1　计算 $I = \lim\limits_{n \to \infty} \int_0^{\frac{1}{2}} \dfrac{x^n \mathrm{e}^x}{1+x+x^2} \mathrm{d}x$.

结构分析　题型: 由定积分定义的数列极限的计算. 结构特点: ① 记被积函数 $f_n(x) = \dfrac{x^n \mathrm{e}^x}{1+x+x^2}$, 在积分区间 $\left[0, \dfrac{1}{2}\right]$, 有性质

$$\lim_{n \to \infty} \frac{x^n \mathrm{e}^x}{1+x+x^2} = 0, \quad \forall x \in \left[0, \frac{1}{2}\right],$$

这个性质就是上述所说的好性质, 对本小题, 上述极限结论关于 $x \in \left[0, \dfrac{1}{2}\right]$ 是一致成立的, 这就是一致收敛性, 可以利用一致收敛性条件下的换序定理, 此时, 我们没有学习一致收敛性理论, 必须利用其他方法解决; 从另一个角度看, 虽然没有学习换序定理, 不能用此定理进行求解, 但是, 我们可以利用换序进行结果的预判

$$I = \lim_{n \to \infty} \int_0^{\frac{1}{2}} \frac{x^n \mathrm{e}^x}{1+x+x^2} \mathrm{d}x = \int_0^{\frac{1}{2}} \lim_{n \to \infty} \frac{x^n \mathrm{e}^x}{1+x+x^2} \mathrm{d}x = 0.$$

② 定积分的结构表明, 由于被积函数结构的复杂性, 直接计算出定积分

$$\int_0^{\frac{1}{2}} \frac{x^n \mathrm{e}^x}{1+x+x^2} \mathrm{d}x$$

是不可能的, 这是题型的另一个结构特点. 方法设计: 由于定积分的直接计算是不可能的, 由此决定了估计性方法: 先利用估计方法简化积分结构, 再实现积分的计算, 最后计算一个数列的极限.

解　法一　由于

$$0 \leqslant \int_0^{\frac{1}{2}} \frac{x^n \mathrm{e}^x}{1+x+x^2} \mathrm{d}x \leqslant \mathrm{e} \int_0^{\frac{1}{2}} x^n \mathrm{d}x \leqslant \frac{\mathrm{e}}{2^{n+1}(n+1)},$$

因而

$$0 \leqslant \int_0^{\frac{1}{2}} \frac{x^n \mathrm{e}^x}{1+x+x^2} \mathrm{d}x \leqslant \frac{\mathrm{e}}{2^{n+1}},$$

由于 $\lim\limits_{n \to \infty} \dfrac{\mathrm{e}}{2^{n+1}} = 0$, 由两边夹定理, 则 $I = 0$.

抽象总结 (1) 分析上述计算可知, 能够实现计算的根本原因在于被积函数具有很好的界的性质

$$0 \leqslant \frac{x^n \mathrm{e}^x}{1 + x + x^2} \leqslant \frac{\mathrm{e}}{2^n}, \quad x \in \left[0, \frac{1}{2}\right],$$

由于 $\lim\limits_{n \to \infty} \dfrac{\mathrm{e}}{2^n} = 0$, 从而保证了结论

$$\lim_{n \to \infty} \frac{x^n \mathrm{e}^x}{1 + x + x^2} = 0, \quad \forall x \in \left[0, \frac{1}{2}\right]$$

一致成立, 由此可以预判极限结果为 0, 并能最终实现计算结果, 积分符号只是在这个 "好" 性质上披了个马甲, 利用积分理论制作了一件外衣, 设计了一类新的题目.

(2) 由于被积函数具有整体的 "界" 的好性质, 因此, 这是这类题目中最基本的题目, 由此形成的处理方法也是最基本的方法, 即先利用估计简化结构, 再进行计算; 求解的中心思想是估计思想, 由于采用估计的思想, 对应的方法不唯一, 也可以利用积分中值定理, 将不能实现定积分计算的因子从被积函数中分离出来, 简化结构, 实现估计和计算; 当然, 由于采用估计方法, 最后极限的计算只能是利用估计形式的两边夹定理来完成.

法二 由积分中值定理, 存在 $\xi \in \left[0, \dfrac{1}{2}\right]$, 使得

$$0 \leqslant \int_0^{\frac{1}{2}} \frac{x^n \mathrm{e}^x}{1 + x + x^2} \mathrm{d}x = \frac{\mathrm{e}^\xi}{1 + \xi + \xi^2} \int_0^{\frac{1}{2}} x^n \mathrm{d}x \leqslant \frac{\mathrm{e}}{2^{n+1}(n+1)}, \quad x \in \left[0, \frac{1}{2}\right],$$

故 $I = 0$.

抽象总结 (1) 两种方法的处理思想是一致, 都是简化结构, 达到定积分能计算的目的, 在此原则下, 具体的处理方法都不唯一, 如法一中, 也可以将整个被积函数的 "适当的界" 找出来, 进行放大处理

$$0 \leqslant \int_0^{\frac{1}{2}} \frac{x^n \mathrm{e}^x}{1 + x + x^2} \mathrm{d}x \leqslant \mathrm{e} \frac{1}{2^n} \int_0^{\frac{1}{2}} \mathrm{d}x \leqslant \frac{\mathrm{e}}{2^{n+1}},$$

同样可以得到结论; 放大过程要注意的是 "界的适当性", 即不能放大过头, 因此, 需要分析结构中的主要因子和次要因子, 特别注意主要因子的放大. 如例 1 的结构中, 与极限变量 n 有关的因子是 x^n, 这是主要因子, 因此, 下面的放大都是放大过头: $x^n \leqslant 1, x^n \leqslant 2^n$; 下面的放大也不合适

$$0 \leqslant \int_0^{\frac{1}{2}} \frac{x^n \mathrm{e}^x}{1 + x + x^2} \mathrm{d}x \leqslant \int_0^{\frac{1}{2}} x^n \mathrm{e}^x \mathrm{d}x,$$

虽然最后的积分也能计算, 但是, 计算过程较复杂, 这属于没有放大彻底, 没有实现最简化. 所以, 放缩 (放大和缩小) 的技术手段中隐藏丰富的思想方法, 每一种形式的放缩都有对应的原则, 都有注意事项.

(2) 总结求解过程, 分析各因子的作用, 可以将题目抽象推广为更一般的形式 $I = \lim\limits_{n\to\infty} \int_0^a x^n f(x)\mathrm{d}x$, 其中 $\forall 0 < a < 1, f(x)$ 在 $[0,a]$ 连续; 当然, 反向思考, 取 $f(x)$ 为不同的具体的函数可以设计更多的题目, 这是设计题目的技术.

例 2　计算 $I = \lim\limits_{n\to\infty} \int_0^1 \dfrac{x^n \mathrm{e}^x}{1 + x + x^2}\mathrm{d}x$.

结构分析　重点分析与例 1 结构上的差异, 特别是被积函数中主要因子在 "界" 的性质并由此带来的极限性质上的差异, 显然,

$$x^n < a^n, \forall 0 < a < 1, \quad 1^n = 1;$$

$$\lim_{n\to\infty} x^n = \begin{cases} 0, & 0 \leqslant x < 1, \\ 1, & x = 1, \end{cases}$$

因此, 在对应的区间 $[0,1]$ 上, 两类点带来不同的极限性质, 相比而言, 在 $x=1$ 点处极限性质不是好性质, 由于在此点打破了极限为 0 的好性质, 把此点称为坏点, 因此, 这类题目的结构特点是存在坏点. 方法设计: 针对存在的坏点, 处理的方法为挖洞法, 即把 "坏点" 挖去, 进行分段处理, 具体过程如下.

解　对任意充分小的 $\varepsilon > 0$, 对定积分进行分段

$$\int_0^1 \frac{x^n \mathrm{e}^x}{1 + x + x^2}\mathrm{d}x = \int_0^{1-\varepsilon} \frac{x^n \mathrm{e}^x}{1 + x + x^2}\mathrm{d}x + \int_{1-\varepsilon}^1 \frac{x^n \mathrm{e}^x}{1 + x + x^2}\mathrm{d}x,$$

对 $\int_{1-\varepsilon}^1 \dfrac{x^n \mathrm{e}^x}{1 + x + x^2}\mathrm{d}x$, 利用任意小的半径来控制, 即

$$0 < \int_{1-\varepsilon}^1 \frac{x^n \mathrm{e}^x}{1 + x + x^2}\mathrm{d}x < \int_{1-\varepsilon}^1 \mathrm{e}\mathrm{d}x = \mathrm{e}\varepsilon,$$

对另一段 $\int_0^\varepsilon \dfrac{x^n \mathrm{e}^x}{1 + x + x^2}\mathrm{d}x$, 被积函数, 特别是主要因子 x^n 具有好的 "界" 性质, 利用好的界来估计, 则

$$0 < \int_0^{1-\varepsilon} \frac{x^n \mathrm{e}^x}{1 + x + x^2}\mathrm{d}x < \mathrm{e}(1-\varepsilon)^n \int_0^{1-\varepsilon} \mathrm{d}x < \mathrm{e}(1-\varepsilon)^{n+1},$$

由于 $\lim\limits_{n\to\infty} \mathrm{e}(1-\varepsilon)^{n+1} = 0$, 因而存在正整数 $N > 0$, 使得 $n > N$ 时, $0 < \mathrm{e}(1-\varepsilon)^{n+1} < \varepsilon$, 故此时

$$0 < \int_0^1 \frac{x^n \mathrm{e}^x}{1+x+x^2}\mathrm{d}x = \int_0^{1-\varepsilon} \frac{x^n \mathrm{e}^x}{1+x+x^2}\mathrm{d}x + \int_{1-\varepsilon}^1 \frac{x^n \mathrm{e}^x}{1+x+x^2}\mathrm{d}x < (1+\mathrm{e})\varepsilon,$$

因此 $I = 0$.

抽象总结　(1) 计算结果表明, 一个坏点并没有影响结果;

(2) 同样可以将结构中的次要因子进行抽象, 计算更一般的极限

$$I = \lim_{n\to\infty} \int_0^1 x^n \cdot f(x)\mathrm{d}x.$$

再看一个类似的题目.

例 3　计算 $I = \lim\limits_{n\to\infty} \int_0^{\frac{\pi}{4}} \cos^n x \mathrm{d}x$.

结构分析　坏点为 $x = 0$, 在坏点处挖洞即可.

解　对任意充分小的 $\varepsilon > 0$, 对定积分进行分段

$$\int_0^{\frac{\pi}{4}} \cos^n x \mathrm{d}x = \int_0^{\varepsilon} \cos^n x \mathrm{d}x + \int_{\varepsilon}^{\frac{\pi}{4}} \cos^n x \mathrm{d}x,$$

对 $\int_0^{\varepsilon} \cos^n x \mathrm{d}x$, 利用任意小的半径来控制, 即

$$0 < \int_0^{\varepsilon} \cos^n x \mathrm{d}x < \int_0^{\varepsilon} 1 \mathrm{d}x = \varepsilon,$$

对另一段 $\int_{\varepsilon}^{\frac{\pi}{4}} \cos^n x \mathrm{d}x$, 被积函数具有好性质 "严格小于 1 的界", 利用好的界来估计, 则

$$0 < \int_{\varepsilon}^{\frac{\pi}{4}} \cos^n x \mathrm{d}x < \cos^n \varepsilon \left(\frac{\pi}{4} - \varepsilon\right) < 2\cos^n \varepsilon,$$

由于 $\lim\limits_{n\to\infty} \cos^n \varepsilon = 0$, 因而存在正整数 $N > 0$, 使得 $n > N$ 时, $0 < \cos^n \varepsilon < \varepsilon$, 故此时

$$0 \leqslant \int_0^{\frac{\pi}{4}} \cos^n x \mathrm{d}x = \int_0^{\varepsilon} \cos^n x \mathrm{d}x + \int_{\varepsilon}^{\frac{\pi}{4}} \cos^n x \mathrm{d}x$$

$$\leqslant \varepsilon + \cos^n \varepsilon \left(\frac{\pi}{4} - \varepsilon\right) \leqslant 3\varepsilon,$$

因此 $I = 0$.

抽象总结　(1) 例 2、例 3 是这类题目中重要的题型结构, 由于有坏点的存在, 处理难度较大, 因此也是常见的考试类题目;

(2) 对存在坏点的这类题目, 挖洞法是常用的方法, 即挖去以坏点为心, 任意小的量为半径的洞;

(3) 由此形成分段处理的技术方法, 在坏点处, 用洞的半径 (任意小的量) 实现控制, 在另一段, 用 "好" 的性质实现控制.

再抽象总结　通过上述几个例子进一步总结, 可以发现: 不论是坏点, 还是实现有效控制, 都发生在被积函数的最大值点处, 这是值得注意的现象. 再看一个例子.

例 4　计算 $I = \lim\limits_{n\to\infty} \left\{ \int_0^{\frac{\pi}{4}} \cos^n x \mathrm{d}x \right\}^{\frac{1}{n}}$.

结构分析　例 3 的变形, 如果从数列的结构看, 属于 0^0 型的待定型极限, 不能预判或判断极限结果, 使得计算的难度增加.

那么, 如何预判极限结论, 如何进行计算? 暂且放下本题的计算, 再将题目进行推广, 考虑下面的题目.

例 5　设非负函数 $f(x)$ 在 $[a, b]$ 连续, 计算 $\lim\limits_{n\to\infty} \left\{ \int_a^b f^n(x)\mathrm{d}x \right\}^{\frac{1}{n}}$.

结构分析　抽象函数的极限计算, 结果的预判很重要, 预判结果之后就可以有验证的目标方向. 从逻辑上分析, 极限结果应该与被积函数有关, 由于结果是一个数值, 因此, 更精确地猜想, 极限结果应该与被积函数在某点处的函数值有关, 一般来说, 此点通常是特殊点, 结构中的 "特殊点" 通常有区间端点以及隐藏了被积函数特殊信息的点, 如函数的最值点、极值点等, 注意到被积函数的 n 幂结构特征, 因此, 极限结果应该和函数的最大值有关. 由此, 基本明确了求解的思路和方法: 聚焦于最值点研究对应的性质.

解　由于 $f(x)$ 在 $[a,b]$ 连续, 则 $f(x)$ 在 $[a,b]$ 达到最大值, 存在 $x_0 \in [a,b]$, 使得 $f(x_0) = M$, 其中 $M = \max\limits_{x\in[a,b]} f(x)$.

若 $M=0$, 则 $f(x) \equiv 0, x \in [a,b]$, 因而, $\lim\limits_{n\to\infty} \left\{ \int_a^b f^n(x)\mathrm{d}x \right\}^{\frac{1}{n}} = 0$.

设 $M > 0$, 显然,

$$\left\{ \int_a^b f^n(x)\mathrm{d}x \right\}^{\frac{1}{n}} \leqslant M(b-a)^{\frac{1}{n}}.$$

另一方面, 若设 $x_0 \in (a,b)$, 由于 $\lim\limits_{x \to x_0} f(x) = f(x_0) = M$, 则对任意 $\varepsilon > 0$, 存在 $\delta > 0$, 使得

$$|f(x) - M| < \varepsilon, \quad \forall x \in (x_0 - \delta, x_0 + \delta) \subset [a,b],$$

因而,

$$\left\{ \int_a^b f^n(x)\mathrm{d}x \right\}^{\frac{1}{n}} \geqslant \left\{ \int_{x_0-\delta}^{x_0+\delta} f^n(x)\mathrm{d}x \right\}^{\frac{1}{n}} \geqslant (M-\varepsilon)(b-a)^{\frac{1}{n}},$$

由于 $\lim\limits_{n \to \infty} (b-a)^{\frac{1}{n}} = 1$, 故

$$M - \varepsilon \leqslant \lim_{n \to \infty} \left\{ \int_a^b f^n(x)\mathrm{d}x \right\}^{\frac{1}{n}} \leqslant M,$$

由 ε 的任意性, 则 $\lim\limits_{n \to \infty} \left\{ \int_a^b f^n(x)\mathrm{d}x \right\}^{\frac{1}{n}} = M$.

抽象总结 (1) 由于这种结构的极限不能利用运算法则进行计算, 因此, 通常利用估计方法, 结合极限的定义进行验证, 因而, 必须预判极限, 再进行验证;

(2) 特殊点方法是预判极限的常用方法, 要掌握挖掘特殊点的方法.

由于例 4 是例 5 的特殊形式, 可以直接利用例 5 的结论完成计算.

我们继续对例 1 的结构进行推广.

例 6 设非负函数 $f(x)$ 在 $[0,1]$ 连续, 计算 $\lim\limits_{n \to \infty} n \int_0^1 x^n f(x)\mathrm{d}x$.

结构分析 题型: 例 1 或例 2 的进一步推广. 结构特点: 与例 2 相比, 增加了无穷大因子, 极限类型为 $\infty \cdot 0$, 属于待定型极限, 增加了计算难度. 为了设计具体方法, 先预判结果: 常用的方法就是通过选取 $f(x)$ 为简单的具体的函数, 使得定积分能够计算, 得到极限结果, 通过观察极限结果与函数的关系, 进行预判, 如分别取 $f(x) = 1, x, \mathrm{e}^x, \ln(1+x)$, 可得

$$\lim_{n \to \infty} n \int_0^1 x^n \cdot 1\mathrm{d}x = \lim_{n \to \infty} \frac{n}{n+1} = 1;$$

$$\lim_{n \to \infty} n \int_0^1 x^n \cdot x\mathrm{d}x = \lim_{n \to \infty} \frac{n}{n+2} = 1;$$

$$\lim_{n \to \infty} n \int_0^1 x^n \mathrm{e}^x\mathrm{d}x = \lim_{n \to \infty} \frac{n}{n+1}\left[\mathrm{e} - \int_0^1 x^{n+1}\mathrm{e}^x\mathrm{d}x \right] = \mathrm{e};$$

$$\lim_{n\to\infty} n \int_0^1 x^n \ln(x+1)\mathrm{d}x = \lim_{n\to\infty} \frac{n}{n+1}\ln 2 - \frac{n}{n+1}\int_0^1 \frac{x^n}{n+1}\mathrm{d}x = \ln 2.$$

当然, 从逻辑上看, 结果应该和函数 $f(x)$ 的特殊点的函数值有关, 这些特殊点仍是区间端点以及隐藏特殊信息的点, 如 $x=1$ 是区间端点, 也是坏点 (隐藏特殊的信息), 这些都是考虑的信息. 通过上述观察, 预判极限为 $f(1)$, 即函数在坏点处的函数值, 相当于证明结论:

$$\lim_{n\to\infty} n \int_0^1 x^n f(x)\mathrm{d}x = f(1),$$

由此决定相应的方法. 方法设计: 对极限结论的计算或验证, 由于不能用运算法则, 只能用估计思想, 特别在预判了极限结论后, 可以利用定义方法去验证, 因此需要研究差结构 $\left| n \int_0^1 x^n f(x)\mathrm{d}x - f(1) \right|$, 注意到两个因子结构的差异, 形式不同, 可以采用形式统一法, 也可以强制形式统一.

解　由于 $\lim\limits_{n\to\infty} n \int_0^1 x^n \mathrm{d}x = 1$, 利用强制形式统一的思想, 则

$$\lim_{n\to\infty} n \int_0^1 x^n f(x)\mathrm{d}x = \lim_{n\to\infty} n \int_0^1 x^n (f(x)-f(1))\mathrm{d}x + f(1)\lim_{n\to\infty} n \int_0^1 x^n \mathrm{d}x$$

$$= \lim_{n\to\infty} n \int_0^1 x^n (f(x)-f(1))\mathrm{d}x + f(1).$$

为研究 $\lim\limits_{n\to\infty} n \int_0^1 x^n (f(x)-f(1))\mathrm{d}x$, 采用类似的挖洞思想, 进行分段处理. 由于二者结构的差别, 分段的具体方法依据与挖洞法不同, 特别是在坏点 "$x=1$" 处的处理, 必须依赖函数的性质实现控制.

由于 $f(x)$ 在 $x=1$ 点连续, 因而, 对任意 $\varepsilon > 0$, 存在 $\delta > 0$, 使得

$$|f(x)-f(1)| < \varepsilon, \quad \forall x : x \leqslant 1 - x < \delta,$$

由于 δ 控制了 $f(x)$ 在坏点附近的行为, δ 就是分段的指标, 故

$$n \int_0^1 x^n (f(x)-f(1))\mathrm{d}x = n \int_0^{1-\delta} x^n (f(x)-f(1))\mathrm{d}x + n \int_{1-\delta}^1 x^n (f(x)-f(1))\mathrm{d}x,$$

由于

$$\left| n \int_{1-\delta}^1 x^n (f(x)-f(1))\mathrm{d}x \right| \leqslant \varepsilon n \int_{1-\delta}^1 x^n \mathrm{d}x = \varepsilon \frac{n}{n+1}(1-(1-\delta)^{n+1}) < \varepsilon,$$

且 $f(x)$ 在 $[0,1]$ 连续, 因而, $f(x)$ 在 $[0,1]$ 有界, 则存在 $M > 0$, 使得 $|f(x)| \leqslant M, x \in [0,1]$, 因而

$$\left| n \int_0^{1-\delta} x^n(f(x) - f(1))\mathrm{d}x \right| \leqslant 2Mn \int_0^{1-\delta} x^n \mathrm{d}x = 2M\frac{n}{n+1}(1-\delta)^n,$$

由于 $\lim\limits_{n \to \infty} 2M\dfrac{n}{n+1}(1-\delta)^n = 0$, 则存在 $N > 0$, 使得 $n > N$ 时有

$$0 < 2M\frac{n}{n+1}(1-\delta)^n < \varepsilon,$$

故当 $n > N$ 时, 有

$$\left| n \int_0^1 x^n(f(x) - f(1))\mathrm{d}x \right| < 2\varepsilon,$$

故 $\lim\limits_{n \to \infty} n \int_0^1 x^n(f(x) - f(1))\mathrm{d}x = 0$, 所以

$$\lim_{n \to \infty} n \int_0^1 x^n f(x)\mathrm{d}x = f(1).$$

抽象总结 (1) 此题的处理方法仍是分段处理, 在坏点附近用函数的性质, 因而, 函数性质成立的范围是分段的依据; 在另一段, 利用好性质来控制.

(2) 计算过程中, 在积分项的因子 $f(x)$ 中, 通过强制性地加一项、再相应减一项, 目的是形式统一, 即将 $f(1)$ 统一到定积分形式上, 结构相同的项间更容易处理, 这是形式统一法的应用.

三、 简单小结

本讲我们对有定积分定义的数列极限的计算进行简单的分析, 主要介绍了利用 "好" 性质控制、坏点存在时的挖洞法、分段控制法等一些具体的方法, 说明了这些方法的形成过程, 从中了解和掌握分析问题、解决问题的思想方法.

第42讲 定积分不等式

作为定积分理论的应用, 定积分不等式的证明是一类重要的题型, 本讲我们对不等式证明中常用的思想方法进行介绍.

一、 定积分不等式的基本类型与处理方法

1. 定积分不等式的基本理论

从定积分不等式的构造机理看, 通常利用定积分的如下理论构造不等式: 定积分的保序性、定积分中值定理. 因此, 也常用这些理论证明定积分不等式, 当然, 也可以利用微分理论研究积分不等式.

2. 定积分的比较

什么是最简单的不等式类型? 比较的原理也简单, 基于保序性质, 区间相同时, 比较被积函数; 被积函数相同时比较积分区间. 因此, 处理的基本方法就是形式统一法, 即被积函数不同时, 利用技术手段将被积函数转化为相同的形式, 再进行比较; 区间不同时类似处理.

例 1 不必计算, 比较积分 $\displaystyle\int_{-2}^{-1} \left(\frac{1}{4}\right)^x \mathrm{d}x$ 与 $\displaystyle\int_0^1 4^x \mathrm{d}x$ 的大小.

解 法一 注意到积分区间的长度相同, 可以转化为相同区间上被积函数的比较, 可以利用变量代换实现目的.

作变换 $t = x + 2$, 则

$$\int_{-2}^{-1} \left(\frac{1}{4}\right)^x \mathrm{d}x = \int_0^1 \left(\frac{1}{4}\right)^{t-2} \mathrm{d}t = \int_0^1 \left(\frac{1}{4}\right)^{x-2} \mathrm{d}x = \int_0^1 4^{2-x} \mathrm{d}x,$$

当 $x \in [0,1]$ 时, 有 $2 - x \geqslant x$, 因而 $4^{2-x} \geqslant 4^x$, 所以

$$\int_0^1 \left(\frac{1}{4}\right)^{x-2} \mathrm{d}x \geqslant \int_0^1 4^x \mathrm{d}x,$$

故 $\displaystyle\int_{-2}^{-1} \left(\frac{1}{4}\right)^x \mathrm{d}x \geqslant \int_0^1 4^x \mathrm{d}x$.

法二 也可以利用积分中值定理, 将积分简化后再比较.

利用积分中值定理, 存在 $\xi_1 \in [-2,-1]$, $\xi_2 \in [0,1]$, 使得

$$\int_{-2}^{-1} \left(\frac{1}{4}\right)^x \mathrm{d}x = \left(\frac{1}{4}\right)^{\xi_1}((-1)-(-2)) = \left(\frac{1}{4}\right)^{\xi_1} = 4^{-\xi_1},$$

$$\int_0^1 4^x \mathrm{d}x = 4^{\xi_2}(1-0) = 4^{\xi_2},$$

由于 $-\xi_1 \in [1,2]$, 则 $-\xi_1 \geqslant \xi_2$, 故 $\int_{-2}^{-1} \left(\frac{1}{4}\right)^x \mathrm{d}x \geqslant \int_0^1 4^x \mathrm{d}x$.

例 2 设 $f(x)$ 为 $[0,1]$ 上的非负、单调非增的连续函数, 证明: 对任意的 $0 < \alpha < \beta < 1$, 成立

$$\int_0^\alpha f(x)\mathrm{d}x \geqslant \frac{\alpha}{\beta} \int_\alpha^\beta f(x)\mathrm{d}x.$$

结构分析 题型: 简单的积分不等式或积分比较. 思路: 可以考虑保序性或积分中值定理. 方法设计: 利用变换将其转化为相同积分区间上的被积函数的比较, 当然, 也可以直接用积分中值定理.

证明 法一 利用变换将积分区间转化为相同的求解, 比较被积函数; 变换的选择本质上就是直线方程的建立, 即选择线性变换将区间 $[0,\alpha]$ 变换为 $[\alpha,\beta]$, 变换就是连接 $(0,\alpha)$ 点和 (α,β) 点的直线方程.

作变换 $t = \frac{\beta-\alpha}{\alpha}x + \alpha$, 则

$$\int_0^\alpha f(x)\mathrm{d}x = \frac{\alpha}{\beta-\alpha} \int_\alpha^\beta f\left(\frac{\alpha(t-\alpha)}{\beta-\alpha}\right)\mathrm{d}t,$$

由于 $\frac{\alpha}{\beta-\alpha} \geqslant \frac{\alpha}{\beta}$, 且当 $t \in [\alpha,\beta]$ 时, 有 $\frac{\alpha(t-\alpha)}{\beta} < \alpha < t$, 利用函数的单调性, 则

$$\int_0^\alpha f(x)\mathrm{d}x = \frac{\alpha}{\beta-\alpha} \int_\alpha^\beta f\left(\frac{\alpha(t-\alpha)}{\beta-\alpha}\right)\mathrm{d}t \geqslant \frac{\alpha}{\beta} \int_\alpha^\beta f(t)\mathrm{d}t = \frac{\alpha}{\beta} \int_\alpha^\beta f(x)\mathrm{d}x.$$

法二 由积分中值定理, 存在 $\xi_1 \in (0,\alpha)$, $\xi_2 \in (\alpha,\beta)$, 使得

$$\int_0^\alpha f(x)\mathrm{d}x = f(\xi_1)\int_0^\alpha \mathrm{d}x = \alpha f(\xi_1),$$

$$\frac{\alpha}{\beta}\int_\alpha^\beta f(x)\mathrm{d}x = \frac{\alpha}{\beta}f(\xi_2)\int_\alpha^\beta \mathrm{d}x = \frac{\alpha}{\beta}f(\xi_2)(\beta-\alpha) = \alpha f(\xi_2)\left(1-\frac{\alpha}{\beta}\right) < \alpha f(\xi_2),$$

利用函数的单调性, 则

$$\int_0^\alpha f(x)\mathrm{d}x \geqslant \frac{\alpha}{\beta}\int_\alpha^\beta f(x)\mathrm{d}x.$$

抽象总结　事实上, 我们把上述这种简单的积分不等式称为定积分的比较, 处理的基本思想也是最基本的定积分的保序性和定积分中值定理, 证明中的实质是函数关系的比较.

例 3　设 $f(x)$, $g(x)$ 在 $[a, b]$ 可积, 证明

$$\int_a^b f(x)g(x)\mathrm{d}x \leqslant \left(\int_a^b f^2(x)\mathrm{d}x\right)^{\frac{1}{2}}\left(\int_a^b g^2(x)\mathrm{d}x\right)^{\frac{1}{2}}.$$

结构分析　题型: 定积分不等式. 类比已知: 在初等不等式中, 有一个与此结构类似的不等式

$$\sum_{i=1}^n a_i b_i \leqslant \left(\sum_{i=1}^n a_i^2\right)^{\frac{1}{2}}\left(\sum_{i=1}^n b_i^2\right)^{\frac{1}{2}},$$

这便是离散型的 Cauchy-Schwarz 不等式. 思想方法设计: 可以将离散型不等式证明的方法移植, 利用定积分的保序性来完成.

证明　对任意的实数 λ, 利用积分保序性有

$$\int_a^b (f(x) + \lambda g(x))^2 \mathrm{d}x \geqslant 0,$$

因而, 有

$$\lambda^2 \int_a^b g^2(x)\mathrm{d}x + 2\lambda \int_a^b f(x)g(x)\mathrm{d}x + \int_a^b f^2(x)\mathrm{d}x \geqslant 0,$$

由于定积分是数值, 上式是关于 λ 的二次多项式, 由于上式对任意的 λ 都成立, 利用二次方程理论, 则必有

$$\left(2\int_a^b f(x)g(x)\mathrm{d}x\right)^2 - 4\int_a^b g^2(x)\mathrm{d}x \int_a^b f^2(x)\mathrm{d}x \leqslant 0,$$

由此得到

$$\int_a^b f(x)g(x)\mathrm{d}x \leqslant \left(\int_a^b f^2(x)\mathrm{d}x\right)^{\frac{1}{2}}\left(\int_a^b g^2(x)\mathrm{d}x\right)^{\frac{1}{2}}.$$

抽象总结　(1) 此不等式就是积分学中的 Cauchy-Schwarz 不等式, 在积分不等式及积分估计中具有重要的作用;

(2) 此不等式的结构特征是将乘积结构的被积函数分离为对应积分的乘积结构, 从估计方向上, 利用定积分的乘积结构估计被积函数的乘积结构, 因此, 在定积分不等式中, 涉及被积函数为乘积结构或定积分乘积结构的不等式, 可以考虑利用此结论证明;

(3) 这类结构还有一种 "加权" 形式, 即利用分解式 $1 = C \cdot \dfrac{1}{C}$ 或 $1 = h(x) \cdot \dfrac{1}{h(x)}$ 得到其变形结论, 如

$$\int_a^b f(x)g(x)\mathrm{d}x \leqslant \left(\int_a^b C^2 f^2(x)\mathrm{d}x\right)^{\frac{1}{2}} \left(\int_a^b \frac{1}{C^2} g^2(x)\mathrm{d}x\right)^{\frac{1}{2}};$$

(4) 初等不等式类型很多, 也有丰富的证明初等不等式的思想方法, 这些自然成为证明高等不等式的基础.

例 4　设 $f(x)$ 在 $[a,b]$ 可积, 且 $f(x) > 0, x \in [a,b]$, 证明

$$\int_a^b f(x)\mathrm{d}x \int_a^b \frac{1}{f(x)}\mathrm{d}x \geqslant (b-a)^2.$$

结构分析　结构特征: 从结构和不等式的估计方向上, 都满足 Cauchy-Schwarz 不等式的结构特征. 思路确立: 利用例 3 的结论. 方法设计: 确定两个具体的函数结构, 从 Cauchy-Schwarz 不等式的结构看, 放大后, 被积函数是 "平方" 结构, 对比本题结构, 很容易确定相应的函数.

证明　利用 Cauchy-Schwarz 不等式, 则

$$\int_a^b f(x)\mathrm{d}x \int_a^b \frac{1}{f(x)}\mathrm{d}x = \int_a^b \left(\sqrt{f(x)}\right)^2 \mathrm{d}x \int_a^b \left(\sqrt{\frac{1}{f(x)}}\right)^2 \mathrm{d}x$$

$$\geqslant \left(\int_a^b \sqrt{f(x)}\sqrt{\frac{1}{f(x)}}\mathrm{d}x\right)^2 = (b-a)^2.$$

例 5　设 $f(x)$ 在 $[a,b]$ 上具有连续的导数, 且 $f(a) = 0$, 证明

$$\int_a^b f^2(x)\mathrm{d}x \leqslant \frac{(b-a)^2}{2}\int_a^b (f'(x))^2\mathrm{d}x.$$

结构分析 题型: 定积分不等式. 结构特点: 涉及函数和其导函数的积分关系, 这也是证明中的难点, 方法的设计也围绕此难点的解决展开.

证明 由于

$$f(x) = f(x) - f(a) = \int_a^x f'(t)\mathrm{d}t,$$

利用 Cauchy-Schwarz 不等式, 得

$$f^2(x) = \left(\int_a^x f'(t)\mathrm{d}t\right)^2 \leqslant \int_a^x 1^2 \mathrm{d}t \int_a^x (f'(t))^2 \mathrm{d}t \leqslant (x-a)\int_a^b (f'(x))^2 \mathrm{d}x,$$

故

$$\int_a^b f^2(x)\mathrm{d}x \leqslant \frac{(b-a)^2}{2}\int_a^b (f'(x))^2 \mathrm{d}x.$$

抽象总结 证明过程中, 我们利用变限积分函数建立了函数和导函数的积分关系, 这种关系也充分体现了微积分的关系.

3. 更复杂的定积分不等式

不等式是分析学中重要的内容, 在微分学中, 我们利用微分理论对不等式的证明进行了研究, 在本书的第 27 讲中, 我们专门对不等式的证明思想方法进行过总结, 从中可以看到微分学理论在不等式的证明中发挥着非常重要的作用, 微分学理论也是研究不等式的高级理论. 但是, 定积分不等式的证明比较难, 特别是对更一般、更复杂的积分不等式.

一般来说, 由于定积分是一个确定的数值, 因此, 定积分的不等式的类型可以再抽象为常数型不等式, 即比较两个数的大小, 由于数的结构太简单, 而微分学研究的对象是函数 (变量), 因此, 使得微分学的高级研究理论不能应用于常数型不等式, 这就造成了定积分不等式的证明难度较大.

因此, 定积分不等式研究的一个重要思路就是能否将其转化为函数不等式, 使得我们能够用微分学的高级理论来研究. 沿着这个思路, 我们提出了变易法: 利用一些技术手段, 将定积分中的某个常数变易为变量, 从而把定积分不等式转化为此变量的函数不等式, 从而可以利用微分学理论进行研究, 一般来说, 通常选择积分上限变易为变量. 下面, 我们通过例子说明此方法的应用.

例 6 设 $f(x)$ 为 $[a,b]$ 上单调递增的连续函数, 证明:

$$\int_a^b xf(x)\mathrm{d}x \geqslant \frac{a+b}{2}\int_a^b f(x)\mathrm{d}x.$$

结构分析 题型: 定积分不等式, 由于定积分是确定的常数, 也可以将其再抽象为常数不等式. 思路: 在各种思路中, 我们选择微分学的研究思路, 将其转化为函数不等式. 方法设计: 变易法, 选择积分上限 b 变易为变量 t, 将其转变为关于变量 t 的函数不等式, 证明函数不等式的基本方法是单调性方法, 即通过导函数的符号判断单调性, 得到相应的不等式.

证明 记 $F(t) = \int_a^t xf(x)\mathrm{d}x - \dfrac{a+t}{2}\int_a^t f(x)\mathrm{d}x$, 则

$$
\begin{aligned}
F'(t) &= tf(t) - \frac{1}{2}\int_a^t f(x)\mathrm{d}x - \frac{a+t}{2}f(t) \\
&= \frac{t-a}{2}f(t) - \frac{1}{2}\int_a^t f(x)\mathrm{d}x \\
&= \frac{1}{2}\int_a^t f(t)\mathrm{d}x - \frac{1}{2}\int_a^t f(x)\mathrm{d}x \\
&= \frac{1}{2}\int_a^t (f(t)-f(x))\mathrm{d}x,
\end{aligned}
$$

由于 $f(x)$ 为 $[a,b]$ 上单调递增的连续函数, 则 $F'(t) \geqslant 0, t \in [a,b]$, 由于 $F(a) = 0$, 故 $F(t) \geqslant 0, t \in [a,b]$, 特别有 $F(b) \geqslant 0$, 这就是要证明的不等式.

抽象总结 在上述变易过程中, 选择的变易参量 b 既出现在积分上限, 也出现在系数中, 应该同时变易.

例 7 设 $f(x)$ 在 $[0,1]$ 上的具有连续导函数, $f(0) = 0, 0 < f'(x) < 1, x \in [0,1]$, 证明:

$$
\int_0^1 f^3(x)\mathrm{d}x < \left(\int_0^1 f(x)\mathrm{d}x\right)^2.
$$

证明 记 $F(t) = \left(\int_0^t f(x)\mathrm{d}x\right)^2 - \int_0^t f^3(x)\mathrm{d}x$, 则

$$
F'(t) = 2f(t)\int_0^t f(x)\mathrm{d}x - f^3(t) = f(t)\left[2\int_0^t f(x)\mathrm{d}x - f^2(t)\right],
$$

再记 $G(t) = 2\int_0^t f(x)\mathrm{d}x - f^2(t)$, 则

$$
G'(t) = 2f(t) - 2f(t)f'(t) = 2f(t)(1 - f'(t)).
$$

由于 $f(0) = 0, 0 < f'(x) < 1$, 则 $f(x) > f(0) = 0$, 因此, $G'(t) > 0, t \in (0,1]$,

因而, 还有 $F'(t) > 0, t \in (0,1]$, 由于 $F(0) = 0$, 故 $F(t) > 0, t \in (0,1]$, 特别有 $F(1) > 0$, 因此, 不等式成立.

当然, 研究定积分不等式的方法不仅这些, 还有基于初等不等式的研究方法.

二、 简单小结

不等式是数学理论中重要的内容, 从初等不等式到高等不等式, 现在已经发展成为一门专业的理论, 由此体现了不等式理论的重要性, 也体现了不等式理论中隐藏着丰富的思想方法. 本讲我们对定积分不等式的证明思想方法进行了介绍, 从中掌握应用定积分的保序性、定积分中值定理证明简单的定积分不等式的方法, 重点掌握处理复杂的定积分不等式的变易法.

第 **43** 讲 定积分的中值问题

中值问题是微积分学中一类重要问题, 而且是一类较难的问题, 本讲我们结合微积分综合应用, 以题目的求解分析为主, 重点对积分学的积分估计和中值问题的研究思想方法进行简单介绍.

例 1 设 $f(x)$ 在 $[0,1]$ 上的具有连续导函数, $f(0) = f(1) = 0$, 证明:

$$\left| \int_0^1 f(x)\mathrm{d}x \right| \leqslant \frac{1}{4}M,$$

其中, $M = \max\limits_{x \in [0,1]} |f'(x)|$.

结构分析 题型: 定积分估计. 结构特点: 积分估计是不等关系的建立, 不是计算, 且需要用导函数的界进行估计控制. 类比已知: 在定积分理论中, 处理不等关系的性质有积分的保序性和积分中值定理, 以及处理定积分不等式的思想方法及结论. 思路分析: 上述已知的理论不能直接应用于本题的证明, 原因是必须建立函数和导函数的积分关系. 方法设计: 围绕关系的建立设计具体的方法.

证明 对任意的 $\alpha \in (0,1)$, 利用分部积分公式, 则

$$\left| \int_0^1 f(x)\mathrm{d}x \right| = \left| f(x)(x-a)|_0^1 - \int_0^1 f'(x)(x-a)\mathrm{d}x \right|$$

$$= \left| \int_0^1 f'(x)(x-a)\mathrm{d}x \right| \leqslant M \int_0^1 |x-a|\mathrm{d}x,$$

选取 a, 使得 $\int_0^1 |x-a|\mathrm{d}x \leqslant \frac{1}{4}$ 即可, 取 $a = \frac{1}{2}$, 此时 $\int_0^1 |x-a|\mathrm{d}x = \frac{1}{4}$, 由此, 得到结论. 当然, $a = \frac{1}{2}$ 时, $\int_0^1 |x-a|\mathrm{d}x$ 取得最小值 $\frac{1}{4}$, 这说明, $\frac{1}{4}$ 是这种方法下最好的估计.

抽象总结 上述证明过程中的重点也是难点是建立函数和导函数的关系, 再通过积分建立二者的积分关系, 或建立函数和导函数的积分关系, 建立这些关系的方法有微分法和积分法.

微分法: 利用微分中值定理建立函数和导函数的关系, 再进一步建立积分关

系, 如对例 1, 有

$$f(x) = f(x) - f(a) + f(a) = f'(\xi)(x - a) + f(a),$$

因而,

$$\int_0^1 f(x)\mathrm{d}x = \int_0^1 f'(\xi)(x - a)\mathrm{d}x + \int_0^1 f(a)\mathrm{d}x,$$

得到估计

$$\left| \int_0^1 f(x)\mathrm{d}x \right| \leqslant M \int_0^1 |x - a|\mathrm{d}x + |f(a)|,$$

因此, 选择不同的 a, 得到不同的估计结论.

积分法: 上述证明过程中用到积分法, 即利用分部积分法直接建立函数和导函数关系.

比较两种方法, 得到的估计系数不同, 因此, 在不同的估计要求下, 选择不同的方法.

例 2　设 $f(x)$ 在 $[a, b]$ 上具有连续的二阶导函数, 且 $f\left(\dfrac{a + b}{2}\right) = 0, M = \max\limits_{x \in [0,1]} |f''(x)|$, 证明: $\left| \displaystyle\int_a^b f(x)\mathrm{d}x \right| \leqslant M \dfrac{(b - a)^3}{24}$.

结构分析　题型: 定积分估计. 结构特征: 利用二阶导数估计, 需要建立函数和二阶导函数的关系, 且不显含一阶导函数的信息. 类比已知: 建立函数和高阶导函数关系的理论工具就是 Taylor 展开, 这是直接建立关系的方法; 积分法中, 也可以多次利用分部积分法建立, 这些都是可供选择的思路和方法. 思路确立: 我们选择微分法, 即 Taylor 公式. 方法设计: 如何选择展开点? 选择原则是在对应的积分中, 消去一阶导函数的影响.

证明　任取 $x_0 \in [a, b]$, 由 Taylor 展开定理, 则

$$f(x) = f(x_0) + f'(x_0)(x - x_0) + \frac{1}{2}f''(\xi)(x - x_0)^2,$$

其中 ξ 在 x 和 x_0 之间.

两端积分得到

$$\int_a^b f(x)\mathrm{d}x = f(x_0)(b - a) + f'(x_0)\int_a^b (x - x_0)\mathrm{d}x + \frac{1}{2}\int_a^b f''(\xi)(x - x_0)^2\mathrm{d}x,$$

选择 $x_0 = \dfrac{a+b}{2}$, 由于此时有 $\displaystyle\int_a^b (x - x_0)\mathrm{d}x = 0$, 选择这样的展开点, 利用积分性质消去一阶导数项, 由此, 得

$$\int_a^b f(x)\mathrm{d}x = \frac{1}{2}\int_a^b f''(\xi)(x - x_0)^2 \mathrm{d}x,$$

由此建立了函数和二阶导函数间的积分关系, 估计得到

$$\left|\int_a^b f(x)\mathrm{d}x\right| \leqslant \frac{1}{2}M\int_a^b (x - x_0)^2 \mathrm{d}x = \frac{M(b-a)^3}{24},$$

结论得证.

抽象总结 在利用 Taylor 展开定理时, 通常需要对特殊项进行特殊处理, 如本题中, 由于没有一阶导数信息, 需要消去一阶导数项, 在微分理论中, 可以利用极值点处具有性质 $f'(x_0) = 0$ 来消去一阶导数项, 本题给出了积分法中, 利用 Taylor 展开定理消去一阶导数项的方法.

例 3 设 $f(x)$ 在 $[a,b]$ 上的具有连续的导函数, 且 $f(a) = f(b) = 0$, $f(x)$ 不恒为 0, 证明: $\displaystyle\int_a^b |f(x)|\mathrm{d}x \leqslant \frac{(b-a)^2}{4}|f'(\xi)|$, 其中 $\xi \in (a, b)$.

结构分析 题型: 积分估计, 由于涉及中值点, 也抽象为积分中值问题. 类比已知: 涉及中值点的已知理论有微分中值定理、积分中值定理. 结构特征: 由于涉及导函数的中值点, 应该考虑使用微分中值定理, 由此确立思路. 方法设计: 充分利用两个端点的条件, 一般情况下, 已知两个端点信息的条件下, 需要利用两次微分中值定理.

证明 取 $x_0 \in [a,b]$, 在 $[a, x_0]$, $[x_0, b]$ 上分别使用微分中值定理, 则存在 $\xi_1 \in (a, x_0)$, $\xi_2 \in (x_0, b)$, 使得

$$f(x) = f(x) - f(a) = f'(\xi_1)(x - a),$$

$$-f(x) = f(b) - f(x) = f'(\xi_2)(b - x),$$

因而,

$$\int_a^b |f(x)|\mathrm{d}x = \int_a^{x_0} |f(x)|\mathrm{d}x + \int_{x_0}^b |f(x)|\mathrm{d}x$$

$$= \int_a^{x_0} |f'(\xi_1)(x - a)|\mathrm{d}x + \int_{x_0}^b |f'(\xi_2)(a - x)|\mathrm{d}x,$$

再次利用积分中值定理, 存在 $\xi_1' \in (a, x_0)$, $\xi_2' \in (x_0, b)$, 使得

$$\int_a^b |f(x)|\mathrm{d}x = |f'(\xi_1')| \int_a^{x_0} |(x-a)|\mathrm{d}x + |f'(\xi_2')| \int_{x_0}^b |(a-x)|\mathrm{d}x,$$

$$\leqslant \max\{|f'(\xi_1')|, |f'(\xi_2')|\} \left\{ \int_a^{x_0} |(x-a)|\mathrm{d}x + \int_{x_0}^b |(a-x)|\mathrm{d}x \right\},$$

简单计算可知, 取 $x_0 = \dfrac{a+b}{2}$, 则

$$\int_a^b |f(x)|\mathrm{d}x \leqslant \max\{|f'(\xi_1')|, |f'(\xi_2')|\} \frac{(b-a)^2}{4},$$

当 $|f'(\xi_1')| \geqslant |f'(\xi_2')|$ 时, 取 $\xi = \xi_1'$; 当 $|f'(\xi_1')| \leqslant |f'(\xi_2')|$ 时, 取 $\xi = \xi_2'$, 由此, 得到结论.

抽象总结　(1) 证明过程中利用微分中值定理和积分中值定理得到中值点;

(2) 证明过程中, 我们最后才确定 $x_0 = \dfrac{a+b}{2}$, 目的是说明这样取点的原因.

例 4　设 $f(x)$ 在 $[a,b]$ 上的具有连续的二阶导函数, 证明: 存在 $\xi, \eta \in (a, b)$, 使得

(1) $\displaystyle\int_a^b f(x)\mathrm{d}x = f\left(\frac{a+b}{2}\right)(b-a) + \frac{(b-a)^3}{24} f''(\xi);$

(2) $\displaystyle\int_a^b f(x)\mathrm{d}x = \frac{f(a)+f(b)}{2}(b-a) - \frac{(b-a)^3}{12} f''(\eta).$

结构分析　题型: 积分中值问题. 特点: 涉及高阶导函数的中值点, 且是等式结构, 相对于不等式, 这是较难处理的一种结构. 思路: 利用 Taylor 公式和积分中值定理. 方法: 选择合适的展开点, 选择原则是使得一阶导数项消失; 进一步类比二者的结论形式, 对题 (1), 明显提示展开点为 $x_0 = \dfrac{a+b}{2}$; 对题 (2), 涉及两个端点, 选择难度大, 我们采用微分学中类似的待定系数法解决.

证明　(1) 记 $x_0 = \dfrac{a+b}{2}$, 利用 Taylor 展开公式得

$$f(x) = f(x_0) + f'(x_0)(x-x_0) + \frac{1}{2} f''(\xi')(x-x_0)^2,$$

其中 ξ' 在 x 与 x_0 点之间, 两端积分, 得

$$\int_a^b f(x)\mathrm{d}x = f(x_0)(b-a) + \frac{1}{2}\int_a^b f''(\xi')(x-x_0)^2\mathrm{d}x,$$

再次利用积分中值定理, 存在 $\xi \in (a, b)$, 使得

$$\int_a^b f(x)\mathrm{d}x = f(x_0)(b-a) + \frac{(b-a)^3}{24}f''(\xi).$$

(2) **法一** 记 $\dfrac{\displaystyle\int_a^b f(x)\mathrm{d}x - \dfrac{f(a)+f(b)}{2}(b-a)}{(b-a)^3} = c$, 作辅助函数

$$F(t) = \int_a^t f(x)\mathrm{d}x - \frac{f(a)+f(t)}{2}(t-a) - c(t-a)^3,$$

则 $F(a) = F(b) = 0$, 利用微分中值定理, 存在 $\eta' \in (a, b)$, 使得 $F'(\eta') = 0$, 即

$$f(\eta') - \frac{f'(\eta')}{2}(\eta'-a) - \frac{f(a)+f(\eta')}{2} - 3c(\eta'-a)^2 = 0,$$

即

$$f(\eta') - f(a) - f'(\eta')(\eta'-a) - 6c(\eta'-a)^2 = 0,$$

再记 $G(t) = f(t) - f(a) - f'(t)(t-a) - 6c(t-a)^2$, 则 $G(a) = G(\eta') = 0$, 再次利用中值定理, 则存在 $\eta \in (a, b)$, 使得 $G'(\eta) = 0$, 即

$$c = -\frac{1}{12}f''(\eta),$$

由此, 得到要证明的结论.

抽象总结 (1) 在证明中值等式的题目中, 将对应的中值点的函数值设定为一个常数, 然后再用变易方法构造辅助函数, 利用中值定理产生中值, 建立常数和中值的关系, 这种方法在处理此类问题时非常有效.

(2) 对题 (2) 的处理方法属于微分法, 也可以利用积分法, 通过分部积分公式建立函数和高阶导函数的关系.

法二 对任意的 $c \in (a, b)$, 由分部积分公式, 则

$$\begin{aligned}
\int_a^b f(x)\mathrm{d}x &= \int_a^b f(x)(x-c)'\mathrm{d}x \\
&= f(x)(x-c)\big|_a^b - \int_a^b f'(x)(x-c)\mathrm{d}x \\
&= f(x)(x-c)\bigg|_a^b - \frac{1}{2}f'(x)(x-c)^2\bigg|_a^b + \frac{1}{2}\int_a^b f''(x)(x-c)^2\mathrm{d}x,
\end{aligned}$$

类比要证明的结论, 特别是第一项, 应该选择 $c = \dfrac{a+b}{2}$, 此时

$$\int_a^b f(x)\mathrm{d}x = \frac{f(a)+f(b)}{2}(b-a) - \frac{(b-a)^2}{8}(f'(b)-f'(a)) + \frac{1}{2}\int_a^b f''(x)(x-c)^2\mathrm{d}x$$

$$= \frac{f(a)+f(b)}{2}(b-a) - \frac{(b-a)^2}{8}\int_a^b f''(x)\mathrm{d}x + \frac{1}{2}\int_a^b f''(x)(x-c)^2\mathrm{d}x$$

$$= \frac{f(a)+f(b)}{2}(b-a) - \frac{1}{2}\int_a^b f''(x)\left(\frac{(b-a)^2}{4}-(x-c)^2\right)\mathrm{d}x,$$

利用积分中值定理, 存在 $\eta \in (a,b)$, 使得

$$\int_a^b f(x)\mathrm{d}x = \frac{f(a)+f(b)}{2}(b-a) - \frac{1}{2}f''(\eta)\int_a^b \left(\frac{(b-a)^2}{4}-(x-c)^2\right)\mathrm{d}x,$$

$$= \frac{f(a)+f(b)}{2}(b-a) - \frac{(b-a)^3}{12}f''(\eta),$$

证毕.

抽象总结　涉及二阶导函数的中值点问题通常需要利用两次微分中值定理 (微分法), 或利用两次分部积分公式 (积分法) 建立函数和二阶导数的关系.

本讲我们对积分中值问题的求解思想方法进行简单介绍, 其基本理论是微分中值定理和积分中值定理, 可以根据题目中隐藏的信息选择对应的方法, 注意掌握我们介绍的思想方法.

第44讲 积分学中的形式统一方法

形式统一法是我们提出的解决问题, 特别是大题、难题的一个重要而有效的方法, 学习了定积分理论之后, 可以结合微分理论和积分理论设计一些有难度的题目, 本讲我们以定积分中的难题为载体, 介绍形式统一思想方法的应用.

例 1 设 $f(x)$ 在 $[0,1]$ 上可微且 $|f'(x)| \leqslant M, x \in [0,1]$, 证明: 对任意正整数 n, 都有

$$\left| \int_0^1 f(x)\mathrm{d}x - \frac{1}{n} \sum_{i=1}^n f\left(\frac{i}{n}\right) \right| \leqslant \frac{M}{2n}.$$

结构分析 题型: 定积分估计. 结构特点: 两种不同结构的差的估计. 思路: 定积分理论. 方法: 由于涉及两类不同结构的差, 方法设计的主要思想就是形式统一, 即先从形式上进行统一, 对本题, 一种结构是定积分, 一种结构是有限和, 使用形式统一时, 一般从高级结构向低级结构转化相对容易, 如容易利用定积分的区间可加性将定积分转化为和式结构, 当然, 需要根据相类比的有限和结构对定积分进行分割, 由此形成基本的处理方法.

证明 左 $= \left| \sum_{i=1}^n \int_{\frac{i-1}{n}}^{\frac{i}{n}} f(x)\mathrm{d}x - \frac{1}{n} \sum_{i=1}^n f\left(\frac{i}{n}\right) \right|$ ——形式统一

$= \left| \sum_{i=1}^n \left[\int_{\frac{i-1}{n}}^{\frac{i}{n}} f(x)\mathrm{d}x - \frac{1}{n} f\left(\frac{i}{n}\right) \right] \right|$ ——求和对象结构不同

$= \left| \sum_{i=1}^n \int_{\frac{i-1}{n}}^{\frac{i}{n}} \left[f(x) - f\left(\frac{i}{n}\right) \right] \mathrm{d}x \right|$ ——形式统一

$= \left| \sum_{i=1}^n \int_{\frac{i-1}{n}}^{\frac{i}{n}} f'(\xi_i) \left(x - \frac{i}{n} \right) \mathrm{d}x \right|$ ——微分中值定理

$\leqslant \sum_{i=1}^n M \int_{\frac{i-1}{n}}^{\frac{i}{n}} \left(\frac{i}{n} - x \right) \mathrm{d}x$

$= \sum_{i=1}^n M \frac{1}{2n^2} = \frac{M}{2n}.$

抽象总结　(1) 过程中用到两次形式统一, 统一的方向或方法不唯一, 如在第二次形式统一时, 也可以先利用积分中值定理将定积分转化为函数值结构与后项形式统一, 再进行运算, 即

$$\int_{\frac{i-1}{n}}^{\frac{i}{n}} f(x)\mathrm{d}x - \frac{1}{n}f\left(\frac{i}{n}\right) = f(\xi_i)\frac{1}{n} - \frac{1}{n}f\left(\frac{i}{n}\right),$$

对此, 再利用微分中值定理也可以得到结论.

(2) 形式统一法是处理两类不同结构间运算的有效方法, 因此, 分析到两类不同结构的因子进行运算时, 考虑形式统一的思想方法.

例 2　设 $f(x) \in C^1[a,b]$, 记

$$A_n = \frac{b-a}{n}\sum_{i=1}^{n} f\left(a + \frac{i(b-a)}{n}\right) - \int_a^b f(x)\mathrm{d}x,$$

证明: $\lim\limits_{n\to+\infty} nA_n = \dfrac{b-a}{2}[f(b) - f(a)]$.

结构分析　题型: 涉及定积分的极限. 结构特点: 研究对象 nA_n 由两种不同结构的因子组成. 思路方法: 利用形式统一对研究对象进行处理, 简化结构, 由于整体结构与例 1 相同, 处理的思想方法也相似, 只是最后需要将估计转化为极限计算, 注意与计算结果的类比.

证明　令

$$x_i = a + \frac{i(b-a)}{n}, \quad i = 0, 1, \cdots, n, \quad \Delta x_i = x_i - x_{i-1} = \frac{b-a}{n},$$

利用微分中值定理和第一积分中值定理, 则

$$nA_n = n\left[\frac{b-a}{n}\sum_{i=1}^{n} f(x_i) - \sum_{i=1}^{n}\int_{x_{i-1}}^{x_i} f(x)\mathrm{d}x\right]$$

$$= n\sum_{i=1}^{n}\int_{x_{i-1}}^{x_i}(f(x_i) - f(x))\mathrm{d}x$$

$$= n\sum_{i=1}^{n}\int_{x_{i-1}}^{x_i} f'(\xi_i)(x_i - x)\mathrm{d}x$$

$$= n\sum_{i=1}^{n} f'(\eta_i)\int_{x_{i-1}}^{x_i}(x_i - x)\mathrm{d}x$$

$$= n \sum_{i=1}^{n} f'(\eta_i) \frac{(\Delta x_i)^2}{2}$$

$$= \frac{b-a}{2} \sum_{i=1}^{n} f'(\eta_i) \Delta x_i,$$

其中 $\xi_i, \eta_i \in [x_{i-1}, x_i]$ 且和两个端点有关. 由定积分的定义, 则

$$\lim_{n \to +\infty} nA_n = \frac{b-a}{2} \int_a^b f'(x)\mathrm{d}x = \frac{b-a}{2}[f(b) - f(a)].$$

抽象总结 上述证明过程中, 我们对积分项 $\int_{x_{i-1}}^{x_i} f'(\xi_i)(x_i - x)\mathrm{d}x$ 直接使用了第一积分中值定理, 可以证明这样处理是可以的, 事实上, 设当 $x \in [x_{i-1}, x_i]$ 时 $m \leqslant f'(x) \leqslant M$, 因此,

$$m(x_i - x) \leqslant f'(\xi_i)(x_i - x) \leqslant M(x_i - x), \quad x \in [x_{i-1}, x_i],$$

故

$$m \leqslant \frac{\displaystyle\int_{x_{i-1}}^{x_i} f'(\xi_i)(x_i - x)\mathrm{d}x}{\displaystyle\int_{x_{i-1}}^{x_i} (x_i - x)\mathrm{d}x} \leqslant M,$$

由介值定理, 则存在 $\eta_i \in [x_{i-1}, x_i]$, 使得

$$\frac{\displaystyle\int_{x_{i-1}}^{x_i} f'(\xi_i)(x_i - x)\mathrm{d}x}{\displaystyle\int_{x_{i-1}}^{x_i} (x_i - x)\mathrm{d}x} = f'(\eta_i),$$

即 $\displaystyle\int_{x_{i-1}}^{x_i} f'(\xi_i)(x_i - x)\mathrm{d}x = f'(\eta_i) \int_{x_{i-1}}^{x_i} (x_i - x)\mathrm{d}x.$

在定积分题目中, 还有一类题目难度较大, 但是, 利用形式统一的思想方法可以有效地形成解决问题的思路方法.

例 3 设 $f(x)$ 连续, 证明:

$$\int_1^a \frac{1}{x} f\left(x^2 + \frac{a^2}{x^2}\right) \mathrm{d}x = \int_1^a \frac{1}{x} f\left(x + \frac{a^2}{x}\right) \mathrm{d}x.$$

结构分析 题型: 定积分等式或定积分的变形. 思路: 对题目的变形, 基本思路是变量变换, 即通过换元改变其形式. 方法: 选择变换的思路隐藏在题目的结构中, 可以通过类比两端的结构, 从主要因子的不同结构形式中确定换元. 对本题: 比较等式两端, 主要区别在于被积函数的变量结构, 由此确定证明的主要出发点就是如何将变量形式由 $x^2 + \dfrac{a^2}{x^2}$ 转化为形式 $x + \dfrac{a^2}{x}$, 由此设计具体的变量代换; 当然, 换元之后, 会带来积分区间的改变, 必须进一步利用形式统一的思想在积分区间之间进行转化.

证明 作变换 $t = x^2$, 则

$$左端 = \frac{1}{2}\int_1^{a^2} \frac{1}{t} f\left(t + \frac{a^2}{t}\right) \mathrm{d}t,$$

比较要证明的结论, 对上式右端积分分段处理, 则

$$左端 = \frac{1}{2}\left[\int_1^a \frac{1}{t} f\left(t + \frac{a^2}{t}\right) \mathrm{d}t + \int_a^{a^2} \frac{1}{t} f\left(t + \frac{a^2}{t}\right) \mathrm{d}t\right],$$

对右端第二项, 继续利用形式统一的思想, 通过变换实现积分区间的统一, 当然, 选择变换时, 还要保证函数变量的结构不变性, 为此作变换 $u = \dfrac{a^2}{t}$, 则

$$\int_a^{a^2} \frac{1}{t} f\left(t + \frac{a^2}{t}\right) \mathrm{d}t = \int_a^1 \frac{u}{a^2} f\left(u + \frac{a^2}{u}\right)\left(-\frac{a^2}{u^2}\right) \mathrm{d}u = \int_1^a \frac{1}{u} f\left(u + \frac{a^2}{u}\right) \mathrm{d}u,$$

代入既得结论.

例 4 设 $f(x)$ 连续, 证明:

$$\int_1^4 \frac{\ln x}{x} f\left(\frac{x}{2} + \frac{2}{x}\right) \mathrm{d}x = \ln 2 \int_1^4 \frac{1}{x} f\left(\frac{x}{2} + \frac{2}{x}\right) \mathrm{d}x.$$

结构分析 题型: 定积分的变形. 思路: 利用换元进行变换. 方法: 类比两端结构, 积分限相同、函数的整体变量结构相同, 不同之处在于两个因子 $\ln x$ 和 $\ln 2$, 因此, 在选择变换时, 要保持函数变量的整体结构不变, 由于函数变量中有两个因子, 尽量把等式中涉及的因子向这两个因子的结构转化, 简化整体结构, 注意到对数函数的性质, 通过移项正好把两个不同的因子合二为一, 且产生已知的变量结构.

证明 要证明的等式等价于

$$\int_1^4 \frac{\ln \frac{x}{2}}{x} f\left(\frac{x}{2} + \frac{2}{x}\right) \mathrm{d}x = 0,$$

或

$$\int_1^4 \frac{\ln \frac{x}{2}}{\frac{x}{2}} f\left(\frac{x}{2} + \frac{2}{x}\right) \mathrm{d}x = 0,$$

或

$$\int_1^4 \frac{2}{x} \ln \frac{x}{2} f\left(\frac{x}{2} + \frac{2}{x}\right) \mathrm{d}x = 0,$$

移项及后两式的变化都体现了形式统一的思想, 即把变量的结构统一为两种形式: $\frac{2}{x}$ 和 $\frac{x}{2}$, 或一种结构 $\frac{x}{2}$, 由此, 确定采用倒代换. 当然, 也可以先进行伸缩变换简化结构, 即上式等价于

$$\int_{\frac{1}{2}}^2 \frac{1}{t} \ln t \cdot f\left(t + \frac{1}{t}\right) \mathrm{d}t = 0,$$

这就是我们要证明的结论.

记 $I = \int_{\frac{1}{2}}^2 \frac{1}{t} \ln t \cdot f\left(t + \frac{1}{t}\right) \mathrm{d}t$, 对其进行利用倒代换, 则

$$I = \int_2^{\frac{1}{2}} s \ln \frac{1}{s} \cdot f\left(s + \frac{1}{s}\right)\left(-\frac{1}{s^2}\right) \mathrm{d}s = -I,$$

故 $I = 0$, 这就是我们要证明的结论.

抽象总结 本题中的形式统一思想主要体现于结论的等价转化, 最后变换的选择在于保持函数整体变量的结构不变性, 还是形式统一思想的应用.

例 5 设 $f(x)$ 连续, $f(x) > 0, \forall x$, 证明:

$$\int_0^1 \ln f(x + t)\mathrm{d}t = \int_0^x \ln \frac{f(t + 1)}{f(t)}\mathrm{d}t + \int_0^1 \ln f(t)\mathrm{d}t.$$

结构分析 结构中涉及两种不同的积分限和不同的被积函数形式, 处理的思想还是形式统一的思想, 具体的方法还是换元法. 当然, 在处理过程中, 以积分结构最简为依据进行形式统一, 即都可以把被积函数的结构统一到 $\ln f(t)$, 使得思路更直接.

证明 对各项利用相应的变换, 则

$$\int_0^1 \ln f(x + t)\mathrm{d}x = \int_x^{1+x} \ln f(t)\mathrm{d}t,$$

$$\int_0^x \ln\frac{f(t+1)}{f(t)}\mathrm{d}t = \int_0^x \ln f(1+t)\mathrm{d}t - \int_0^x \ln f(t)\mathrm{d}t$$

$$= \int_1^{1+x} \ln f(t)\mathrm{d}t - \int_0^x \ln f(t)\mathrm{d}t$$

$$= \int_1^x \ln f(t)\mathrm{d}t + \int_x^{1+x} \ln f(t)\mathrm{d}t - \int_0^x \ln f(t)\mathrm{d}t$$

$$= -\int_x^1 \ln f(t)\mathrm{d}t + \int_x^{1+x} \ln f(t)\mathrm{d}t - \int_0^x \ln f(t)\mathrm{d}t$$

$$= \int_x^{1+x} \ln f(t)\mathrm{d}t - \int_0^1 \ln f(t)\mathrm{d}t,$$

故等式成立.

抽象总结　(1) 本题被积函数的变量结构整体简单, 我们利用形式统一的思想将被积函数统一为 $\ln f(t)$, 利用变换和积分的可加性证明结论.

(2) 积分恒等式的证明的主要方法就是变换法或换元法, 换元选择的原则基于结构中的形式统一.

本讲中涉及的题目都有一定的难度, 我们利用形式统一的思想进行分析处理, 有效地形成了研究的思路和求解的方法, 体现了形式统一思想的应用价值.

第**45**讲 无穷限广义积分的 Cauchy 收敛准则及应用方法

Cauchy 收敛准则是极限理论中判断极限存在的最重要的法则, 凡是有极限的地方, 都有对应的 Cauchy 收敛准则, 体现了该准则的重要性, 但是, 由于该准则的抽象性, 使得该准则的应用比较困难, 在数列极限和函数极限理论中, 我们已经深刻体会到了其应用的困难性. 本讲我们对无穷限广义积分的 Cauchy 收敛准则及其应用进行简单的介绍.

一、 无穷限广义积分的 Cauchy 收敛准则

给定无穷限广义积分 $\displaystyle\int_a^{+\infty} f(x)\mathrm{d}x$.

定理 1 (Cauchy 收敛准则) $\displaystyle\int_a^{+\infty} f(x)\mathrm{d}x$ 收敛的充要条件是对任意的 $\varepsilon > 0$, 存在 $A_0 > a$, 使得对任意的 $A' > A_0$, $A'' > A_0$, 都有

$$\left|\int_{A'}^{A''} f(x)\mathrm{d}x\right| < \varepsilon.$$

结构分析 (1) 定理 1 给出的 Cauchy 收敛准则实际是函数极限 $\displaystyle\lim_{A\to+\infty} F(A)$ 的 Cauchy 收敛准则, 其中 $F(A) = \displaystyle\int_a^A f(x)\mathrm{d}x$.

(2) 若把 $\displaystyle\int_{A'}^{A''} f(x)\mathrm{d}x$ 称为广义积分 $\displaystyle\int_a^{+\infty} f(x)\mathrm{d}x$ 的 Cauchy 片段, 简言之, Cauchy 收敛准则的条件就是: 充分远的 Cauchy 片段能够任意小.

(3) 由此表明: $\displaystyle\int_a^{+\infty} f(x)\mathrm{d}x$ 收敛与函数 $f(x)$ 在无穷远处的行为有关, 由此也暗示在讨论广义积分的敛散性与函数在无穷远处性质的关系时, 可以考虑 Cauchy 收敛准则, 揭示了 Cauchy 收敛准则的作用对象特征.

(4) Cauchy 收敛准则的理论意义大, 作用于具体对象时, 通常作用于较简单的结构.

利用定理 1, 还可以得到余项结构的结论.

定理 2　$\displaystyle\int_a^{+\infty} f(x)\mathrm{d}x$ 收敛的充要条件是对任意的 $\varepsilon > 0$, 存在 $A_0 > a$, 使得对任意的 $A > A_0$, 都有 $\left|\displaystyle\int_A^{+\infty} f(x)\mathrm{d}x\right| < \varepsilon$.

结构分析　(1) 根据广义积分敛散性的定义, $\displaystyle\int_a^{+\infty} f(x)\mathrm{d}x$ 收敛于 I 定义为: $\displaystyle\int_a^{+\infty} f(x)\mathrm{d}x = I$ 等价于 $\displaystyle\lim_{A\to+\infty}\int_a^A f(x)\mathrm{d}x = I$, 在收敛条件下, $\displaystyle\int_A^{+\infty} f(x)\mathrm{d}x = \int_a^{+\infty} f(x)\mathrm{d}x - \int_a^A f(x)\mathrm{d}x$, 因此, 我们称 $\displaystyle\int_A^{+\infty} f(x)\mathrm{d}x$ 为 $\displaystyle\int_a^{+\infty} f(x)\mathrm{d}x$ 的余项.

(2) 定理 2 可视为定理 1 的变形, 它利用余项刻画了广义积分收敛的充要条件, 在研究函数在无穷远处的行为时同样有重要作用.

二、　应用

在数学分析中, 利用 Cauchy 收敛准则建立了非负函数广义积分的最基本的判别广义积分敛散性的法则——比较判别法, 建立了任意函数广义积分判敛性的 Abel 判别法和 Dirichlet 判别法, 由此建立了广义积分的判别理论, 体现了 Cauchy 收敛准则的理论价值.

第46讲 含三角函数的广义积分方法

基本初等函数类中, 三角函数是一类特殊的函数, 具有特殊的性质, 在广义积分、级数理论中, 通常可用三角函数构造一些题目, 增加题目的难度, 本讲我们以 $\sin x$ 在广义积分中的应用为例, 介绍在判别敛散性的理论中, 三角函数的功能与作用.

一、 三角函数的初等性质

在判别敛散性理论中, 三角函数因子 $\sin x$ 的应用性质:

(1) 自身的有界性, 即 $|\sin x| \leqslant 1, \forall x$;

(2) 周期性, 即 $\sin x$ 以 2π 为周期;

(3) 积分片段的有界性, 即 $\left| \int_a^b \sin x \mathrm{d}x \right| \leqslant 2$ (在级数理论中, 此性质表现为部分和片段的有界性).

上述三个性质应用于不同的场合, 得到对应不同的结论.

二、 基本应用举例

1. 有界性的应用

有界性是其最简单的性质, 也应用于最简单的场合: 判断绝对收敛性, 即利用有界性对被积函数进行控制, 得到绝对收敛性. 由于绝对收敛性是非常好的性质, 因此, 我们也把此时能判别的对象称为 "好的广义积分", 由此, 有界性的作用对象通常是 "好函数" 的广义积分.

例 1 判断广义积分 $\displaystyle\int_0^{+\infty} \frac{\sin x^2}{1+x^2} \mathrm{d}x$ 的收敛性.

结构分析 题型: 无穷限广义积分敛散性的判断. 结构特点: 含有正弦函数因子且有绝对收敛因子 $\dfrac{1}{1+x^2}$, 即 $\displaystyle\int_a^{+\infty} \frac{1}{1+x^2} \mathrm{d}x$ 绝对收敛. 类比已知: 考虑上述三个性质. 思路方法: 利用有界性及对应的比较判别法.

解 由于 $\left| \dfrac{\sin x^2}{1+x^2} \right| \leqslant \dfrac{1}{1+x^2}, \forall x$, 且 $\displaystyle\int_0^{+\infty} \frac{1}{1+x^2} \mathrm{d}x$ 收敛, 故 $\displaystyle\int_0^{+\infty} \frac{\sin x^2}{1+x^2} \mathrm{d}x$

绝对收敛, 因而其也收敛.

抽象总结　在利用 $\sin x$ 的有界性得到收敛性时, 结构中通常含有收敛因子, 增加函数因子的目的是增加题目形式上的难度.

例 1 是利用有界性得到了非常好的绝对收敛性, 反向利用有界性还可以研究广义积分的发散性, 我们在后面结合性质 (3) 的应用再给出对应的例子.

2. 积分片段有界性的应用

例 2　研究 $\displaystyle\int_0^{+\infty}\frac{\sin x}{x}\mathrm{d}x$ 的敛散性.

结构分析　题型: 由于 $\displaystyle\lim_{x\to 0}\frac{\sin x}{x}=1$, 此广义积分仅是无穷限广义积分, 因此, 题目是无穷限广义积分敛散性的判断. 结构特点: ① 被积函数含有三角函数因子; ② 没有收敛因子; ③ 变号函数. 思路: Abel 判别法和 Dirichlet 判别法. 方法设计: 类比 $\sin x$ 的性质 (3) 和判别定理, 考虑利用 Dirichlet 判别法.

解　由于 $\left|\displaystyle\int_0^a\sin x\mathrm{d}x\right|\leqslant 2,\forall a$, 且当 $x>1$ 时, $\dfrac{1}{x}$ 单调递减, $\displaystyle\lim_{x\to+\infty}\frac{1}{x}=0$, 由 Dirichlet 判别法, $\displaystyle\int_0^{+\infty}\frac{\sin x}{x}\mathrm{d}x$ 收敛.

抽象总结　(1) 证明过程中所用到的方法是涉及三角函数因子、利用积分片段有界性的研究敛散性的基本方法;

(2) 结果可以推广到更多相同的结构上, 如利用同样的方法可以得到

$$\int_1^{+\infty}\frac{\cos x}{x}\mathrm{d}x,\quad \int_1^{+\infty}\frac{\sin x\cos x}{x}\mathrm{d}x$$

等的收敛性.

例 3　讨论 $\displaystyle\int_0^{+\infty}\frac{\sin x}{x}\mathrm{d}x$ 的条件收敛性和绝对收敛性.

结构分析　题型: 类比例 2, 只需讨论 $\displaystyle\int_1^{+\infty}\frac{|\sin x|}{x}\mathrm{d}x$ 的敛散性. 思路方法: 类比已知, 涉及三角函数已知的结论仍是上述结构的广义积分的敛散性结论和对应的方法, 因此, 处理的思路和方法是将绝对值号去掉, 建立与已知结构的联系, 建立联系的方法可以考虑利用三角函数的基本初等性质.

解　利用三角函数的性质, 则

$$\frac{|\sin x|}{x}\geqslant\frac{|\sin x|^2}{x}=\frac{1}{2}\frac{1-\cos 2x}{x}\geqslant 0,$$

由于 $\int_1^{+\infty} \dfrac{1}{x}\mathrm{d}x$ 发散, $\int_1^{+\infty} \dfrac{\cos 2x}{x}\mathrm{d}x$ 收敛, 故 $\int_1^{+\infty} \dfrac{1-\cos 2x}{x}\mathrm{d}x$ 发散, 由比较判别法, 得 $\int_1^{+\infty} \dfrac{|\sin x|}{x}\mathrm{d}x$ 发散, 因而, $\int_0^{+\infty} \dfrac{\sin x}{x}\mathrm{d}x$ 条件收敛.

抽象总结 (1) 反向利用三角函数有界性得到含三角函数绝对值因子的广义积分的发散性是处理这类问题的基本方法.

(2) 从几何结构看 $\int_0^{+\infty} \dfrac{\sin x}{x}\mathrm{d}x$ 条件收敛的意义: 定积分的几何意义是相应的几何图形的面积; $\int_0^{+\infty} \dfrac{\sin x}{x}\mathrm{d}x$ 几何表示也是面积; 由于三角函数的变号性质, $\dfrac{\sin x}{x}$ 与 x 轴所围的图形分布在 x 轴的上下两侧, $\int_0^{+\infty} \dfrac{\sin x}{x}\mathrm{d}x$ 收敛的原因可以解释为正负面积相互抵消, 其代数和是可和的; $\int_0^{+\infty} \left|\dfrac{\sin x}{x}\right|\mathrm{d}x$ 发散的原因可以解释为正负面积的绝对和产生累计效应, 绝对面积的叠加使得面积不可求和.

3. 周期性的应用

周期性也是三角函数重要的性质, 在研究广义积分敛散性理论中也有重要的作用, 一般来说, 在应用 Cauchy 收敛准则时, 周期性主要用于估计 Cauchy 片段, 证明广义积分的发散性.

例 4 利用 Cauchy 收敛准则证明 $\int_0^{+\infty} x\sin x\mathrm{d}x$ 的发散性.

结构分析 思路明确: 利用 Cauchy 收敛准则证明. 方法设计: 围绕充分远的 Cauchy 片段有正的下界来设计方法, 为此, 可以考虑利用 $\sin x$ 的周期性, 优先选择使得 $\sin x$ 有正下界的区间.

证明 对 $\varepsilon_0 = \dfrac{\sqrt{2}\pi}{8}$, 对任意的正整数 n, 取 $A' = 2n\pi + \dfrac{\pi}{4}$, $A'' = 2n\pi + \dfrac{\pi}{2}$, 则

$$\left|\int_{A'}^{A''} x\sin x\mathrm{d}x\right| = \int_{A'}^{A''} x\sin x\mathrm{d}x \geqslant \frac{\sqrt{2}}{2}\int_{A'}^{A''} x\mathrm{d}x \geqslant \frac{\sqrt{2}}{2}\int_{A'}^{A''} 1\mathrm{d}x = \frac{\sqrt{2}\pi}{8},$$

故 $\int_0^{+\infty} x\sin x\mathrm{d}x$ 发散.

抽象总结 (1) 利用周期性将积分片段控制在使得 $\sin x$ 有正下界的区间内, 这是证明过程中采用的主要的技术手段.

(2) 因子 x 的发散作用很强 $\left(\int_1^{+\infty} x \mathrm{d}x\ 发散 \right)$, 使得上述的技术手段能够实现.

(3) 对此例来说, 结构相对简单, 对 Cauchy 片段的处理方法不唯一, 一般优先考虑估计方法, 可以甩掉一些次要因素, 使得过程相对简单.

(4) 本例的方法可以推广到更一般的题目, 如证明 $\int_0^{+\infty} x^\lambda \sin x \mathrm{d}x (\lambda > 0)$ 的发散性.

(5) 由此可以总结一般结论: $\int_0^{+\infty} x^\lambda \sin x \mathrm{d}x$ 当 $\lambda \geqslant 0$ 时发散, 当 $\lambda < 0$ 时收敛.

例 5 利用 Cauchy 收敛准则讨论 $\int_0^{+\infty} \left| \dfrac{\sin x}{x} \right| \mathrm{d}x$ 的发散性.

结构分析 由于明确了用 Cauchy 收敛准则证明的思路, 我们只对方法设计进行分析. 首先指出的是例 4 中的方法失效, 原因是: 要控制使得 $|\sin x|$ 有正的下界的充分远的积分片段, 此时对应的片段 $\int_{A'}^{A''} \dfrac{1}{x} \mathrm{d}x$ 通常充分小, 不能保证 $\int_{A'}^{A''} \left| \dfrac{\sin x}{x} \right| \mathrm{d}x$ 有正的下界, 因此, 必须对方法进行修正. 事实上, 考虑到发散的原因是面积的叠加, 因此, 在设计 Cauchy 片段时, 可以考虑充分远且充分 "长" 的区间, 依靠面积的叠加保证 Cauchy 片段有正的下界, 因此, 可以考虑 $|\sin x|$ 的周期性设计积分片段.

证明 考虑 Cauchy 片段 $\int_{2n\pi}^{2n\pi+k\pi} \left| \dfrac{\sin x}{x} \right| \mathrm{d}x$, 则

$$
\begin{aligned}
\int_{2n\pi}^{2n\pi+k\pi} \left| \frac{\sin x}{x} \right| \mathrm{d}x &\geqslant \frac{1}{2n\pi+k\pi} \int_{2n\pi}^{2n\pi+k\pi} |\sin x| \mathrm{d}x \\
&= \frac{1}{2n\pi+k\pi} \sum_{i=1}^{k} \int_{(i-1)\pi}^{i\pi} |\sin x| \mathrm{d}x \\
&= \frac{k}{2n\pi+k\pi} \int_0^{\pi} |\sin x| \mathrm{d}x = \frac{2k}{2n\pi+k\pi},
\end{aligned}
$$

对 $\varepsilon_0 = \dfrac{2}{3\pi}$, 对任意的正整数 n , 取 $A' = 2n\pi$, $A'' = 3n\pi$, 则

$$
\int_{2n\pi}^{3n\pi} \left| \frac{\sin x}{x} \right| \mathrm{d}x \geqslant \frac{2}{3\pi},
$$

故 $\int_0^{+\infty} \left| \dfrac{\sin x}{x} \right| \mathrm{d}x$ 发散.

抽象总结 本例中, 构造的 Cauchy 片段相对复杂, 原因是因子 $\dfrac{1}{x}$ 的发散作用相对较弱, 在 p-积分中, $p = 1$ 是敛散性的临界指标, 即 $\int_1^{+\infty} \dfrac{1}{x^p} \mathrm{d}x$ 当 $p > 1$ 时收敛, 当 $p \leqslant 1$ 时发散, 因此, 我们构造 Cauchy 片段时, 充分利用 $|\sin x|$ 的周期性, 通过选择充分 "长" 的片段, 达到目的, 这与例 4 的构造方法形成了区别.

三、 复杂应用举例

上面几个例子是正弦三角函数因子最基本的应用举例, 利用上述题目的研究思想可以设计更复杂的例子.

例 6 讨论 $\int_1^{+\infty} \sin x^p \mathrm{d}x$ 的敛散性.

结构分析 结构: 由三角函数因子构成的广义积分敛散性分析. 类比已知: 已知 $\int_1^{+\infty} x^\lambda \sin x \mathrm{d}x$ 的敛散性结论和对应的处理方法. 方法设计: 利用变换向已知结构转化.

解 当 $p = 0$ 时, 此广义积分发散; 当 $p < 0$ 时, 此时, 广义积分为非负函数的广义积分, 且 $\sin x^p \sim \dfrac{1}{x^{-p}}(x \to +\infty)$, 因而, 当 $-p > 1$, 即 $p < -1$ 时, 此广义积分收敛, 当 $0 < -p \leqslant 1$, 即 $0 > p \geqslant -1$ 时, 此广义积分发散.

当 $p > 0$ 时, 作变换 $t = x^p$, 则

$$\int_1^{+\infty} \sin x^p \mathrm{d}x = \int_1^{+\infty} \dfrac{\sin t}{t^{1-p^{-1}}} \mathrm{d}t,$$

因此, 当 $1 - \dfrac{1}{p} > 0$, 即 $p > 1$ 时, 此广义积分收敛; 当 $1 - \dfrac{1}{p} \leqslant 0$, 即 $0 < p \leqslant 1$ 时, 此广义积分发散.

综上所述, 当 $|p| > 1$ 时, 此广义积分收敛; 当 $|p| \leqslant 1$ 时, 此广义积分发散.

抽象总结 对本题, 利用形式统一的思想, 通过变换直接将其转化为已知的结构, 利用已知的结论得到结果, 这是直接转化方法的利用.

例 7 讨论 $\int_1^{+\infty} \sin x \sin x^2 \mathrm{d}x$ 的敛散性.

结构分析 结构特点: 与前面已知的结构对比, 被积函数是两个三角函数因子的积结构. 类比已知, 形成思路方法: 利用初等三角函数的性质实现合二为一, 转化为已知结构.

解 利用积化和差公式, 则

$$\int_1^{+\infty} \sin x \sin x^2 \mathrm{d}x = \frac{1}{2}\int_1^{+\infty}[\cos(x^2-x)-\cos(x+x^2)]\mathrm{d}x,$$

由于

$$\int_1^{+\infty}\cos(x^2-x)\mathrm{d}x = \int_1^{+\infty}\cos\left(\left(x-\frac{1}{2}\right)^2-\frac{1}{4}\right)\mathrm{d}x$$

$$= \int_1^{+\infty}\cos\left(\left(x-\frac{1}{2}\right)^2-\frac{1}{4}\right)\mathrm{d}x$$

$$= \int_1^{+\infty}\left(\cos\left(x-\frac{1}{2}\right)^2\cos\frac{1}{4}+\sin\left(x-\frac{1}{2}\right)^2\sin\frac{1}{4}\right)\mathrm{d}x,$$

又

$$\int_1^{+\infty}\cos\left(x-\frac{1}{2}\right)^2\mathrm{d}x = \int_{\frac{1}{2}}^{+\infty}\cos t^2\mathrm{d}t = \frac{1}{2}\int_{\frac{1}{4}}^{+\infty}\frac{\cos s}{\sqrt{s}}\mathrm{d}s,$$

$$\int_1^{+\infty}\sin\left(x-\frac{1}{2}\right)^2\mathrm{d}x = \int_{\frac{1}{2}}^{+\infty}\sin t^2\mathrm{d}t = \frac{1}{2}\int_{\frac{1}{4}}^{+\infty}\frac{\sin s}{\sqrt{s}}\mathrm{d}s,$$

利用前面的结论, 则 $\int_1^{+\infty}\cos(x^2-x)\mathrm{d}x$ 收敛. 类似可得 $\int_1^{+\infty}\cos(x^2+x)\mathrm{d}x$ 也
收敛, 因而, $\int_1^{+\infty}\sin x\sin x^2\mathrm{d}x$ 收敛.

抽象总结 解题过程中的基本思想是形式统一, 即将结构形式向已知的结构
形式 $\int_1^{+\infty}\sin x^p\mathrm{d}x$ 及 $\int_1^{+\infty}\frac{\sin x}{x^\lambda}\mathrm{d}x$ 转化.

例 8 讨论 $\int_1^{+\infty}\frac{1}{x}\sin\left(\frac{1}{x}+x\right)\mathrm{d}x$ 的敛散性.

结构分析 结构特点: 含正弦三角函数因子, 由于因子 $x+\frac{1}{x}$ 的复杂性, 不能
通过变换转化为已知结构, 也使得 $\sin\left(x+\frac{1}{x}\right)$ 不具有周期性; 且类比已知的结
构 $\int_1^{+\infty}\frac{\sin x}{x}\mathrm{d}x$ 的结论与研究方法, 三角函数的有界性不能使用. 因此, 可以考

虑利用积分片段的有界性设计方法, 由于复杂因子是 $x + \dfrac{1}{x}$, 在设计具体方法时, 可以利用形式统一思想构造积分片段的有界性, 即为使 $\sin\left(x + \dfrac{1}{x}\right)$ 对应的积分片段有界, 需要将其配因子转化为全微分形式, 由此形成具体的方法.

解 由于

$$\int_1^{+\infty} \frac{1}{x} \sin\left(\frac{1}{x} + x\right) \mathrm{d}x = \int_1^{+\infty} \frac{1}{x\left(1 - \dfrac{1}{x^2}\right)} \left(1 - \frac{1}{x^2}\right) \sin\left(\frac{1}{x} + x\right) \mathrm{d}x$$

$$= \int_1^{+\infty} \frac{x}{x^2 - 1} \left(1 - \frac{1}{x^2}\right) \sin\left(\frac{1}{x} + x\right) \mathrm{d}x,$$

由于

$$\left| \int_1^A \left(1 - \frac{1}{x^2}\right) \sin\left(\frac{1}{x} + x\right) \mathrm{d}x \right| = \left| \int_1^A \sin\left(\frac{1}{x} + x\right) \mathrm{d}\left(x + \frac{1}{x}\right) \right| \leqslant 2,$$

且当 $x > 1$ 时, $\dfrac{x}{x^2 - 1}$ 单调递减且 $\displaystyle\lim_{x \to +\infty} \frac{x}{x^2 - 1} = 0$, 由 Dirichlet 判别法, $\displaystyle\int_1^{+\infty} \frac{1}{x} \cdot \sin\left(\frac{1}{x} + x\right) \mathrm{d}x$ 收敛.

抽象总结 (1) 相对于例 6 的直接转化法, 本题采用的思想可以称为化用法, 即当直接转化法不能使用时, 化用对应的解题思想方法以实现求解, 本题就是对例 2 处理思想方法的化用.

(2) 本例用到的具体方法就是强制形式统一方法, 即为使得因子 $\sin\left(x + \dfrac{1}{x}\right)$ 为全微分形式, 需要配上因子 $\left(1 - \dfrac{1}{x^2}\right)$, 因此, 在被积函数的分子和分母上同时乘以 $\left(1 - \dfrac{1}{x^2}\right)$, 这就是形式统一思想的实现.

(3) 当然, 还可以直接利用配因子的形式统一思想直接验证积分片段的有界性:

$$\left| \int_1^A \sin\left(x + \frac{1}{x}\right) \mathrm{d}x \right| = \left| \int_1^A \left(1 - \frac{1}{x^2} + \frac{1}{x^2}\right) \sin\left(x + \frac{1}{x}\right) \mathrm{d}x \right|$$

$$\leqslant \left| \int_1^A \left(1 - \frac{1}{x^2}\right) \sin\left(x + \frac{1}{x}\right) \mathrm{d}x \right| + \left| \int_1^A \frac{1}{x^2} \sin\left(x + \frac{1}{x}\right) \mathrm{d}x \right|$$

$$\leqslant \left| \int_1^A \sin\left(x+\frac{1}{x}\right) \mathrm{d}\left(x+\frac{1}{x}\right) \right| + \left| \int_1^A \frac{1}{x^2}\mathrm{d}x \right|$$

$$\leqslant 2+1-\frac{1}{A}<3.$$

利用这种方法可以将结论进一步推广到 $\int_1^{+\infty} \frac{1}{x^p}\sin\left(\frac{1}{x}+x\right)\mathrm{d}x$, 结合前面的方法得到结论: $p>1$ 时, $\int_1^{+\infty} \frac{1}{x^p}\sin\left(\frac{1}{x}+x\right)\mathrm{d}x$ 绝对收敛; $0<p\leqslant 1$ 时, $\int_1^{+\infty} \frac{1}{x^p}\sin\left(\frac{1}{x}+x\right)\mathrm{d}x$ 条件收敛.

(4) 如果将 $\int_1^{+\infty} \frac{1}{x^p}\sin x\mathrm{d}x$ 作为已知, 还可以利用三角函数的初等性质, 化未知为已知, 即

$$\int_1^{+\infty} \frac{1}{x^p}\sin\left(\frac{1}{x}+x\right)\mathrm{d}x = \int_1^{+\infty} \frac{1}{x^p}\left(\sin\frac{1}{x}\cos x + \cos\frac{1}{x}\sin x\right)\mathrm{d}x$$

$$= \int_1^{+\infty} \frac{\cos x}{x^p}\sin\frac{1}{x}\mathrm{d}x + \int_1^{+\infty} \frac{\sin x}{x^p}\cos\frac{1}{x}\mathrm{d}x,$$

对右端, 可以利用 Abel 判别法判断.

还可以利用三角函数设计更复杂的题目, 为此, 先建立一个结论.

例 9 设 $f(x)>0$ 且单调递减, 证明 $\int_a^{+\infty} f(x)\mathrm{d}x$ 与 $\int_a^{+\infty} f(x)\sin^2 x\mathrm{d}x$ 同时敛散.

证明 因为 $f(x)>0$ 且单调递减, 故 $\lim\limits_{x\to+\infty} f(x)$ 存在.

若 $\lim\limits_{x\to+\infty} f(x)=0$, 则由 Dirichlet 判别法, $\int_a^{+\infty} f(x)\cos 2x\mathrm{d}x$ 收敛. 由于

$$2\int_a^{+\infty} f(x)\sin^2 x\mathrm{d}x = \int_a^{+\infty} f(x)\mathrm{d}x - \int_a^{+\infty} f(x)\cos 2x\mathrm{d}x,$$

故 $\int_a^{+\infty} f(x)\mathrm{d}x$ 与 $\int_a^{+\infty} f(x)\sin^2 x\mathrm{d}x$ 同时敛散.

若 $\lim\limits_{x\to+\infty} f(x)=b>0$, 此时 $\int_a^{+\infty} f(x)\mathrm{d}x$ 发散. 由极限定义, 存在 $A>a$, 使得 $x>A$ 时,

$$f(x)>\frac{b}{2}>0,$$

故取 n 充分大, 使得 $A'' = 2n\pi + \dfrac{\pi}{2} > A' = 2n\pi + \dfrac{\pi}{4} > A$, 则

$$\int_{A'}^{A''} f(x)\sin^2 x \mathrm{d}x \geqslant \frac{1}{8}b\pi,$$

故 $\displaystyle\int_a^{+\infty} f(x)\sin^2 x \mathrm{d}x$ 发散. 因而, 此时二者同时发散.

利用例 8, 可以设计复杂的应用举例.

例 10 讨论 $I = \displaystyle\int_2^{+\infty} \dfrac{\sin x}{x^p + \sin x}\mathrm{d}x$ 的敛散性.

结构分析 结构特点: 分子和分母中的都含有三角函数因子, 难点在于分母的结构, 使得单调性和周期性都不能直接使用, 可以利用有界性得到部分结论 $\left(\left|\dfrac{\sin x}{x^p + \sin x}\right| \leqslant \dfrac{1}{x^p - 1}\right)$, 但是, 这种放缩思想提示我们, 可以利用放缩处理分母中的三角函数因子, 当然放缩方法适用于非负函数, 因此, 需要处理分子中的三角函数因子, 只能用初等方法, 考虑因式分解, 则

$$\frac{\sin x}{x^p + \sin x} = \frac{\sin x(x^p + \sin x - \sin x)}{x^p(x^p + \sin x)} = \frac{\sin x}{x^p} - \frac{\sin^2 x}{x^p(x^p + \sin x)}.$$

由此, 将被积函数分解为已知结构和非负结构, 后者的结构与例 8 相似, 可以考虑利用例 8 的结论和非负函数的判别法来研究.

解 由于

$$\frac{\sin x}{x^p + \sin x} = \frac{\sin x}{x^p} - \frac{\sin^2 x}{x^p(x^p + \sin x)},$$

记 $I_1 = \displaystyle\int_2^{+\infty} \dfrac{\sin x}{x^p}\mathrm{d}x$, $I_2 = \displaystyle\int_2^{+\infty} \dfrac{\sin^2 x}{x^p(x^p + \sin x)}\mathrm{d}x$.

对 $I_1 = \displaystyle\int_2^{+\infty} \dfrac{\sin x}{x^p}\mathrm{d}x$, 利用已知结论可知, 当 $p > 0$ 时其收敛, 当 $p \leqslant 0$ 时其发散.

对 $I_2 = \displaystyle\int_2^{+\infty} \dfrac{\sin^2 x}{x^p(x^p + \sin x)}\mathrm{d}x$, 利用放缩技术甩掉三角函数因子, 则

$$\frac{\sin^2 x}{2x^{2p}} \leqslant \frac{\sin^2 x}{x^p(x^p + 1)} \leqslant \frac{\sin^2 x}{x^p(x^p + \sin x)} \leqslant \frac{\sin^2 x}{x^p(x^p - 1)} \leqslant \frac{2\sin^2 x}{x^{2p}},$$

所以 $I_2 = \displaystyle\int_2^{+\infty} \dfrac{\sin^2 x}{x^p(x^p + \sin x)}\mathrm{d}x$ 与 $\displaystyle\int_2^{+\infty} \dfrac{\sin^2 x}{x^{2p}}\mathrm{d}x$ 同时敛散, 由例 8, 又与

$\int_2^{+\infty} \dfrac{1}{x^{2p}}\mathrm{d}x$ 同时敛散, 即 $p > \dfrac{1}{2}$ 时收敛, $p \leqslant \dfrac{1}{2}$ 时发散.

故 $I = \int_2^{+\infty} \dfrac{\sin x}{x^p + \sin x}\mathrm{d}x$ 当 $p > \dfrac{1}{2}$ 时收敛, $p \leqslant \dfrac{1}{2}$ 时发散.

抽象总结 (1) 从结论看, 和 $\int_2^{+\infty} \dfrac{\sin x}{x^p}\mathrm{d}x$ 对比可以发现, 分母上增加因子 $\sin x$, 深刻改变了其敛散性, 使得收敛范围变小. 这反映了广义积分敛散性的复杂性, 也反映了非单调性因子 $\sin x$ 对广义积分敛散性的深刻影响.

(2) 对第二项的放缩也体现了主项控制的思想, 即当 x 充分大时, x^p 是主项, 可以利用主项控制副项 $\sin x$.

再给出更复杂的例子.

例 11 讨论 $\int_1^{+\infty} \dfrac{x}{1 + x^2 |\sin x|}\mathrm{d}x$ 的敛散性.

结构分析 结构特点: 三角函数因子在分母上, 对应主因子 $\dfrac{x}{1 + x^2}$ 是发散因子. 思路方法: 优先考虑消去其影响, 对应考虑利用其有界性达到目的.

解 由于
$$0 < \frac{x}{1 + x^2} \leqslant \frac{x}{1 + x^2 |\sin x|},$$

且 $\int_1^{+\infty} \dfrac{x}{1 + x^2}\mathrm{d}x$ 发散, 故 $\int_1^{+\infty} \dfrac{x}{1 + x^2 |\sin x|}\mathrm{d}x$ 也发散.

抽象总结 例子中的三角函数因子出现在分母上, 带来了结构上形式的复杂性, 但是, 由于对应的因子结构, 很容易利用有界性消去三角函数因子, 得到结论. 本题也给出了分母上三角函数因子的一种处理思想方法.

例 12 讨论 $\int_\pi^{+\infty} \dfrac{1}{1 + x^4 \cos^2 x}\mathrm{d}x$ 的敛散性.

结构分析 结构特点: 主因子 $\dfrac{1}{1 + x^4}$ 是收敛因子, 三角函数因子在分母上, 但是, 由于有无限多个坏点 $x = n\pi + \dfrac{\pi}{2}$, 破坏了收敛因子的整体收敛性. 思路方法: 由于与例 11 结构上的差别, 例 11 的方法失效; 事实上, 如果三角函数因子有正的下界, 可以利用放大法消去三角函数因子得到收敛性; 由于在坏点处, 三角函数因子为 0, 没有正的下界, 放大法失效, 因此, 必须采用更精细的估计法. 这就要考虑保留三角函数因子, 以计算为主的估计方法, 为此, 利用三角函数的周期性, 进行分段估计.

解 考虑 $\displaystyle\int_{n\pi}^{(n+1)\pi} \frac{1}{1+x^4\cos^2 x}\mathrm{d}x$, 由于

$$0 < \int_{n\pi}^{(n+1)\pi} \frac{1}{1+x^4\cos^2 x}\mathrm{d}x \leqslant \int_{n\pi}^{(n+1)\pi} \frac{1}{1+(n\pi)^4\cos^2 x}\mathrm{d}x,$$

利用周期性, 则

$$\int_{n\pi}^{(n+1)\pi} \frac{1}{1+(n\pi)^4\cos^2 x}\mathrm{d}x = \int_0^\pi \frac{1}{1+(n\pi)^4\cos^2 x}\mathrm{d}x,$$

由于

$$\int_0^\pi \frac{1}{1+(n\pi)^4\cos^2 x}\mathrm{d}x = 2\int_0^{\frac{\pi}{2}} \frac{1}{1+(n\pi)^4\cos^2 x}\mathrm{d}x = \frac{\pi}{\sqrt{1+(n\pi)^4}},$$

故

$$0 < \int_{n\pi}^{(n+1)\pi} \frac{1}{1+x^4\cos^2 x}\mathrm{d}x \leqslant \frac{\pi}{\sqrt{1+(n\pi)^4}},$$

因此

$$\int_\pi^{+\infty} \frac{1}{1+x^4\cos^2 x}\mathrm{d}x \leqslant \sum_{n=1}^{+\infty} \frac{\pi}{\sqrt{1+(n\pi)^4}},$$

由于 $\displaystyle\sum_{n=1}^{+\infty} \frac{\pi}{\sqrt{1+(n\pi)^4}}$ 收敛, 因而, $\displaystyle\int_\pi^{+\infty} \frac{1}{1+x^4\cos^2 x}\mathrm{d}x$ 收敛.

　　抽象总结　对具有坏点的情形, 需要采用精细的估计, 因此, 利用周期性进行分段估计, 积分计算的部分显示了对三角函数应用的精细性.

　　四、简单小结

　　本讲我们对含有 $\sin x$ 的广义积分的敛散性进行了讨论, 分析了此因子的性质和作用, 探讨了对此结构的敛散性的研究思想方法, 这些分析问题、解决问题的思想方法同样适用于其他题目的求解.

第47讲 广义积分敛散性判别的试验性方法

无穷限广义积分的敛散性取决于被积函数的性质, 特别是函数在无穷远处的性质, 虽然影响敛散性的因素有很多, 但是, 对大多数一般结构的无穷限广义积分而言, 决定敛散性的核心指标是函数在无穷远处的极限行为. 本讲我们以非负函数的无穷限广义积分为例, 介绍以 "阶" 的分析为主的试验性判别法.

一、 基本原理

考虑非负函数的广义积分 $\int_a^{+\infty} f(x)\mathrm{d}x$. 在教材中, 以比较判别法为理论基础, 以 p-积分为标准, 建立了 Cauchy 判别法.

定理 1 (Cauchy 判别法) 设 $\lim\limits_{x\to+\infty} x^p f(x) = l$, 则

(1) 当 $0 \leqslant l < +\infty$ 且 $p > 1$ 时, $\int_a^{+\infty} f(x)\mathrm{d}x$ 收敛;

(2) 当 $0 < l \leqslant +\infty$ 且 $p \leqslant 1$ 时, $\int_a^{+\infty} f(x)\mathrm{d}x$ 发散.

结构分析 (1) Cauchy 判别法是以 p-积分为标准, 通过比较得到敛散性; 而 p-积分的敛散性是以 $\dfrac{1}{x^p}$ 在无穷远的收敛于 0 的速度所决定的, 利用 "阶" 的观点, $\dfrac{1}{x^p}$ 趋于 0 的速度为 p-阶速度, 因此, Cauchy 判别法是通过 $\lim\limits_{x\to+\infty} f(x) = 0$ 的速度判别敛散性.

(2) Cauchy 判别法是一个非常好的判别法, 它把敛散性的判断转化为极限的运算或函数阶的分析, 再次体现了极限理论的基础性, 体现了函数 "阶" 的理论的重要性.

应用 Cauchy 判别法的重点和难点是判别标准的选择, 即 p 的确定, 若能够熟练函数阶的分析理论, p-的确定并不难, 这里, 我们提出试验法, 避开阶的分析, 直接以极限的计算和参数关系的匹配为依据, 给出敛散性的结论.

二、 试验法及其应用

我们通过具体的例子说明试验法及其应用.

例 1 讨论 $\displaystyle\int_1^{+\infty} \frac{1}{\sqrt{x}} \ln\left(1 + \frac{1}{x}\right) \mathrm{d}x$ 的敛散性.

结构分析 题型: 无穷限广义积分的敛散性判断. 结构特点: 简单的非负初等函数结构. 类比已知: 可以利用阶的分析方法, 确定被积函数的阶, 从而确定 Cauchy 判别法. 方法设计: 为确定 p, 我们直接考察极限

$$\lim_{x\to+\infty} x^p \frac{1}{\sqrt{x}} \ln\left(1 + \frac{1}{x}\right) = \lim_{x\to+\infty} x^{p-\frac{1}{2}} \ln\left(1 + \frac{1}{x}\right)$$

$$= \lim_{x\to+\infty} x^{p-\frac{3}{2}} = \begin{cases} +\infty, & p > \dfrac{3}{2}, \\ 1, & p = \dfrac{3}{2}, \\ 0, & p < \dfrac{3}{2}, \end{cases}$$

根据 Cauchy 判别法, 当 $l = +\infty$ 时, 此时只能得到发散性结论, 且要求 $p \leqslant 1$, 而本题得到 $l = +\infty$ 的结论要求 $p > \dfrac{3}{2}$, 二者对 p 的要求矛盾; 同样, 当 $l = 0$ 时, 此时只能得到收敛性结论, 且要求 $p > 1$, 而本题得到 $l = 0$ 的结论要求 $p < \dfrac{3}{2}$, 二者对 p 的要求也矛盾, 因此, 这两种情形得不到结论, 不能用于求解. 当 $l = 1$ 时, 能得到同时敛散的结论, 此时 $p = \dfrac{3}{2}$, 因而, 由 Cauchy 判别法可以得到收敛性的结论. 从上述过程中, 可以设计具体的方法了.

解 由于 $\displaystyle\lim_{x\to+\infty} x^{\frac{3}{2}} \frac{1}{\sqrt{x}} \ln\left(1 + \frac{1}{x}\right) = 1$, 利用 Cauchy 判别法, 则此广义积分收敛.

抽象总结 (1) 上述的求解过程就是简单的两行字, 在简单的两行字的背后隐藏的是深刻的分析问题的思想方法, 即为何选择 $p = \dfrac{3}{2}$? 其答案就隐藏在前面的分析过程中.

(2) 我们将分析过程中所用到的方法进行抽象总结, 称之为试验性方法, 即通过极限结论和参数关系的试验对比, 确定参数 p.

(3) 试验法重在分析过程, 通过分析确定出判别标准; 由于需要利用极限结论 $\displaystyle\lim_{x\to+\infty} x^p f(x) = l$ 才能使用此方法, 此极限的存在说明此方法只适用于函数具有确定的趋于 0 的速度; 但是, 对临界情形, 此法失效.

例 2 讨论 $\displaystyle\int_2^{+\infty} \dfrac{1}{x^\lambda \ln x}\mathrm{d}x$ 的敛散性, 其中 $\lambda > 0$.

结构分析 直接考虑试验性方法, 由于

$$\lim_{x\to+\infty} x^p \frac{1}{x^\lambda \ln x} = \lim_{x\to+\infty} \frac{x^{p-\lambda}}{\ln x} = \begin{cases} +\infty, & p > \lambda, \\ 0, & p \leqslant \lambda. \end{cases}$$

结论分析 根据 Cauchy 判别法, 当 $l = +\infty$ 时, 此时只能得到发散性结论, 且要求 $p \leqslant 1$, 而本题得到 $l = +\infty$ 的结论要求 $p > \lambda$, 满足二者, 则必有 $1 \geqslant p > \lambda$, 因此, 当 $1 > \lambda$ 时, 只需取 $p = 1$ 即可满足上述要求, 得到发散性的结论. 当 $l = 0$ 时, 此时只能得到收敛性结论, 且要求 $p > 1$, 而本题得到 $l = 0$ 的结论要求 $p \leqslant \lambda$, 同时满足二者对 p 的要求, 则必有 $1 < p \leqslant \lambda$, 因此, 当 $1 < \lambda$ 时, 可以取 $p = \lambda$ 即可以得到收敛性的结论. 故 $\lambda \neq 1$ 时, 都能用 Cauchy 判别法得到结论, 当 $\lambda = 1$ 时, 此方法失效, 事实上, 此时由于

$$\lim_{x\to+\infty} x^p \frac{1}{x \ln x} = \lim_{x\to+\infty} \frac{x^{p-1}}{\ln x} = \begin{cases} +\infty, & p > 1, \\ 0, & p \leqslant 1, \end{cases}$$

由 Cauchy 判别法, 当 $l = +\infty$ 时, 此时只能得到发散性结论, 且要求 $p \leqslant 1$, 而本题得到 $l = +\infty$ 的结论要求 $p > 1$, 二者关于 p 的要求矛盾, 即不存在同时满足二者的 p, 即不能使用 Cauchy 判别法; 当 $l = 0$ 时, 此时只能得到收敛性结论, 且要求 $p > 1$, 而本题得到 $l = 0$ 的结论要求 $p \leqslant 1$, 两个条件矛盾, 即 Cauchy 判别法失效. 所以, 当 $\lambda = 1$ 时, Cauchy 判别法得不到任何结论, 即 Cauchy 判别法失效.

根据上述结论, $\lambda = 1$ 是敛散性的临界指标, 一般来说, 临界指标的处理方法是独特的, 通常需用最底层的定义法判断.

至此, 形成了本题的具体方法.

解 当 $\lambda > 1$ 时, 由于

$$\lim_{x\to+\infty} x \frac{1}{x^\lambda \ln x} = \lim_{x\to+\infty} \frac{x^{1-\lambda}}{\ln x} = +\infty,$$

由 Cauchy 判别法, 此时 $\displaystyle\int_2^{+\infty} \dfrac{1}{x^\lambda \ln x}\mathrm{d}x$ 发散.

当 $\lambda > 1$ 时, 由于

$$\lim_{x\to+\infty} x^\lambda \frac{1}{x^\lambda \ln x} = \lim_{x\to+\infty} \frac{1}{\ln x} = 0,$$

由 Cauchy 判别法, 此时 $\displaystyle\int_2^{+\infty} \dfrac{1}{x^\lambda \ln x}\mathrm{d}x$ 收敛.

当 $\lambda = 1$ 时, 由于

$$\lim_{A \to +\infty} \int_2^A \frac{1}{x \ln x} \mathrm{d}x = \lim_{A \to +\infty} (\ln \ln A - \ln \ln 2) = +\infty,$$

由定义, 此时 $\int_2^{+\infty} \frac{1}{x^\lambda \ln x} \mathrm{d}x$ 发散.

综上, 当 $0 < \lambda \leqslant 1$ 时, $\int_2^{+\infty} \frac{1}{x^\lambda \ln x} \mathrm{d}x$ 发散; 当 $\lambda > 1$ 时, $\int_2^{+\infty} \frac{1}{x^\lambda \ln x} \mathrm{d}x$ 收敛.

抽象总结 (1) 由于涉及参量 λ, 在使用试验法进行讨论时, 过程相对复杂, 通常需要通过 p 满足的不同条件先确定参数的范围, 在此范围内再讨论 p 的取值的可行性, 由此确定 Cauchy 判别法的应用;

(2) 对大多涉及有参数的情形, 通常存在临界情况, 临界情形的处理方法通常是特殊的, 一般采用定义处理;

(3) 上述简洁的求解过程中, 依赖于前面的复杂的分析过程, 分析过程正是数学的分析问题、解决问题的思想方法的体现.

例 3 判别 $\int_2^{+\infty} \left(\frac{\pi}{2} - \arctan x\right)^2 \mathrm{d}x$ 的敛散性.

结构分析 利用试验法, 计算极限

$$\lim_{x \to +\infty} x^p \left(\frac{\pi}{2} - \arctan x\right)^2 = \left(\lim_{x \to +\infty} \frac{\frac{\pi}{2} - \arctan x}{x^{-\frac{p}{2}}}\right)^2$$

$$= \left(\frac{2}{p} \lim_{x \to +\infty} \frac{\frac{1}{1+x^2}}{x^{-\frac{p}{2}-1}}\right)^2 = \left(\frac{2}{p} \lim_{x \to +\infty} \frac{x^{\frac{p}{2}+1}}{1+x^2}\right)^2$$

$$= \left(\frac{2}{p} \lim_{x \to +\infty} x^{\frac{p}{2}-1}\right)^2 = \begin{cases} 0, & 0 < p < 2, \\ 1, & p = 2, \\ +\infty, & p > 2. \end{cases}$$

利用此结果, 很容易得到敛散性结论.

解 由于 $\lim_{x \to +\infty} x^2 \left(\frac{\pi}{2} - \arctan x\right)^2 = 1$, 故由 Cauchy 判别法, 此广义积分收敛.

抽象总结 解题过程是教材中常规的模式, 直接取 $p = 2$, 利用 Cauchy 判别法得到结论, 应该思考的问题是: 为何取 $p = 2$? 结构分析的过程中给出了这个问

题的答案.

试验法同样适用于无界函数的广义积分.

例 4　讨论 $\displaystyle\int_0^1 \left(\ln(1+x) - \frac{x}{1+x} \right) \frac{1}{x^3} \mathrm{d}x$ 的敛散性.

结构分析　题型: 无界函数的广义积分敛散性分析; 奇点为 $x = 0$; 利用试验法讨论. 分析极限结论:

$$
\begin{aligned}
\lim_{x \to 0^+} x^p \left(\ln(1+x) - \frac{x}{1+x} \right) \frac{1}{x^3} &= \lim_{x \to 0^+} \frac{1}{1+x} \frac{(1+x)\ln(1+x) - x}{x^{3-p}} \\
&= \lim_{x \to 0^+} \frac{(1+x)\ln(1+x) - x}{x^{3-p}} \\
&= \lim_{x \to 0^+} \frac{\ln(1+x)}{(3-p)x^{2-p}} = \frac{1}{3-p} \lim_{x \to 0^+} \frac{\ln(1+x)}{x} x^{p-1} \\
&= \frac{1}{3-p} \lim_{x \to 0^+} x^{p-1} = \begin{cases} 0, & p > 1, \\ \dfrac{1}{2}, & p = 1, \end{cases}
\end{aligned}
$$

根据 Cauchy 判别法, 当 $l = 0$ 时, 此时只能得到收敛性结论, 此时要求 $0 < p < 1$, 显然, 此时, p 是不可以取到的, 即得不到收敛性结论; 当 $l = \dfrac{1}{2}$ 时, 通过取 $p = 1$, 得到发散性结论.

解　由于

$$
\lim_{x \to 0^+} x \left(\ln(1+x) - \frac{x}{1+x} \right) \frac{1}{x^3} = \frac{1}{2},
$$

由 Cauchy 判别法, 则 $\displaystyle\int_0^1 \left(\ln(1+x) - \frac{x}{1+x} \right) \frac{1}{x^3} \mathrm{d}x$ 发散.

例 5　讨论 $\displaystyle\int_{-\frac{\pi}{4}}^{\frac{\pi}{4}} \sqrt{\frac{\cos x - \sin x}{\cos x + \sin x}} \mathrm{d}x$ 的敛散性.

结构分析　题型: 无界函数的广义积分敛散性分析; 奇点为 $x = -\dfrac{\pi}{4}$; 利用试验法讨论. 分析极限结论:

$$
\begin{aligned}
\lim_{x \to -\frac{\pi}{4}^+} \left(x + \frac{\pi}{4} \right)^p \sqrt{\frac{\cos x - \sin x}{\cos x + \sin x}} &= \lim_{t \to 0^+} t^p \sqrt{\frac{\cos t}{\sin t}} = \lim_{t \to 0^+} t^p \sqrt{\frac{1}{\sin t}} \\
&= \lim_{t \to 0^+} \sqrt{\frac{t^{2p}}{\sin t}} = \sqrt{\lim_{t \to 0^+} \frac{t^{2p}}{\sin t}} = 1, \quad p = \frac{1}{2},
\end{aligned}
$$

由于 $p = \dfrac{1}{2}$ 时, $l = \dfrac{1}{2}$, 根据 Cauchy 判别法, 得到收敛性结论.

解　由于

$$\lim_{x \to -\frac{\pi}{4}^+} \left(x + \frac{\pi}{4}\right)^{\frac{1}{2}} \sqrt{\frac{\cos x - \sin x}{\cos x + \sin x}} = \lim_{t \to 0^+} \sqrt{\frac{t}{\sin t}} = 1,$$

由 Cauchy 判别法, 则 $\displaystyle\int_{-\frac{\pi}{4}}^{\frac{\pi}{4}} \sqrt{\dfrac{\cos x - \sin x}{\cos x + \sin x}} \mathrm{d}x$ 收敛.

　　抽象总结　结构分析过程进行了简化, 只讨论了能得到结论的 p 值, 熟练了方法之后, 也可以将结构分析过程和求解过程进行融合, 再进行简化.

　　三、 简单小结

　　本讲我们对 Cauchy 判别法的具体应用, 给出了试验法, 从过程中揭示了 Cauchy 判别法的应用机理, 即对比标准的选择依据, 这种方法可以推广到数项级数理论中.

第48讲 广义积分的计算方法

广义积分的计算也是广义积分理论中的主要内容, 也是各种考试中的考点之一, 本讲我们对广义积分计算中用到的一些思想方法进行简单的介绍.

1. 定义法

利用广义积分的定义, 将广义积分的计算转化为极限的计算.

例 1 设 $f(x)$ 在 $[0,+\infty)$ 连续, 对任意的 $A>0$, $\displaystyle\int_A^{+\infty} \frac{f(x)}{x}\mathrm{d}x$ 存在, 证明: 对任意的 $a>0,b>0$, $\displaystyle\int_0^{+\infty} \frac{f(ax)-f(bx)}{x}\mathrm{d}x = f(0)\ln\frac{b}{a}$.

结构分析 题型: 广义积分结论的验证或计算. 思路方法: 类比所给的条件和要研究的广义积分的结构, 类比广义积分的定义, 容易确定利用极限建立已知和未知联系的思路.

证明 由定义, 则

$$\int_0^{+\infty} \frac{f(ax)-f(bx)}{x}\mathrm{d}x = \lim_{A\to 0^+} \int_A^{+\infty} \frac{f(ax)-f(bx)}{x}\mathrm{d}x$$

$$= \lim_{A\to 0^+} \left[\int_A^{+\infty} \frac{f(ax)}{x}\mathrm{d}x - \int_A^{+\infty} \frac{f(bx)}{x}\mathrm{d}x \right]$$

$$= \lim_{A\to 0^+} \left[\int_{aA}^{+\infty} \frac{f(x)}{x}\mathrm{d}x - \int_{bA}^{+\infty} \frac{f(x)}{x}\mathrm{d}x \right]$$

$$= \lim_{A\to 0^+} \int_{aA}^{bA} \frac{f(x)}{x}\mathrm{d}x = \lim_{A\to 0^+} f(\xi) \int_{aA}^{bA} \frac{1}{x}\mathrm{d}x = f(0)\ln\frac{b}{a}.$$

上述过程中用到了积分中值定理和函数的连续性.

例 2 设 $f(x)$ 在 $[0,+\infty)$ 连续, $\displaystyle\lim_{x\to+\infty} f(x) = k$, 证明: 对任意的 $b>a>0$, 有

$$\int_0^{+\infty} \frac{f(ax)-f(bx)}{x}\mathrm{d}x = [f(0)-k]\ln\frac{b}{a}.$$

结构分析 题型: 既是无穷限也是无界函数的广义积分结论的验证或计算. 思路方法: 类比广义积分的定义, 容易确定利用极限建立已知和未知联系的思路.

证明 $\forall A'' > A' > 0$, 有

$$\int_{A'}^{A''} \frac{f(ax) - f(bx)}{x} \mathrm{d}x$$

$$= \int_{A'}^{A''} \frac{f(ax)}{x} \mathrm{d}x - \int_{A'}^{A''} \frac{f(bx)}{x} \mathrm{d}x$$

$$= \int_{aA'}^{aA''} \frac{f(x)}{x} \mathrm{d}x - \int_{bA'}^{bA''} \frac{f(x)}{x} \mathrm{d}x$$

$$= \left[\int_{aA'}^{bA'} \frac{f(x)}{x} \mathrm{d}x + \int_{bA'}^{bA''} \frac{f(x)}{x} \mathrm{d}x + \int_{bA''}^{aA''} \frac{f(x)}{x} \mathrm{d}x \right] - \int_{bA'}^{bA''} \frac{f(x)}{x} \mathrm{d}x$$

$$= \int_{aA'}^{bA'} \frac{f(x)}{x} \mathrm{d}x - \int_{aA''}^{bA''} \frac{f(x)}{x} \mathrm{d}x$$

$$= f(\xi_1) \int_{aA'}^{bA'} \frac{1}{x} \mathrm{d}x - f(\xi_2) \int_{aA''}^{bA''} \frac{1}{x} \mathrm{d}x$$

$$= [f(\xi_1) - f(\xi_2)] \ln \frac{b}{a},$$

其中 ξ_1 介于 aA' 与 bA' 之间, ξ_2 介于 aA'' 与 bA'' 之间.

令 $A' \to 0, A'' \to +\infty$, 则

$$\int_0^{+\infty} \frac{f(ax) - f(bx)}{x} \mathrm{d}x = [f(0) - k] \ln \frac{b}{a}.$$

上述过程中用到了积分中值定理和函数的连续性.

2. 代换法

例 3 计算广义积分:

(1) $\int_0^{+\infty} \frac{\ln x}{(1+x^2)} \mathrm{d}x$; (2) $\int_0^{+\infty} \frac{1}{(1+x^2)(1+x^\alpha)} \mathrm{d}x$; (3) $\int_0^{+\infty} \frac{1}{1+x^4} \mathrm{d}x$.

结构分析 题型结构: 具体的广义积分的计算. 思路方法: 一般来说, 通过计算原函数, 再利用广义积分的定义计算的思路是不可行的, 必须利用其他的技术手段处理, 其中一种方法是通过分段, 将广义积分分为两部分, 利用变换建立二者联系, 达到简化结构, 实现计算的目的.

解 (1) 此广义积分既是无穷限广义积分, 也是无界函数广义积分, 二者都是收敛的.

由于

$$\int_0^1 \frac{\ln x}{(1+x^2)}\mathrm{d}x = \int_1^{+\infty} \frac{\ln\frac{1}{t}}{1+\frac{1}{t^2}}\frac{1}{t^2}\mathrm{d}t = -\int_1^{+\infty} \frac{\ln t}{1+t^2}\mathrm{d}t,$$

故

$$\int_0^{+\infty} \frac{\ln x}{(1+x^2)}\mathrm{d}x = \int_0^1 \frac{\ln x}{(1+x^2)}\mathrm{d}x + \int_1^{+\infty} \frac{\ln x}{(1+x^2)}\mathrm{d}x = 0.$$

(2) 此广义积分既是无穷限广义积分, 也是无界函数广义积分, 二者都是收敛的.

由于

$$\int_0^1 \frac{1}{(1+x^2)(1+x^\alpha)}\mathrm{d}x = \int_1^{+\infty} \frac{1}{\left(1+\frac{1}{t^2}\right)\left(1+\frac{1}{t^\alpha}\right)}\frac{1}{t^2}\mathrm{d}t$$

$$= \int_1^{+\infty} \frac{t^\alpha}{(1+t^2)(1+t^\alpha)}\mathrm{d}t,$$

故

$$\int_0^{+\infty} \frac{1}{(1+x^2)(1+x^\alpha)}\mathrm{d}x$$

$$= \int_0^1 \frac{1}{(1+x^2)(1+x^\alpha)}\mathrm{d}x + \int_1^{+\infty} \frac{1}{(1+x^2)(1+x^\alpha)}\mathrm{d}x$$

$$= \int_1^{+\infty} \frac{1}{1+x^2}\mathrm{d}x = \frac{\pi}{4}.$$

(3) 广义积分收敛, 由于

$$\int_0^{+\infty} \frac{1}{1+x^4}\mathrm{d}x = \int_0^1 \frac{1}{1+x^4}\mathrm{d}x + \int_1^{+\infty} \frac{1}{1+x^4}\mathrm{d}x,$$

作倒代换 $x=\dfrac{1}{t}$, 得 $\displaystyle\int_0^1 \frac{1}{1+x^4}\mathrm{d}x = \int_1^{+\infty} \frac{t^2}{1+t^4}\mathrm{d}t$, 故

$$\int_0^{+\infty} \frac{1}{1+x^4}\mathrm{d}x = \int_1^{+\infty} \frac{1+x^2}{1+x^4}\mathrm{d}x = \int_1^{+\infty} \frac{1+\frac{1}{x^2}}{\frac{1}{x^2}+x^2}\mathrm{d}x = \int_1^{+\infty} \frac{\mathrm{d}\left(x-\frac{1}{x}\right)}{\left(x-\frac{1}{x}\right)^2+2}$$

$$= \int_0^{+\infty} \frac{\mathrm{d}t}{t^2+2} = \frac{\sqrt{2}}{4}\pi.$$

抽象总结 对既是无穷限广义积分又是无界函数广义积分的计算, 通过分段, 再利用变换, 建立联系, 简化结构实现计算是常用的处理方法, 这种方法对较简单的结构较有效.

例 4 计算广义积分:

$$(1) \int_0^{\frac{\pi}{2}} \ln \sin x dx; \qquad\qquad (2) \int_0^{\pi} x \ln \sin x dx.$$

结构分析 题型结构: 涉及三角函数的广义积分的计算. 思路方法: 不易直接计算原函数, 计算思想和对应定积分的计算思想相似, 充分利用三角函数的性质进行变换, 获得一些关系式, 从中求解.

解 (1) 广义积分是收敛的. 由于

$$\int_0^{\frac{\pi}{2}} \ln \sin x dx = \int_0^{\frac{\pi}{4}} \ln \sin x dx + \int_{\frac{\pi}{4}}^{\frac{\pi}{2}} \ln \sin x dx,$$

利用变换 $x = \frac{\pi}{2} - t$, 则 $\int_{\frac{\pi}{4}}^{\frac{\pi}{2}} \ln \sin x dx = \int_0^{\frac{\pi}{4}} \ln \cos x dx$, 故

$$\int_0^{\frac{\pi}{2}} \ln \sin x dx = \int_0^{\frac{\pi}{4}} \ln \sin x dx + \int_0^{\frac{\pi}{4}} \ln \cos x dx$$

$$= \int_0^{\frac{\pi}{4}} \ln \sin x \cos x dx = \int_0^{\frac{\pi}{4}} \ln \frac{1}{2} \sin 2x dx$$

$$= \frac{\pi}{4} \ln \frac{1}{2} + \int_0^{\frac{\pi}{4}} \ln \sin 2x dx = \frac{\pi}{4} \ln \frac{1}{2} + \frac{1}{2} \int_0^{\frac{\pi}{2}} \ln \sin x dx,$$

故 $\int_0^{\frac{\pi}{2}} \ln \sin x dx = \frac{\pi}{2} \ln \frac{1}{2}$.

利用变换 $x = \frac{\pi}{2} - t$, 还可以得到

$$\int_0^{\frac{\pi}{2}} \ln \cos x dx = \int_0^{\frac{\pi}{2}} \ln \sin x dx = \frac{\pi}{2} \ln \frac{1}{2}.$$

(2) 此广义积分收敛. 由于

$$\int_0^{\pi} x \ln \sin x dx = \int_0^{\frac{\pi}{2}} x \ln \sin x dx + \int_{\frac{\pi}{2}}^{\pi} x \ln \sin x dx,$$

利用变换 $x = \pi - t$, 则

$$\int_{\frac{\pi}{2}}^{\pi} x \ln \sin x dx = \int_0^{\frac{\pi}{2}} (\pi - t) \ln \sin t dt = \pi \int_0^{\frac{\pi}{2}} \ln \sin x dx - \int_0^{\frac{\pi}{2}} x \ln \sin x dx,$$

故

$$\int_0^{\pi} x\ln\sin x\,\mathrm{d}x = \pi\int_0^{\frac{\pi}{2}}\ln\sin x\,\mathrm{d}x = \frac{\pi^2}{2}\ln\frac{1}{2}.$$

抽象总结　对三角函数的定积分和广义积分的计算, 利用三角函数的初等性质, 通过分段, 借助变量代换进行转化, 实现结构简化并完成计算是常用的方法.

3. 形式统一法

还有一类题目是研究相互关联的两个广义积分的关系, 即利用已知的广义积分的结果, 计算另一个关联的广义积分; 处理这类题目的一般方法是形式统一法, 即利用变换等技术手段将未知的广义积分转化为已知的广义积分, 实现其计算.

例 5　已知 $\displaystyle\int_0^{+\infty}\mathrm{e}^{-x^2}\mathrm{d}x = \frac{\sqrt{\pi}}{2}$, 计算 $\displaystyle\int_0^{+\infty}\frac{\mathrm{e}^{-ax^2}-\mathrm{e}^{-bx^2}}{x^2}\mathrm{d}x$.

结构分析　类比二者结构, 必须消去分母, 从结构看, 分母降幂可以通过分部积分法完成.

解　利用分部积分法, 则

$$
\begin{aligned}
\int_0^{+\infty}\frac{\mathrm{e}^{-ax^2}-\mathrm{e}^{-bx^2}}{x^2}\mathrm{d}x &= \int_0^{+\infty}(\mathrm{e}^{-bx^2}-\mathrm{e}^{-ax^2})\mathrm{d}\left(\frac{1}{x}\right)\\
&= \left.\frac{\mathrm{e}^{-bx^2}-\mathrm{e}^{-ax^2}}{x}\right|_0^{+\infty} - \int_0^{+\infty}\frac{2ax\mathrm{e}^{-ax^2}-2bx\mathrm{e}^{-bx^2}}{x}\mathrm{d}x\\
&= \lim_{x\to+\infty}\frac{\mathrm{e}^{-bx^2}-\mathrm{e}^{-ax^2}}{x} - \lim_{x\to0^+}\frac{\mathrm{e}^{-bx^2}-\mathrm{e}^{-ax^2}}{x}\\
&\quad -2\int_0^{+\infty}\left(a\mathrm{e}^{-ax^2}-b\mathrm{e}^{-bx^2}\right)\mathrm{d}x\\
&= \sqrt{b\pi}-\sqrt{a\pi}.
\end{aligned}
$$

例 6　已知 $\displaystyle\int_0^{+\infty}\frac{\sin x}{x}\mathrm{d}x = \frac{\pi}{2}$, 计算

(1) $\displaystyle\int_0^{+\infty}\frac{\sin x\cos(3x)}{x}\mathrm{d}x$;　　　　　(2) $\displaystyle\int_0^{+\infty}\frac{\sin^2 x}{x^2}\mathrm{d}x$.

结构分析　(1) 类比二者结构, 必须将分子的乘积结构转化为正弦函数结构, 可以利用三角函数的积化和差公式来完成.

(2) 方法设计: 利用分部积分公式, 对分母降幂, 实现向已知形式的转化.

解　(1) 利用积化和差公式, 则

$$\sin x\cos(3x) = \frac{1}{2}[\sin 4x - \sin 2x],$$

故

$$\int_0^{+\infty} \frac{\sin x \cos 3x}{x} \mathrm{d}x = \frac{1}{2} \int_0^{+\infty} \frac{\sin 4x - \sin 2x}{x} \mathrm{d}x$$

$$= \frac{1}{2} \int_0^{+\infty} \frac{\sin 4x}{x} \mathrm{d}x - \frac{1}{2} \int_0^{+\infty} \frac{\sin 2x}{x} \mathrm{d}x = 0.$$

(2) 利用分部积分公式, 则

$$\int_0^{+\infty} \frac{\sin^2 x}{x^2} \mathrm{d}x = \int_0^{+\infty} \sin^2 x \left(-\frac{1}{x}\right)' \mathrm{d}x = -\frac{\sin^2 x}{x} \bigg|_0^{+\infty} + \int_0^{+\infty} \frac{2\sin x \cos x}{x} \mathrm{d}x$$

$$= \int_0^{+\infty} \frac{\sin 2x}{x} \mathrm{d}x = \int_0^{+\infty} \frac{\sin x}{x} \mathrm{d}x = \frac{\pi}{2}.$$

抽象总结　求解过程中的思想是形式统一, 即向已知的结构形式进行转化, 具体的方法也是定积分计算中常用的方法.

第49讲 正项级数敛散性判别法则的逻辑关系及其应用思想方法

正项级数敛散性的判别理论由一系列判别法则组成, 也是数项级数的核心理论, 本讲我们对正项级数敛散性的判别法则进行解读, 从中了解其判别机理和应用方法.

一、正项级数敛散性的判别法则

正项级数判别理论建立的基础在于其部分和的结构特征: 其部分和数列是单调递增有下界的数列. 由此建立了基础判别理论: 比较法.

定理 1　设正项级数 $\sum\limits_{n=1}^{\infty} u_n$, $\sum\limits_{n=1}^{\infty} v_n$ 满足: 存在 C 和 N, 使得 $n > N$ 时 $u_n \leqslant C v_n$, 则

(1) 若 $\sum\limits_{n=1}^{\infty} v_n$ 收敛, 则 $\sum\limits_{n=1}^{\infty} u_n$ 也收敛;

(2) 若 $\sum\limits_{n=1}^{\infty} u_n$ 发散, 则 $\sum\limits_{n=1}^{\infty} v_n$ 也发散.

结构分析　(1) 此定理的证明完全基于正项级数部分和的结构特征;

(2) 由于建立函数的不等式并不是容易的事, 此定理并不好用, 此判别法更多地体现其理论意义.

为此, 利用极限理论对定理进行改进, 得到比较判别法的极限形式.

定理 2　若 $\lim\limits_{n \to +\infty} \dfrac{u_n}{v_n} = l$, 则

(1) 当 $0 < l < +\infty$ 时, $\sum\limits_{n=1}^{\infty} u_n$, $\sum\limits_{n=1}^{\infty} v_n$ 同时敛散.

(2) 当 $l = 0$ 时,

若 $\sum\limits_{n=1}^{\infty} v_n$ 收敛, 则 $\sum\limits_{n=1}^{\infty} u_n$ 也收敛;

若 $\sum\limits_{n=1}^{\infty} u_n$ 发散, 则 $\sum\limits_{n=1}^{\infty} v_n$ 也发散.

(3) 当 $l = +\infty$ 时,

若 $\displaystyle\sum_{n=1}^{\infty} u_n$ 收敛, 则 $\displaystyle\sum_{n=1}^{\infty} v_n$ 也收敛;

若 $\displaystyle\sum_{n=1}^{\infty} v_n$ 发散, 则 $\displaystyle\sum_{n=1}^{\infty} u_n$ 也发散.

结构分析　(1) 极限理论是整个分析学的基础, 将定理 1 的条件结构由不等式改进为极限, 使得我们能充分利用已知研究未知的问题, 体现了解决问题的基本思想.

(2) 注意结论中的两个极端结论: 若把 $\displaystyle\sum_{n=1}^{\infty} u_n$ 视为要判断敛散性的未知级数, $\displaystyle\sum_{n=1}^{\infty} v_n$ 为已知的、作为判别标准的级数, 那么, 当 $l = 0$ 时, 只能得到收敛性的结论, 当 $l = +\infty$ 时, 只能得到发散性结论.

定理 2 虽然对定理 1 进行了改进, 但是, 由于判别标准不明确, 降低了两个定理的应用价值, 因此, 对具体级数的判断, 必须确定具体的判别标准, 为此, 需要在已知敛散性的具体级数中确定判别标准.

判别标准的确定必须具有可行性 (结构简单) 且能判断某类特定的对象, 教材中, 通常选取两个特定的标准级数, 得到对应的判别法.

定理 3 (Cauchy 判别法)　设 $\displaystyle\sum_{n=1}^{\infty} u_n$ 为正项级数, 且 $r = \displaystyle\lim_{n \to +\infty} \sqrt[n]{u_n}$, 则

(1) $r < 1$ 时, 级数 $\displaystyle\sum_{n=1}^{\infty} u_n$ 收敛;

(2) $r > 1$ 时, 级数 $\displaystyle\sum_{n=1}^{\infty} u_n$ 发散;

(3) $r = 1$ 时, 级数 $\displaystyle\sum_{n=1}^{\infty} u_n$ 的敛散性不能确定.

结构分析　(1) 从证明过程中可知, 此定理是选取收敛的几何级数 $\displaystyle\sum_{n=1}^{\infty} q^n (0 < q < 1)$ 为比较对象得到未知级数的收敛性; 选取通项不收敛于 0 的发散级数为比较对象得到未知级数的发散性.

(2) 若以通项收敛于 0 的速度 (通项不收敛于视为速度为 0 或为负值), 由于几何级数的通项收敛于 0 的速度是不确定的无限大, 比任何确定的速度都大, 因此, 在判断收敛级数时, 是和速度轴最右端的级数进行比较, 在判断发散级数时, 是和中点左侧的级数进行比较, 由此, 确定了定理的作用对象特征.

(3) 从条件结构看, 该定理通常作用于通项具有 n 幂结构, 这是定理作用对象的又一特征.

仍以几何级数为比较对象, 改变条件结构, 可以得到 D'Alembert 判别法.

定理 4　设 $\sum\limits_{n=1}^{\infty} u_n$ 为正项级数, 若 $r = \lim\limits_{n \to +\infty} \dfrac{u_{n+1}}{u_n}$, 则 $r<1$ 时 $\sum\limits_{n=1}^{\infty} u_n$ 收敛; $r>1$ 时 $\sum\limits_{n=1}^{\infty} u_n$ 发散; $r=1$ 时级数 $\sum\limits_{n=1}^{\infty} u_n$ 的敛散性不能确定.

结构分析　与定理 3 相比较, 定理 4 主要作用于通项中具有 $n!$ 结构的因子, 这是数列特有的一类因子, 也是构造复杂的数项级数常用的因子.

定理 3 和定理 4 具有很好的实用性, 但是, 其作用对象的范围受限, 定理对通项具有确定的收敛于 0 的速度的对象失效, 而具有这类结构的级数是常见的基本结构, 由此, 必须建立新的判别法解决这类对象的判别问题, 这就需要在这类级数中, 确定一个作为比较标准的级数, 类比基本初等函数结构, 最简单的选择就是 p-级数 $\sum\limits_{n=1}^{\infty} \dfrac{1}{n^p}$, 为解决 p-级数的敛散性, 引入了积分判别法.

定理 5　设 $\sum\limits_{n=1}^{\infty} u_n$ 为正项级数, $\{u_n\}$ 单调递减, 令 $f(x)$ 为一个连续且单减的正值函数且满足 $f(n) = u_n$, 记 $A_n = \int_1^n f(x)\mathrm{d}x$, 则 $\sum\limits_{n=1}^{\infty} u_n$ 与 $\{A_n\}$ 同时敛散, 即 $\sum\limits_{n=1}^{\infty} u_n$ 与广义积分 $\int_1^{+\infty} f(x)\mathrm{d}x$ 同时敛散.

结构分析　(1) 积分判别法将级数敛散性的判断转化为定积分和极限的计算, 把 "判断" 转化为 "计算", 体现了很好的判别思想.

(2) 积分判别法不仅解决了 p-级数的敛散性问题, 还多用于处理不易确定阶的因子, 如 $\ln n$ 是无穷大因子, 但是, 其发散至正无穷的速度属于不确定的阶, 即不论 α 多么小, 只要 $\alpha > 0$, 与 n^α 发散至无穷的速度相比都要小, 即成立 $\dfrac{\ln n}{n^\alpha} \to 0$.

上述三个定理基本解决了一般级数的敛散性问题, 当然, 这三个判别法不可能解决所有问题, 对复杂的结构, 三个判别法都存在失效的情形, 必须建立更精细的判别法, 这就是 Raabe 判别法.

定理 6　设 $\sum\limits_{n=1}^{\infty} u_n$ 为正项级数且 $\lim\limits_{n \to +\infty} n\left(1 - \dfrac{u_{n+1}}{u_n}\right) = r$, 则当 $r > 1$ 时收敛, 当 $r < 1$ 时发散.

结构分析 (1) 从证明过程中可知, 利用此定理判别级数的敛散性时, 将 $\sum\limits_{n=1}^{\infty} u_n$ 与 $p > 1$ 时的 p 级数进行比较得到其收敛性, 与 $0 < p \leqslant 1$ 时的 p 级数作比较得到其发散性, 因此, 定理是以 p 级数为比较对象, 而 p 级数的通项收敛于 0 的速度就是 p 阶, 因此, 此定理通常作用于通项具有确定阶的收敛于 0 的速度的正项级数, 这就是定理的作用对象的特征.

(2) 作为更精细的判别法, Raabe 判别法通常还应用于 D'Alembert 判别法失效的情形, 如结构中含有双阶乘结构的因子时, 也常用 D'Alembert 判别法判别敛散性.

(3) 还有更精细的判别法, 如 Gauss 判别法、Kummer 判别法等.

(4) 类比非负函数的广义积分与正项级数, 二者判别理论的框架结构是相似的, 都是基于比较判别法为基本原理, 发展出 Cauchy 判别法, 体现了二者的共性, 但是, 相对来说, 数项级数的判别法则更丰富, 体现了二者的差异, 说明了数列结构 (正项级数的通项) 组成因子的复杂性 (如幂指结构、阶乘结构等).

上述结论建立的过程体现了数学理论的构建机理, 体现了数学理论从理论到实践的建立思想, 揭示了定理之间的逻辑关系.

二、 判别法的应用

我们通过例子, 分析定理的应用思想方法.

例 1 判断敛散性: (1) $\sum\limits_{n=1}^{\infty} \dfrac{n^3}{3^n}$; (2) $\sum\limits_{n=1}^{\infty} \dfrac{1}{4^n} \left(1 + \dfrac{1}{2n}\right)^{n^2}$.

结构分析 题型: 数项级数敛散性判断. 结构特点: ① 正项级数; ② 复杂因子具有 n 幂结构. 思路方法: 由于题目结构符合 Cauchy 判别法作用对象特征, 确定利用 Cauchy 判别法判断.

解 (1) 记 $u_n = \dfrac{n^3}{3^n}$, 由于 $\lim\limits_{n \to +\infty} (u_n)^{\frac{1}{n}} = \lim\limits_{n \to +\infty} \dfrac{n^{\frac{3}{n}}}{3} = \dfrac{1}{3} < 1$, 由 Cauchy 判别法, 该级数收敛.

(2) 记 $u_n = \dfrac{1}{4^n} \left(1 + \dfrac{1}{2n}\right)^{n^2}$, 由于

$$\lim_{n \to +\infty} (u_n)^{\frac{1}{n}} = \lim_{n \to +\infty} \frac{1}{4} \left(1 + \frac{1}{2n}\right)^n = \frac{\sqrt{e}}{4} < 1,$$

由 Cauchy 判别法, 该级数收敛.

例 2　判断 $\displaystyle\sum_{n=1}^{\infty} \frac{n^n}{4^n n!}$ 的敛散性.

结构分析　题型: 数项级数敛散性判断. 结构特点: ① 正项级数; ② 结构因子有 n 幂结构和阶乘结构, 二者相比, 复杂因子为阶乘结构. 思路方法: 围绕复杂因子设计思路方法, 由于复杂因子结构符合 D'Alembert 判别法作用对象特征, 确定利用 D'Alembert 判别法判断.

解　记 $u_n = \dfrac{n^n}{4^n n!}$, 由于 $\displaystyle\lim_{n \to +\infty} \frac{u_{n+1}}{u_n} = \lim_{n \to +\infty} \frac{\left(1 + \dfrac{1}{n}\right)^n}{4} = \frac{\mathrm{e}}{4} < 1$, 由 D'Alembert 判别法, 该级数收敛.

例 3　判断 $\displaystyle\sum_{n=1}^{\infty} \frac{(2n-3)!!}{(2n)!!}$ 的敛散性.

结构分析　结构特点: 双阶乘结构. 方法设计: D'Alembert 判别法失效, 考虑 Raabe 判别法.

解　记 $u_n = \dfrac{(2n-3)!!}{(2n)!!}$, 由于 $\dfrac{u_{n+1}}{u_n} = \dfrac{2n-1}{2n+2}$, 则

$$\lim_{n \to +\infty} n\left(1 - \frac{u_{n+1}}{u_n}\right) = \lim_{n \to +\infty} \frac{3n}{2n+2} = \frac{3}{2} > 1,$$

由 Raabe 判别法, 该级数发散.

例 4　判断 $\displaystyle\sum_{n=1}^{\infty} \frac{1}{n(\ln n)^p}$ 的敛散性, 其中 $p > 0$.

结构分析　结构特点: $\dfrac{1}{n} \to 0$ 的速度为 1 阶, $\dfrac{1}{\ln n} \to 0$ 的速度为不定阶, 其速度比任意确定的阶都小, 因此, $\dfrac{1}{n(\ln n)^p} \to 0$ 的速度比 1 阶高, 比任意大于 1 的速度都小, 这是不确定的阶. 类比已知: Cauchy 判别法、D'Alembert 判别法都失效, Raabe 判别法也失效. 思路方法: 上述判别法失效的原因就在于速度为不确定的阶, 为此, 考虑积分判别法.

解　记 $f(x) = \dfrac{1}{x(\ln x)^p}$, 则 $f(x)$ 当 $x > 1$ 时单调递减, 由于

$$\int_2^A f(x)\mathrm{d}x = \int_2^A \frac{1}{x(\ln x)^p}\mathrm{d}x$$

$$= \begin{cases} -(\ln 2)^{1-p}, & 0 < p < 1, \\ \ln \ln A - \ln \ln 2 \to +\infty, & p = 1, \\ \dfrac{1}{1-p}((\ln A)^{1-p} - (\ln 2)^{1-p}) \to +\infty, & p > 1, \end{cases} \quad A \to +\infty,$$

由积分判别法, $\displaystyle\sum_{n=1}^{\infty} \frac{1}{n(\ln n)^p}$ 当 $0 < p \leqslant 1$ 时发散, 当 $p > 1$ 时收敛.

在广义积分理论中, 建立了以 p-积分为比较标准的 Cauchy 判别法, 事实上, 在正项级数理论中, 同样成立对应的以 p-级数为比较标准的判别法, 只是结论相对简单, 没有明确给出来, 作为 p-级数比较判别法的应用, 试验性方法同样有效.

例 5 判断 $\displaystyle\sum_{n=1}^{\infty} \left[\frac{1}{\sqrt{n}} - \sqrt{\ln\left(1 + \frac{1}{n}\right)} \right]$ 的敛散性.

结构分析 结构特点: 基本初等函数结构, 具有确定的阶. 思路方法: 考虑以 p-级数为比较标准的判别法.

解 由于

$$\lim_{n \to +\infty} n^p \left[\frac{1}{\sqrt{n}} - \sqrt{\ln\left(1 + \frac{1}{n}\right)} \right] = \lim_{t \to 0^+} \frac{\sqrt{t} - \sqrt{\ln(1+t)}}{t^p}$$

$$= \lim_{t \to 0^+} \frac{t - \ln(1+t)}{t^p} \frac{1}{\sqrt{t} + \sqrt{\ln(1+t)}}$$

$$= \lim_{t \to 0^+} \frac{t - \ln(1+t)}{t^p} \frac{1}{\sqrt{t}\left(1 + \sqrt{\dfrac{\ln(1+t)}{t}}\right)}$$

$$= \lim_{t \to 0^+} \frac{t - \ln(1+t)}{t^{p-\frac{1}{2}}} \frac{1}{1 + \sqrt{\dfrac{\ln(1+t)}{t}}}$$

$$= \frac{1}{2} \lim_{t \to 0^+} \frac{t - \ln(1+t)}{t^{p-\frac{1}{2}}}$$

$$= \frac{1}{2\left(p - \dfrac{1}{2}\right)} \lim_{t \to 0^+} \frac{1 - \dfrac{1}{1+t}}{t^{p-\frac{3}{2}}}$$

$$= \frac{1}{2\left(p - \dfrac{1}{2}\right)} \lim_{t \to 0^+} \frac{t}{t^{p-\frac{3}{2}}} \frac{1}{1+t} = \frac{1}{4}, \quad p = \frac{5}{2},$$

故 $\sum\limits_{n=1}^{\infty}\left[\dfrac{1}{\sqrt{n}}-\sqrt{\ln\left(1+\dfrac{1}{n}\right)}\right]$ 收敛.

抽象总结　(1) 上述方法和广义积分中的试验法相同;

(2) 证明过程中, 我们利用连续化方法将数列极限转化为函数极限, 利用有理化、阶的等价代换、分离已知等方法不断简化结构, 使得最后利用 L'Hospital 法则时达到最简.

例 6　判断 $\sum\limits_{n=2}^{\infty}\dfrac{1}{(\ln n)^{\ln n}}$ 的敛散性.

结构分析　结构特点: 主要因子具有幂指结构特点. 方法设计: 对幂指结构, 通常利用初等的方法 (指数函数性质 $a^{b}=\mathrm{e}^{\ln a^{b}}=\mathrm{e}^{b\ln a}$) 将其转化为指数结构 (复合结构), 也可以利用试验法.

解　由于

$$\lim_{n\to+\infty}n^{p}\frac{1}{(\ln n)^{\ln n}}=\lim_{x\to+\infty}\frac{x^{p}}{(\ln x)^{\ln x}}=\lim_{t\to+\infty}\frac{\mathrm{e}^{pt}}{t^{t}}=\lim_{t\to+\infty}\left(\frac{\mathrm{e}^{p}}{t}\right)^{t}=0,\quad\forall p>0,$$

特别, $p=2$ 时也成立, 因而, $\sum\limits_{n=2}^{\infty}\dfrac{1}{(\ln n)^{\ln n}}$ 收敛.

抽象总结　(1) 从结构看, 利用初等函数的性质, 则

$$(\ln n)^{\ln n}=\mathrm{e}^{\ln(\ln n)^{\ln n}}=\mathrm{e}^{\ln n\cdot\ln\ln n},$$

对任意的 $p>0$, 当 n 充分大时, 总有 $\ln\ln n>p$, 因而,

$$(\ln n)^{\ln n}=\mathrm{e}^{\ln n\cdot\ln\ln n}>\mathrm{e}^{p\ln n}=\mathrm{e}^{\ln n^{p}}=n^{p},$$

所以, 当 n 充分大时, 总有 $\dfrac{1}{(\ln n)^{\ln n}}<\dfrac{1}{n^{p}}$, 即通项收敛于 0 的速度比任何确定的 p 阶速度都大, 即 $\dfrac{1}{(\ln n)^{\ln n}}\to 0$ 的速度无穷大, 级数自然收敛;

(2) 从判别原理上说, 由于 Cauchy 判别法和 D'Alembert 判别法通常用于判断通项收敛于 0 的速度是无限阶的正项级数的收敛性, 对这样的正项级数应该也能用以 p-级数为比较标准的试验法, 当然, 将这样的结构转化为 p 幂结构并不容易.

例 7　判断 $\sum\limits_{n=2}^{\infty}\dfrac{n!}{(p+1)(p+2)\cdots(p+n)}$ 的敛散性, 其中 $p>0$.

结构分析　结构特点: 连积结构或阶乘结构. 类比已知: 优先考虑 D'Alembert 判别法, 但是, 可以验证, 此时判别法失效. 必须考虑更精细的判别法, 注意到

Raabe 判别法的条件结构主体与 D'Alembert 判别法相同, 可以考虑 Raabe 判别法.

解 记 $u_n = \dfrac{n!}{(p+1)(p+2)\cdots(p+n)}$, 则 $\dfrac{u_{n+1}}{u_n} = \dfrac{n+1}{p+n+1}$, 故

$$\lim_{n\to+\infty} n\left(1 - \frac{u_{n+1}}{u_n}\right) = \lim_{n\to+\infty} \frac{np}{p+n+1} = p,$$

由 Raabe 判别法, 当 $p > 1$ 时, 级数收敛, 当 $p < 1$ 时, 级数发散. 当 $p = 1$ 时, Raabe 判别法失效, 此时, 由于 $u_n = \dfrac{1}{1+n}$, 级数也发散. 故当 $p > 1$ 时, 级数收敛, 当 $0 < p \leqslant 1$ 时, 级数发散.

上述题目都比较简单, 但是, 从简单的求解过程中, 应该了解和掌握这些方法形成的机理, 即基于结构特点确定求解思路方法的分析问题、解决问题的数学思想.

三、 简单小结

本讲我们对正项级数的判别法建立的逻辑关系、作用对象特征进行了分析, 以几个简单的例子说明了应用思想方法, 特别注意以 p-级数为比较标准的试验法的应用; 对复杂的例子需要更复杂的分析.

第50讲 再谈试验性判别方法

在前面一讲中, 我们已经通过例子谈到了级数敛散性判别的试验性方法, 由于这种方法能够处理大多由基本初等函数结构组成的数项级数的敛散性, 显示了方法的重要性, 本讲我们对这种方法再进行详细讲解.

一、 试验性判别方法的理论基础

试验性判别方法的理论基础是基于以 p-级数为比较对象的比较判别法的具体应用, 我们先给出此判别法.

定理 1 设 $\sum\limits_{n=1}^{\infty} u_n$ 为正项级数, 若 $\lim\limits_{n \to +\infty} n^p u_n = l$, 则当 $0 \leqslant l < +\infty$, 且 $p > 1$ 时, $\sum\limits_{n=1}^{\infty} u_n$ 收敛; 当 $0 < l \leqslant +\infty$, 且 $0 < p \leqslant 1$ 时, $\sum\limits_{n=1}^{\infty} u_n$ 发散.

结构分析 (1) 此判别法就是以 p-级数 $\sum\limits_{n=1}^{\infty} \dfrac{1}{n^p}$ 为比较对象的比较判别法的具体应用;

(2) 若记 $\dfrac{1}{n^p} \to 0$ 的速度为 p 阶速度, 定理 1 作用对象的特征就是通项具有确定的收敛于 0 的速度, 这是基本初等函数结构所具有的性质特征;

(3) 定理 1 需要结合两个参量 p 和 l 的匹配关系判断敛散性, 特别注意, 当 $l = 0$ 时只能得到收敛性, 当 $l = +\infty$ 时只能得到发散性;

(4) 应用定理 1 进行判断的重点和难点是 p 的确定, 这也是我们提出试验性方法的原因, 即通过试验性地验证极限, 通过两个参量的匹配结果, 确定 p 值.

二、 应用分析

例 1 判断 $\sum\limits_{n=2}^{\infty} \left(n^{\frac{1}{n^2}} - 1 \right)$ 的敛散性.

结构分析 结构特点: 通项为幂指结构, 利用通常的处理方法, 可以转化为指数结构, 即 $n^{\frac{1}{n^2}} = \mathrm{e}^{\ln n^{\frac{1}{n^2}}} = \mathrm{e}^{\frac{1}{n^2} \ln n}$, 这是基本初等函数结构. 思路方法: 类比已知, 可以采用试验性方法.

解 由于对任意的 $p > 0$, 有

$$\lim_{n \to +\infty} n^p \left(n^{\frac{1}{n^2}} - 1 \right) = \lim_{n \to +\infty} n^p \left(e^{\ln n^{\frac{1}{n^2}}} - 1 \right) = \lim_{t \to 0^+} \frac{e^{-t^2 \ln t} - 1}{t^p}$$

$$= \lim_{t \to 0^+} \frac{-e^{-t^2 \ln t}(2t \ln t + t)}{pt^{p-1}} = \lim_{t \to 0^+} \frac{-(2t \ln t + t)}{pt^{p-1}}$$

$$= \frac{-1}{p} \lim_{t \to 0^+} t^{2-p}(2 \ln t + 1) = \begin{cases} 0, & 0 < p < 2, \\ +\infty, & 2 \leqslant p. \end{cases}$$

试验性结果分析 本题我们得到了 $0 < p < 2$ 时, 有 $l = 0$, 根据定理 1, 当 $l = 0$ 时, 能够得到收敛性结论, 此时要求 $p > 1$, 类比二者对 p 的要求, 存在交集, 即存在同时满足二者要求的 p, 取定这样的 p, 能得到收敛性的结论; 我们得到了 $2 \leqslant p$ 时, 有 $l = +\infty$, 根据定理 1, 当 $l = +\infty$ 时, 能够得到发散性结论, 此时要求 $p \leqslant 1$, 类比二者对 p 的要求, 不存在交集, 即不存在同时满足二者要求的 p, 因而, 不能得到发散性的结论.

因此, 取 $p = \dfrac{3}{2}$, 则

$$\lim_{n \to +\infty} n^{\frac{3}{2}} \left(n^{\frac{1}{n^2}} - 1 \right) = \lim_{n \to +\infty} n^{\frac{3}{2}} \left(e^{\ln n^{\frac{1}{n^2}}} - 1 \right) = 0,$$

故由定理 1, 该级数收敛.

抽象总结 (1) 利用函数的性质, 可以将幂指结构转化为指数函数结构 (复合结构), 由此实现利用指数函数的复合运算法则完成对幂指结构的运算;

(2) 极限的计算中, 我们利用了连续化方法将数列极限转化为函数极限, 因此, 可以利用高级的函数的分析工具完成计算;

(3) 上述对试验结果的分析, 解决了 p 值确定问题;

(4) 通常的解题过程就是最后三行文字, 而要读懂这三行字, 需要前面深度的分析, 分析中隐藏了分析问题、解决问题的思想方法, 因此, 在学习中, 一定要认真思考, 挖掘并理解隐藏在文字下的思想方法.

例 2 判断 $\displaystyle\sum_{n=2}^{\infty} \left[\dfrac{e^2 - \left(1 + \dfrac{2}{n}\right)^n}{n} \right]^k$ 的敛散性, 其中 $k > 0$.

解 仍采用试验法. 对任意 $p > 0$, 由于

$$\lim_{n\to+\infty} n^p \left[\frac{\mathrm{e}^2 - \left(1 + \frac{2}{n}\right)^n}{n}\right]^k = \lim_{t\to0^+} \left[\frac{t(\mathrm{e}^2 - (1 + 2t)^{\frac{1}{t}})}{t^{\frac{p}{k}}}\right]^k$$

$$= \left[\lim_{t\to0^+} \frac{\mathrm{e}^2 - (1 + 2t)^{\frac{1}{t}}}{t^{\frac{p}{k}-1}}\right]^k = \left[\lim_{t\to0^+} \frac{\mathrm{e}^2 - \mathrm{e}^{\frac{1}{t}\ln(1+2t)}}{t^{\frac{p}{k}-1}}\right]^k$$

$$= \left[\lim_{t\to0^+} \frac{-\mathrm{e}^{\frac{1}{t}\ln(1+2t)}\left(-\frac{1}{t^2}\ln(1 + 2t) + \frac{2}{t(1 + 2t)}\right)}{\left(\frac{p}{k} - 1\right)t^{\frac{p}{k}-2}}\right]^k$$

$$= \left[\lim_{t\to0^+} \frac{-\mathrm{e}^2(-(1 + 2t)\ln(1 + 2t) + 2t)}{\left(\frac{p}{k} - 1\right)t^{\frac{p}{k}}}\right]^k$$

$$= \left[\lim_{t\to0^+} \frac{-\mathrm{e}^2(-2\ln(1 + 2t))}{\left(\frac{p}{k} - 1\right)\frac{p}{k}t^{\frac{p}{k}-1}}\right]^k$$

$$= \left[\lim_{t\to0^+} \frac{4\mathrm{e}^2}{\left(\frac{p}{k} - 1\right)\frac{p}{k}}t^{2-\frac{p}{k}}\right]^k = \begin{cases} 0, & 2 - \dfrac{p}{k} > 0, \\ (2\mathrm{e}^2)^k, & 2 - \dfrac{p}{k} = 0. \end{cases}$$

利用实验性的结果, 就可以完成求解. 事实上, 由于 $l = (2\mathrm{e}^2)^k$ 时, 级数与 p-级数同时敛散, 因而, 当 $0 < k \leqslant \dfrac{1}{2}$ 时, 此时, $0 < p = 2k \leqslant 1$, 故级数发散; 当 $\dfrac{1}{2} < k$ 时, 此时, $1 < p = 2k$, 故级数收敛.

例 3　判断 $\displaystyle\sum_{n=2}^{\infty} \frac{\ln(n!)}{n^k}$ 的敛散性, 其中 $k > 0$.

解　仍采用试验法. 对任意 $p > 0$, 由于

$$\lim_{n\to+\infty} n^p \frac{\ln(n!)}{n^k} = \lim_{n\to+\infty} \frac{\ln(n + 1)}{(n + 1)^{k-p} - n^{k-p}}$$

$$= \lim_{n\to+\infty} \frac{\ln(n + 1)}{n^{k-p}\left(\left(\frac{1}{n} + 1\right)^{k-p} - 1\right)}$$

$$= \lim_{n\to+\infty} \frac{\ln(n+1)}{n^{k-p}(k-p)\frac{1}{n}} \frac{(k-p)\frac{1}{n}}{\left(\frac{1}{n}+1\right)^{k-p}-1}$$

$$= \lim_{n\to+\infty} \frac{\ln(n+1)}{n^{k-p}(k-p)\frac{1}{n}}$$

$$= \frac{1}{k-p} \lim_{n\to+\infty} \frac{\ln(n+1)}{n^{k-p-1}}$$

$$= \begin{cases} 0, & k-p-1>0, \\ +\infty, & k-p-1\leqslant 0, k-p>0. \end{cases}$$

试验性结果分析 根据题目的结论和定理的要求, 当 $l=0$ 时, 能够得到收敛性结论, 此时参量必须满足 $1<p$ 且 $k-p-1>0$, 由于 k 影响敛散性结果, 因而, 确定出 k 的范围, 从上述要求中得知, k 必须满足条件 $k>p+1>2$, 由此得到结论: $k>2$ 时, 级数收敛; 当 $l=+\infty$ 时, 能够得到发散性结论, 此时参量必须满足 $0<p\leqslant 1$ 且 $k-p-1\leqslant 0, k>p$, 由于 k 影响敛散性结果, 因而, 确定出 k 的范围, 从上述要求中得知, k 必须满足条件 $p<k\leqslant p+1\leqslant 2$, 由此得到结论: $k\leqslant 2$ 时, 级数发散. 通常的求解要简洁得多.

当 $k>2$ 时, 取 p 满足: $k-1>p>1$, 此时有 $p>1$ 且 $k-p-1>0$, 且

$$\lim_{n\to+\infty} n^p \frac{\ln(n!)}{n^k} = \lim_{n\to+\infty} \frac{\ln(n+1)}{(n+1)^{k-p}-n^{k-p}} = 0,$$

由定理 1, 级数收敛.

当 $k\leqslant 2$ 时, 取 p 满足: $p=k-1$, 此时有 $p\leqslant 1, k-p-1=0, p=k-1<k$, 且

$$\lim_{n\to+\infty} n^p \frac{\ln(n!)}{n^k} = \lim_{n\to+\infty} \frac{\ln(n+1)}{(n+1)^{k-p}-n^{k-p}} = +\infty,$$

由定理 1, 级数发散.

例 4 判断 $\sum_{n=2}^{\infty} \frac{n}{1+2^k+\cdots+n^k}$ 的敛散性, 其中 $k>0$.

解 仍采用试验法. 对任意 $p>0$, 由于

$$\lim_{n\to+\infty} n^p \frac{n}{1+2^k+\cdots+n^k} = \lim_{n\to+\infty} \frac{n^{p+1}}{1+2^k+\cdots+n^k}$$
$$= \lim_{n\to+\infty} \frac{(n+1)^{p+1}-n^{p+1}}{(n+1)^k}$$

$$= \lim_{n \to +\infty} \frac{n^{p+1}\left[\left(1+\dfrac{1}{n}\right)^{p+1}-1\right]}{(n+1)^k}$$

$$= \lim_{n \to +\infty} \frac{(p+1)n^p}{(n+1)^k} \cdot \frac{\left(1+\dfrac{1}{n}\right)^{p+1}-1}{(p+1)\dfrac{1}{n}}$$

$$= \lim_{n \to +\infty} \frac{(p+1)n^p}{(n+1)^k} = p+1, \quad p=k,$$

因此, 当 $k>1$ 时级数收敛, 当 $0<k\leqslant 1$ 时级数发散.

三、　简单小结

试验性判别方法将正项级数的敛散性的判别转化为极限的计算, 因此, 求解思路简单, 重点在于极限的计算和参量关系的讨论.

第51讲 级数敛散性判别中的主次分析法和形式统一法

数列的离散结构特点和组成因子的多样性, 使得级数理论相对复杂, 本讲我们以题目分析的方式, 介绍主次分析法和形式统一法在级数理论中的应用.

一、基本理论

主次分析法是矛盾分析法的具体应用, 这里是指在题目的求解时, 分析题目结构, 确立结构特点, 确定复杂因子或困难因子, 围绕复杂因子设计方法, 体现问题求解过程中, 抓住主要矛盾的矛盾分析的思想方法.

形式统一法是确定思路之后, 在设计具体的方法时常用的技术方法, 即从结构形式上向已知进行转化.

二、应用举例

例 1 判断 $\displaystyle\sum_{n=2}^{\infty} \frac{(-1)^n}{\sqrt{n}+(-1)^n}$ 的敛散性.

结构分析 结构特点: 交错级数. 类比已知: ① 可以考虑 Leibniz 型级数, 但是, $\dfrac{1}{\sqrt{n}+(-1)^n}$ 不具有单调性, Leibniz 判别法失效; ② 困难因子是 $\dfrac{1}{\sqrt{n}+(-1)^n}$, 与此结构相近的已知结论有 $\displaystyle\sum_{n=2}^{\infty} \frac{(-1)^n}{\sqrt{n}}$, 在分母上增加了因子 $(-1)^n$, 使得原来简单的对象复杂化了. 思路方法: 在直接的方法 (Leibniz 判别法) 失效后, 可以考虑形式统一的思想向已知的相近结构转化.

解 由于

$$\frac{(-1)^n}{\sqrt{n}+(-1)^n} = (-1)^n \left[\frac{1}{\sqrt{n}+(-1)^n} - \frac{1}{\sqrt{n}} + \frac{1}{\sqrt{n}} \right] = \frac{-1}{\sqrt{n}\left(\sqrt{n}+(-1)^n\right)} + \frac{(-1)^n}{\sqrt{n}},$$

又

$$\frac{1}{\sqrt{n}\left(\sqrt{n}+1\right)} \leqslant \frac{1}{\sqrt{n}\left(\sqrt{n}+(-1)^n\right)} \leqslant \frac{1}{\sqrt{n}\left(\sqrt{n}-1\right)}, \quad n > 2,$$

所以 $\displaystyle\sum_{n=2}^{\infty} \frac{1}{\sqrt{n}\left(\sqrt{n}+(-1)^n\right)}$ 是发散的正项级数. 由于 $\displaystyle\sum_{n=2}^{\infty} \frac{(-1)^n}{\sqrt{n}}$ 收敛, 因而,

$\sum\limits_{n=2}^{\infty} \dfrac{(-1)^n}{\sqrt{n}+(-1)^n}$ 发散.

抽象总结 在求解过程中, 通过结构分析, 类比出已知的交错级数, 分析困难因子, 通过插项进行了强制性的形式统一, 建立了已知和未知的联系.

例 2 判断 $\sum\limits_{n=2}^{\infty} \dfrac{(-2)^n}{(2^n+(-1)^n)^n}$ 的敛散性.

结构分析 结构特点: 看似交错级数, 仍不满足 Leibniz 判别法, 再利用主次分析法进行结构分析; 复杂因子为分母, 主因子是 2^n, 增加了 $(-1)^n$ 使得结构复杂化了. 类比已知, 如果没有次要的辅助因子 $(-1)^n$, 级数是绝对收敛的, 因而, 可以考虑利用主项控制技术将次要项的影响控制, 常用的方法就是从主项中分离出一部分, 用于控制次要项.

解 当 $n > 3$ 时, 有 $\dfrac{2^n}{2}+(-1)^n > 0$, $n^2 > 3n$, 则

$$\left| \frac{(-2)^n}{(2^n+(-1)^n)^n} \right| = \frac{2^n}{(2^n+(-1)^n)^n} = \frac{2^n}{\left(\dfrac{2^n}{2}+\dfrac{2^n}{2}+(-1)^n \right)^n}$$

$$\leqslant \frac{2^n}{\left(\dfrac{2^n}{2} \right)^n} = \frac{2^{2n}}{2^{n^2}} = \frac{1}{2^{n^2-2n}} < \frac{1}{2^n},$$

故级数绝对收敛.

抽象总结 求解过程中所用到的技术手段就是主项控制技术, 即从主项中分离出一部分, 用于控制次要项.

例 3 设 $\{u_n\}$ 单调递减收敛于 0, 证明: $\sum\limits_{n=1}^{\infty} (-1)^n \dfrac{u_1+u_2+\cdots+u_n}{n}$ 收敛.

结构分析 结构特点: 具有明显的交错级数特征. 思路确定: 优先考虑利用 Leibniz 判别法判断. 方法设计: 验证相应的条件, 根据已知结论, 只需证明 $\left\{ \dfrac{u_1+u_2+\cdots+u_n}{n} \right\}$ 单调递减, 可以利用形式统一的思想方法处理.

证明 记 $v_n = \dfrac{u_1+u_2+\cdots+u_n}{n}$, 则

$$v_{n+1}-v_n = \frac{u_1+u_2+\cdots+u_n+u_{n+1}}{n+1} - \frac{u_1+u_2+\cdots+u_n}{n},$$

为建立右端两项间的联系, 实现相邻两项间的运算, 我们利用形式统一的方法处

理右端两项差, 即逐步从前项中产生后项, 即

$$\frac{u_1 + u_2 + \cdots + u_n + u_{n+1}}{n+1} = \frac{u_1 + u_2 + \cdots + u_n}{n+1} + \frac{u_{n+1}}{n+1}$$

$$= \frac{u_1 + u_2 + \cdots + u_n}{n}\frac{n}{n+1} + \frac{u_{n+1}}{n+1},$$

因而,

$$v_{n+1} - v_n = \frac{u_1 + u_2 + \cdots + u_n}{n}\left(\frac{n}{n+1} - 1\right) + \frac{u_{n+1}}{n+1}$$

$$= \frac{u_{n+1}}{n+1} - \frac{u_1 + u_2 + \cdots + u_n}{n(n+1)}$$

$$= \frac{nu_{n+1} - (u_1 + u_2 + \cdots + u_n)}{n(n+1)}.$$

下面, 需要利用辅助条件继续验证. 由于 $\{u_n\}$ 单调递减, 则

$$u_1 + u_2 + \cdots + u_n \geqslant nu_{n+1},$$

故 $v_{n+1} \leqslant v_n$, 即 $\left\{\dfrac{u_1 + u_2 + \cdots + u_n}{n}\right\}$ 单调递减.

由于 $\{u_n\}$ 收敛于 0, 利用已知的极限结论, 则 $\left\{\dfrac{u_1 + u_2 + \cdots + u_n}{n}\right\}$ 也收敛 于 0, 所以, $\sum_{n=1}^{\infty}(-1)^n\dfrac{u_1 + u_2 + \cdots + u_n}{n}$ 为收敛的 Leibniz 交错级数.

抽象总结 证明过程中对插项的处理所用到的技术就是形式统一技术, 即从 前项中逐步分离出后项, 向后项的形式进行统一, 实现两项间的运算.

例 4 设 $\sum_{n=1}^{\infty} u_n = S$, 证明: $\sum_{n=1}^{\infty}\dfrac{u_1 + 2u_2 + \cdots + nu_n}{n(n+1)} = S$.

结构分析 结构特点: 级数的定量分析. 类比已知: 涉及定量分析, 必须用定 义验证, 由此确定思路. 方法设计的思想: 将未知的部分和转化为已知的部分和, 由此建立已知和未知的联系.

证明 记 $A_n = \sum_{k=1}^{n} u_k$, 则 $\lim_{n\to+\infty} A_n = S$, 又记 $B_n = \sum_{k=1}^{n}\dfrac{u_1 + 2u_2 + \cdots + ku_k}{k(k+1)}$, 为用 A_n 表示 B_n, 需要将 u_n 项转变为 A_n, 代入二者的关系 $u_n = A_n - A_{n-1}$, 则

$$u_1 + 2u_2 + \cdots + ku_k = A_1 + 2(A_2 - A_1) + \cdots + k(A_k - A_{k-1})$$

$$= kA_k - (A_1 + A_2 + \cdots + A_{k-1}),$$

故

$$\frac{u_1 + 2u_2 + \cdots + ku_k}{k(k+1)} = \frac{kA_k - (A_1 + A_2 + \cdots + A_{k-1})}{k(k+1)}$$

$$= \frac{A_k}{k+1} - \frac{A_1 + A_2 + \cdots + A_{k-1}}{k} + \frac{A_1 + A_2 + \cdots + A_{k-1}}{k+1}.$$

上述分解是对通项进行的标准分解, 分解后的结果不具有形式统一性, 即分子的下标和分母不一致, 继续进行形式统一, 即

$$\frac{u_1 + 2u_2 + \cdots + ku_k}{k(k+1)} = \frac{A_k}{k+1} - \frac{A_1 + A_2 + \cdots + A_{k-1} + A_k}{k} + \frac{A_k}{k}$$

$$+ \frac{A_1 + A_2 + \cdots + A_{k-1} + A_k + A_{k+1}}{k+1} - \frac{A_k + A_{k+1}}{k+1}$$

$$= \frac{A_k}{k} - \frac{A_{k+1}}{k+1} - \frac{A_1 + A_2 + \cdots + A_{k-1} + A_k}{k}$$

$$+ \frac{A_1 + A_2 + \cdots + A_{k-1} + A_k + A_{k+1}}{k+1},$$

观察此时的分解结构, 分子下标和分母达到了形式统一, 且具有相邻两项差的结构特征, 可以用于求和计算, 即

$$B_n = \frac{A_1 + A_2 + \cdots + A_{n-1} + A_n + A_{n+1}}{n+1} - \frac{A_{n+1}}{n+1},$$

利用已知的极限结论, 则

$$\lim_{n \to +\infty} B_n = \lim_{n \to +\infty} \frac{A_1 + A_2 + \cdots + A_{n-1} + A_n + A_{n+1}}{n+1} = S,$$

故 $\displaystyle\sum_{n=1}^{\infty} \frac{u_1 + 2u_2 + \cdots + nu_n}{n(n+1)} = S.$

抽象总结　证明过程中, 对级数通项的处理所依据的基本思想就是形式统一的思想, 具体的方法就是通过增加或减少相应的项达到形式上统一的要求.

三、简单小结

任何问题的求解, 其关键的步骤就是确立思路, 一旦思路明确, 就有了前进的方向, 当然, 在方法设计阶段, 也有方法设计的思路, 即方法的设计也是在思路的指引下完成的. 本讲我们通过几个例子说明了主次分析法和形式统一法的应用, 这些解决问题的方法在确立思路的过程具有非常重要的作用.

第52讲 绝对收敛概念引入的数学思想方法

在广义积分和数项级数理论中, 都引入了绝对收敛的概念, 本讲我们对引入绝对收敛概念的数学思想进行解读.

我们从级数理论的框架结构谈起.

数项级数理论的结构如下. (1) 引入基本概念, 利用定义得到最简单结构的数项级数. (2) 利用从简单到复杂的研究思路, 建立正项级数的敛散性理论. (3) 研究更一般的对象, 得到特殊结构的任意性级数的敛散性理论: ① 任意项级数中的特殊结构的交错级数的敛散性理论; ② 任意项级数中具有乘积结构的级数的敛散性理论.

这是数项级数理论的大部分内容, 在构建理论的过程中可以发现: 由于结构简单, 正项级数的敛散性理论非常丰富, 有一系列的判别法则, 而对任意项级数, 只是基于 Abel 变换, 建立了 Abel 判别法和 Dirichlet 判别法, 而且两个判别法判别机理相同 (Cauchy 收敛准则), 只是从不同的角度提出不同的条件而已; 再者, 两个判别法中都有一个非常强的单调性条件, 极大限制了两个判别法作用对象的范围, 因此, 对大多数任意项级数而言, 缺少一个判别敛散性的法则仍是一件遗憾的事, 因而能否利用已知的理论, 如正项级数理论, 实现对任意项级数的敛散性判断, 或者能否将任意项级数转化为正项级数, 从而可以利用已知的正项级数的理论判别其敛散性是一个值得思考并加以研究的课题; 正是在这样的背景下, 引入了绝对收敛的概念, 其引入的背景意义体现于下述结论中.

定理 1 设 $\sum\limits_{n=1}^{\infty} u_n$ 是任意项级数, 若 $\sum\limits_{n=1}^{\infty} u_n$ 绝对收敛, 则 $\sum\limits_{n=1}^{\infty} u_n$ 必收敛.

结构分析 从结论的结构看, 要验证 $\sum\limits_{n=1}^{\infty} u_n$ 收敛, 只需验证其绝对收敛, 即 $\sum\limits_{n=1}^{\infty} |u_n|$ 收敛, 由于 $\sum\limits_{n=1}^{\infty} |u_n|$ 是正项级数, 因此, 此定理将任意项级数收敛性的判断转化为正项级数收敛性的判断, 从而可以利用已知的正项级数判别理论解决任意项级数的收敛性问题, 体现了引入绝对收敛概念的应用意义.

定义了绝对收敛性, 条件收敛定义的引入就是自然的事情.

当然, 引入新概念, 挖掘更多的性质和应用也是必须做的工作, 通过深入的研究, 发现绝对收敛级数和条件收敛级数有着更深刻的截然不同的性质, 为研究此性质, 还引入了正部级数和负部级数.

给定任意项级数 $\sum\limits_{n=1}^{\infty} u_n$, 记

$$u_n^+ = \max\{u_n, 0\} = \frac{|u_n| + u_n}{2} = \begin{cases} u_n, & u_n > 0, \\ 0, & u_n \leqslant 0, \end{cases}$$

$$u_n^- = \max\{-u_n, 0\} = \frac{|u_n| - u_n}{2} = \begin{cases} 0, & u_n > 0, \\ -u_n, & u_n < 0, \end{cases}$$

称 u_n^+ 为 u_n 的正部, u_n^- 为 u_n 的负部, 对应的级数分别称为原级数的正部级数和负部级数.

我们这里定义的负部, 实际是绝对负部, 因为不管正部和负部都是非负量, 因而, 正部级数和负部级数都可以视为正项级数.

由定义, 得到下面的关系:

$$u_n = u_n^+ - u_n^-, \quad |u_n| = u_n^+ + u_n^-.$$

这个关系式建立了任意项级数的通项和正项级数通项间的关系, 是用于研究任意项级数的基本关系式.

引入正部级数和负部级数及上述关系式体现了与引入绝对收敛概念同样的意义, 即充分利用已知的已经建立的正项级数理论研究解决任意项级数的敛散性问题, 由此进一步的应用研究得到下面结论.

定理 2　(1) 若 $\sum\limits_{n=1}^{\infty} u_n$ 绝对收敛, 则正部级数 $\sum\limits_{n=1}^{\infty} u_n^+$ 和负部级数 $\sum\limits_{n=1}^{\infty} u_n^-$ 都收敛.

(2) 若 $\sum\limits_{n=1}^{\infty} u_n$ 条件收敛, 则正部级数 $\sum\limits_{n=1}^{\infty} u_n^+$ 和负部级数 $\sum\limits_{n=1}^{\infty} u_n^-$ 都发散到 $+\infty$, 即 $\sum\limits_{n=1}^{\infty} u_n^+ = +\infty, \sum\limits_{n=1}^{\infty} u_n^- = +\infty.$

此定理揭示了绝对收敛级数和条件收敛级数截然不同的性质. 当然, 引入更序级数后, 绝对收敛级数和条件收敛级数有更深刻的不同的性质, 我们不再讨论.

因此, 以绝对收敛概念的引入为例, 我们介绍了数学概念引入的逻辑, 事实上, 不仅数学概念的引入, 数学理论的框架结构、各理论模块之间都有很强的逻辑关系, 无论是在教学中, 还是在学习过程中, 都应该理清这些逻辑关系, 以这些逻辑关系为线, 将各内容模块组织起来, 使其成为有机的整体.

第53讲 函数项级数一致收敛性的最值判别法

函数项级数一致收敛性的判断是学习难度较大的内容之一, 关于函数项级数一致收敛性的判别法则并不多, 本讲我们对最基本的一致收敛性的判别法则的应用进行介绍.

一、 最值判别法 (或确界判别法)

在函数项级数理论中, 有两个对等的研究对象: 函数列和函数项级数, 我们下面的讨论适用于两个不同的对象.

设 $\sum\limits_{n=1}^{\infty} u_n(x)$ 或 $\{S_n(x)\}$ 在 X 上收敛, 最值判别法的理论基础为下面的结论.

定理 1 (Weierstrass 判别法)　若存在 $N > 0$, 当 $n > N$ 时, $|u_n(x)| \leqslant a_n$, $\forall x \in X$, 且正项级数 $\sum\limits_{n=1}^{\infty} a_n$ 收敛, 则 $\sum\limits_{n=1}^{\infty} u_n(x)$ 在 X 上一致收敛.

结构分析　(1) 此定理给出了函数项级数的一致收敛性的判断, 从条件看, 需要找到收敛的正项级数 $\sum\limits_{n=1}^{\infty} a_n$, 此级数也称为函数项级数的优级数; 从判别机理看, 是将函数项级数一致收敛性的判断转化为收敛的正项级数的确定, 难点是优级数的确定; 从判别思想看, 定理把函数项级数一致收敛性的判断转化为函数 (适当的) 界的确定和正项级数敛散性的判断, 因此, 充分利用了已经建立起来的正项级数的敛散性理论, 在应用思想上实现了化未知为已知.

(2) 从应用角度, 应用此定理时, 需要解决两个问题: 确定 a_n, 判断 $\sum\limits_{n=1}^{\infty} a_n$ 的收敛性; 相对来说, 判断 $\sum\limits_{n=1}^{\infty} a_n$ 的收敛性比较容易, 因此, 难点是确定 a_n.

(3) 从量的属性看, a_n 具有界的属性, 类比已知界的理论和界的计算, 最简单的界的计算就是利用函数的最值理论, 将界的确定转化为函数最值的计算, 因此, 从难点的解决方法看, 此定理的应用思想是将函数项级数的一致收敛性的判断转化为函数最值的计算, 计算是我们的强项, 因此, 定理应用也达到了扬长避短的功能.

对函数列成立同样的结论, 但是, 结构有些差别.

定理 2　设 $\{S_n(x)\}$ 在 X 上收敛于 $S(x)$, 若存在 $N > 0$, 当 $n > N$ 时,

$$|S_n(x) - S(x)| \leqslant a_n, \quad \forall x \in X,$$

且 $\{a_n\}$ 收敛于 0, 则 $\{S_n(x)\}$ 在 X 上一致收敛于 $S(x)$.

　　结构分析　只分析定理 1 和定理 2 的结构差别; 定理 1 仅进行了定性分析, 定理 2 还需要定量计算, 必须先把和函数 $S(x)$ 计算出来. 看似定理 2 的条件比定理 1 要强, 正是条件强的原因, 可以得到更好的结论.

　　定理 3　设 $\{S_n(x)\}$ 在 X 上收敛于 $S(x)$, 记若

$$||S_n(x) - S(x)|| = \sup_{x \in X} |S_n(x) - S(x)| \overset{\triangle}{=} a_n,$$

则 $\{S_n(x)\}$ 在 X 上一致收敛于 $S(x)$ 的充分必要条件是 $\{a_n\}$ 收敛于 0.

　　结构分析　(1) 此定理给出了函数列一致收敛的充分必要条件, 因此, 既可以判别一致收敛性, 也可以判别非一致收敛性, 既判是, 也判非.

　　(2) 此处, a_n 是函数 $|S_n(x) - S(x)|$ 的确界 (n 固定), 在存在的条件, 最大值等于确界, 因此, 定理 2 与定理 3 的应用意义相同.

　　函数项级数一致收敛性的理论并不多, 这与数项级数敛散性理论形成了区别; 一般来说, 函数项级数是数项级数的推广, 相应的理论模块也应进行推广, 但是, 对比二者的理论模块, 数项级数中的正项级数模块对应于上述三个结论, 其判别思想就是将函数项级数的一致收敛性判断转化为正项级数的收敛性, 实现了充分利用已知的理论求解未知问题的目的, 两个理论模块中都有对应的 Abel 判别法和 Dirichlet 判别法, 体现了二者的共性; Dini 定理是函数项级数独有的结论, 充分利用了函数的分析性质实现了一致收敛性的判断, 体现了 "数" 和 "函数" 对象的差异.

二、 应用举例

　　例 1　设 $S_n(x) = \dfrac{x(\ln n)^k}{n^x}, n = 2, 3, \cdots$, 讨论 $\{S_n(x)\}$ 在 $[0, +\infty)$ 的一致收敛性, 其中 $k > 0$.

　　结构分析　题型: 具体函数列一致收敛性的验证. 思路: 优先考虑确界法. 方法: 先计算极限函数, 再计算最值, 最后进行收敛性判断.

　　解　容易计算

$$S(x) = \lim_{n \to +\infty} S_n(x) = \lim_{n \to +\infty} \frac{x(\ln n)^k}{n^x} = 0, \quad \forall x \in [0, +\infty),$$

对任意固定的 n, 记 $h(x) = |S_n(x) - S(x)| = \dfrac{x(\ln n)^k}{n^x}, \forall x \in [0, +\infty)$, 则

$$h'(x) = \frac{(\ln n)^{k+1}}{n^x}\left(\frac{1}{\ln n} - x\right),$$

因而, $h(x)$ 在 $x = \dfrac{1}{\ln n}$ 处达到最大值, 即

$$a_n = \sup_{x \in X} h(x) = h\left(\frac{1}{\ln n}\right) = \frac{(\ln n)^{k-1}}{n^{\frac{1}{\ln n}}} = \frac{(\ln n)^{k-1}}{e^{\ln n \frac{1}{\ln n}}}$$

$$= \frac{(\ln n)^{k-1}}{e} \to 0 \text{ 当且仅当 } k < 1,$$

故当且仅当 $0 < k < 1$ 时 $\{S_n(x)\}$ 在 $[0, +\infty)$ 一致收敛于 0.

例 2 设 $S_n(x) = nx(1-x)^n, n = 1, 2, 3, \cdots$, 讨论 $\{S_n(x)\}$ 在 $[0, 1]$ 的一致收敛性.

解 容易计算

$$S(x) = \lim_{n \to +\infty} S_n(x) = \lim_{n \to +\infty} nx(1-x)^n = 0, \quad \forall x \in [0, 1],$$

对任意固定的 n, 记 $h(x) = |S_n(x) - S(x)| = nx(1-x)^n, \forall x \in [0, 1]$, 则

$$h'(x) = n(1-x)^{n-1}(1 - (n+1)x),$$

因而, $h(x)$ 在 $x = \dfrac{1}{n+1}$ 处达到最大值, 即

$$a_n = \sup_{x \in X} h(x) = h\left(\frac{1}{n+1}\right) = \frac{n}{n+1}\left(1 - \frac{1}{n+1}\right)^n \to \frac{1}{e}, \quad n \to +\infty,$$

故 $\{S_n(x)\}$ 在 $[0, 1]$ 非一致收敛于 0.

例 3 讨论 $\displaystyle\sum_{n=1}^{\infty} x^n(1-x)^2$ 在 $[0, 1]$ 上的一致收敛性.

解 记 $u_n(x) = x^n(1-x)^2$, 则

$$u_n'(x) = x^{n-1}(1-x)(n - (n+2)x),$$

因而, $u_n(x) = x^n(1-x)^2$ 在 $x = \dfrac{n}{n+2}$ 达到最大值, 因此,

$$0 \leqslant u_n(x) \leqslant u_n\left(\frac{n}{n+2}\right) = \left(\frac{n}{n+2}\right)^n \frac{4}{(n+2)^2} < \frac{4}{n^2}, \quad x \in [0, 1],$$

由于 $\displaystyle\sum_{n=1}^{\infty} \frac{1}{n^2}$ 收敛, 故 $\displaystyle\sum_{n=1}^{\infty} x^n(1-x)^2$ 在 $[0,1]$ 上一致收敛.

例 4　讨论 $\displaystyle\sum_{n=1}^{\infty} x^2 \mathrm{e}^{-nx}$ 在 $[0,1]$ 上的一致收敛性.

解　记 $u_n(x) = x^2 \mathrm{e}^{-nx}$, 则 $u_n'(x) = x\mathrm{e}^{-nx}(2-nx)$, 因而, $u_n(x)$ 在 $x = \dfrac{2}{n}$ 达到最大值, 因此,

$$0 \leqslant u_n(x) \leqslant u_n\left(\frac{2}{n}\right) = \left(\frac{2}{n}\right)^n \mathrm{e}^{-2} < \frac{4}{n^2}, \quad x \in [0,1],$$

由于 $\displaystyle\sum_{n=1}^{\infty} \frac{1}{n^2}$ 收敛, 故 $\displaystyle\sum_{n=1}^{\infty} x^2 \mathrm{e}^{-nx}$ 在 $[0,1]$ 上一致收敛.

抽象总结　(1) 对具体函数项级数或函数列的一致收敛性的判断, 由于可以将一致收敛性的判断转化为最值的计算, 因此, 最值法 (确界法) 是优先考虑的判别法.

(2) 对函数列, 最值法既可以判是, 也可以判非.

最值法应用简单, 但是, 其只能应用于相对简单的结构, 对复杂的结构需要更复杂的估计方法.

例 5　讨论 $\displaystyle\sum_{n=1}^{\infty} \frac{1}{n}\left[\mathrm{e}^x - \left(1+\frac{x}{n}\right)^n\right]$ 在 $[0,1]$ 上的一致收敛性.

结构分析　题型: 具体的函数项级数的一致收敛性判断. 思路方法: 优先考虑最值法, 其次考虑估计法, 难点是两种不同结构的因子差的处理, 具体的处理方法还是考虑形式统一法.

解　记 $u_n(x) = \dfrac{1}{n}\left[\mathrm{e}^x - \left(1+\dfrac{x}{n}\right)^n\right]$, 则

$$|u_n(x)| = \frac{1}{n}\left|\mathrm{e}^x - \left(1+\frac{x}{n}\right)^n\right| = \frac{1}{n}\left|\mathrm{e}^x - \mathrm{e}^{n\ln(1+\frac{x}{n})}\right|.$$

利用两次形式统一将两种不同的因子统一为指数函数的差值结构, 函数差值结构的处理工具就是微分中值定理, 由此得

$$|u_n(x)| = \frac{1}{n}\mathrm{e}^{\xi}\left|x - n\ln\left(1+\frac{x}{n}\right)\right|,$$

其中 ξ 位于 x 与 $n\ln\left(1+\dfrac{x}{n}\right)$ 之间, 为估计 ξ, 进而估计 e^{ξ}, 再次利用形式统一,

则 $n \ln\left(1 + \dfrac{x}{n}\right) = x \dfrac{\ln\left(1 + \dfrac{x}{n}\right)}{\dfrac{x}{n}}$, 注意到 $\dfrac{x}{n} \in [0,1]$, 相当于研究函数 $\dfrac{\ln(1+t)}{t}$ 的

性质, 由于 $\lim\limits_{t \to +0} \dfrac{\ln(1+t)}{t} = 1$, 利用极限的保序性, 存在 $0 < \delta_1 < 1$, 使得当 $0 < t < \delta_1$ 时, 有 $0 < \dfrac{\ln(1+t)}{t} < 2$, 因此, 当 $n > \dfrac{1}{\delta_1}$ 时, 有 $\dfrac{x}{n} < x\delta_1 < 1, x \in [0,1]$, 因而 $\xi \in [0,2], 0 < e^\xi < e^2$, 故

$$|u_n(x)| < \frac{1}{n}e^2 \left| x - n \ln\left(1 + \frac{x}{n}\right)\right|.$$

继续用形式统一的思想分析上式, 将上式统一为以 $\dfrac{x}{n}$ 为整体变量的结构, 则

$$|u_n(x)| < e^2 \left| \frac{x}{n} - \ln\left(1 + \frac{x}{n}\right)\right|,$$

抽象为研究函数 $g(t) = t - \ln(1+t)$, 根据阶的理论, $g(t) \sim t^2 (t \to 0^+)$, 当然, 可以继续利用极限的保序性, 由于

$$\lim_{t \to +0} \frac{g(t)}{t^2} = \lim_{t \to 0^+} \frac{t - \ln(1+t)}{t^2} = \frac{1}{2},$$

因此, 由极限保序性, 存在 $0 < \delta_2 < 1$, 使得当 $0 < t < \delta_2$ 时, 有 $\left| \dfrac{t - \ln(1+t)}{t^2}\right| < 1$, 因此, 当 $n > \dfrac{1}{\delta_2}$ 时, 有 $\dfrac{x}{n} < x\delta_2 < 1, \forall x \in [0,1]$, 故

$$|u_n(x)| < e^2 \left| \frac{x}{n} - \ln\left(1 + \frac{x}{n}\right)\right| < e^2 \left(\frac{x}{n}\right)^2 \leqslant \frac{e^2}{n^2}, \quad \forall x \in [0,1],$$

因此, 当 $n > \max\left\{\dfrac{1}{\delta_1}, \dfrac{1}{\delta_2}\right\}$ 时, 有

$$|u_n(x)| < \frac{e^2}{n^2}, \quad \forall x \in [0,1],$$

由于 $\sum\limits_{n=1}^{\infty} \dfrac{1}{n^2}$ 收敛, 因此, $\sum\limits_{n=1}^{\infty} \dfrac{1}{n}\left[e^x - \left(1 + \dfrac{x}{n}\right)^n\right]$ 在 $[0,1]$ 上一致收敛.

抽象总结 (1) 由于本题的通项结构相对复杂, 最值法不是 "好" 方法, 事实上, 利用最值法, 最终会转化为函数 $f(t) = t - \ln(1+t)$ 的最值, 由于此函数单调

递增, 其最大值在 $t = 1$ 点达到, 最终会转化为估计

$$|u_n(x)| < \mathrm{e}^2 \left| \frac{x}{n} - \ln\left(1 + \frac{x}{n}\right) \right| \leqslant \mathrm{e}^2 \left| \frac{1}{n} - \ln\left(1 + \frac{1}{n}\right) \right|,$$

或

$$|u_n(x)| \leqslant \frac{1}{n} \left| \mathrm{e} - \mathrm{e}^{n\ln(1 + \frac{1}{n})} \right|,$$

因此, 还是需要求解过程中推广两个极限得到的估计.

(2) 在估计过程中, 我们用到两个技术手段: 其一为形式统一, 用于将不同的结构进行统一, 或将结构统一为某种函数形式; 其二为利用极限保序性进行估计, 函数估计或函数不等式通常难以建立, 但是利用极限的保序性可以容易建立, 而收敛性是研究 n 充分大时的性质, 为局部关系式的建立提供基础, 因此, 解题过程中利用极限结论和极限保序性质得到函数估计的技术是复杂题目求解中破解难点的重要技术.

三、 简单小结

本讲我们对判断函数项级数一致收敛性的基本判别方法进行了简单的应用分析, 对结构较为简单的函数项级数, 最值法或估计法都是有效的方法, 应该熟练掌握方法的应用.

第 **54** 讲 Dini 定理中的判别思想方法

函数项级数理论中, 最重要的理论模块是函数项级数的一致收敛性的判别理论, 此理论模块由一系列判别定理组成, 类比数项级数的敛散性判别理论, 基本的判别思想和具体的判别法则基本类似, 体现了二者之间的共性, 但是由于对象的 "数" 和 "函数" 的差异, 自然也应该带来判别法则上的差异, 体现这一差异的就是 Dini 判别法或 Dini 定理.

一、 Dini 判别法

先给出 Dini 判别法.

定理 1 (Dini 判别法) 设 $\sum\limits_{n=1}^{\infty} u_n(x) = S(x)$, $x \in [a,b]$, 如果

(1) $u_n(x) \in C[a,b]$ $(n = 1, 2, \cdots)$, $S(x) \in C[a,b]$;

(2) 对每个固定 $x \in [a,b]$, $\sum\limits_{n=1}^{\infty} u_n(x)$ 是同号级数,

则 $\sum\limits_{n=1}^{\infty} u_n(x)$ 在 $[a,b]$ 一致收敛于 $S(x)$.

由于函数列和函数项级数的等同性, 此判别法可以对等移植到函数列.

定理 2 (Dini 判别法) 设 $S_n(x) \overset{[a,b]}{\to} S(x)$, 对任意的 n, $S_n(x) \in C[a,b]$ 且 $S(x) \in C[a,b]$, 又设 $\forall x \in [a,b]$, $\{S_n(x)\}$ 关于 n 单调, 则 $S_n(x) \overset{[a,b]}{\rightrightarrows} S(x)$.

结构分析 (1) Dini 判别法给出了函数项级数的一致收敛性的判断, 属于一致收敛性理论.

(2) 从条件看, 用于判断一致收敛性的主条件是函数项级数的通项函数及其和函数的连续性, 由于连续性是函数的分析性质, 因此, 此判别法是利用函数的分析性质实现一致收敛性的判断, 这与数项级数敛散性的判别法形成了区别.

(3) 由于函数的连续性是函数最简单、最基本的性质, 很容易验证, 因此, 此判别法是一个非常好用的判别法则.

(4) 判别法虽然好用, 但是有两个较为严格的条件: 其一是区间的闭性, 即函数项级数及其和函数的定义区间是有界闭区间, 再次体现了闭区间上具有好的性质; 其二是和函数的连续性验证, 为此, 通常需要把和函数计算出来. 因此, 上述两

个原因使得一个好用的判别法的作用范围受到限制.

(5) 由此也决定了此判别法的作用对象特征: 可计算和函数的函数项级数的一致收敛性的判断.

(6) 正是由于 Dini 判别法需要已知和函数或极限函数的性质, 而函数列的极限函数容易计算, 因此, 此判别法更适于对函数列的一致收敛性的判断.

二、 应用举例

通过上述分析, Dini 判别法通常应用于具体函数列的一致收敛性的判断, 在应用过程中, 应先计算极限函数, 验证相应的条件, 重点是单调性条件的验证, 对应的直接而简单的方法是连续化方法, 即将关于 n 的单调性, 通过将离散变量 n 用连续变量 t 表示, 从而转化为关于 t 的连续性, 可以利用导数理论研究单调性, 将单调性的判断转化为导数的计算和导函数符号的判断.

例 1　设 $S_n(x) = \dfrac{1-x}{1+x^2} x^n$, 证明: $\{S_n(x)\}$ 在 $[0,1]$ 上一致收敛.

结构分析　题型为具体函数列的一致收敛性问题; 由于有多个判别法则, 解题思路不唯一; 相对而言, 利用 Dini 判别法相对简单. 具体方法: 先计算极限函数; 其次, 判断连续性; 最后验证单调性条件.

证明　容易计算,

$$S(x) = \lim_{n \to +\infty} S_n(x) = 0, \quad x \in [0,1].$$

由于对任意的 n, $S_n(x) \in C[0,1]$ 且 $S(x) \in C[0,1]$; 而对于任意给定的 $x \in [0,1]$, $\{S_n(x)\}$ 关于 n 单调非增, 由 Dini 定理, $\{S_n(x)\}$ 在 $[0,1]$ 上一致收敛.

例 2　设 $S_n(x) = \left(1 + \dfrac{x}{n}\right)^n$, 证明: $\{S_n(x)\}$ 在 $[0,1]$ 上一致收敛.

证明　容易计算,

$$S(x) = \lim_{n \to +\infty} S_n(x) = \mathrm{e}^x, \quad x \in [0,1].$$

由于对任意的 n, $S_n(x) \in C[0,1]$ 且 $S(x) \in C[0,1]$; 而对于任意给定的 $x \in [0,1]$, $\{S_n(x)\}$ 关于 n 单调非减, 由 Dini 定理, $\{S_n(x)\}$ 在 $[0,1]$ 上一致收敛.

例 3　判断 $\displaystyle\sum_{n=1}^{\infty} (1-x)x^{2n}$ 在 $[0,a]$ 上的一致收敛性, 其中 $0 < a < 1$.

证明　容易计算,

$$S(x) = \lim_{n \to +\infty} S_n(x) = 0, \quad x \in [0,a],$$

显然, $S(x) \in C[0,a]$, $(1-x)x^{2n} \in C[0,a], \forall n$; 由于函数项级数是同号级数, 由 Dini 定理, 函数项级数在 $[0,a]$ 上一致收敛.

例 4 设 $u_n(x) = \begin{cases} x^n (\ln x)^2, & x \in (0,1], \\ 0, & x = 0, \end{cases}$ 讨论 $\displaystyle\sum_{n=1}^{\infty} u_n(x)$ 在 $[0,1]$ 上一致收敛.

证明 容易计算 $S(x) = \displaystyle\lim_{n\to\infty} \sum_{k=1}^{n} u_n(x) = \begin{cases} \dfrac{x}{1-x} \ln^2 x, & x \in (0,1], \\ 0, & x = 0, \end{cases}$ 则

$S(x)$ 在 $[0,1]$ 连续, 由于 $u_n(x) \geqslant 0, x \in [0,1]$, 由 Dini 定理, 此函数项级数在 $[0,1]$ 一致收敛.

三、 简单小结

通过上述几个例子可以总结: 由于 Dini 定理将一致收敛性的判断转化为函数的连续性和单调性的判断, 条件验证相对简单, 不需要复杂的计算和分析, 体现了此判别法的应用优势; 当然, 任何判别法都不是万能的, 都有其作用对象的范围, 因此, 必须针对结构特点选择对应的、合适的判别法.

第55讲 具交错结构的级数敛散性判别方法

在级数理论中, 具交错结构的级数是一种常见的结构; 在数项级数理论中, 针对交错结构建立了对应的 Leibniz 判别法则, 这是研究交错的数项级数敛散性的基本方法; 在函数项级数理论中, 虽然存在交错结构的函数项级数, 但是没有对应的判别法则, 如何研究具交错结构的函数项级数的一致收敛性是必须思考的问题; 本讲我们介绍研究具交错结构的级数的一般性的研究方法.

一、 交错的数项级数收敛性

给定 $u_n > 0$, 形如

$$\sum_{n=1}^{\infty} (-1)^{n+1} u_n = u_1 - u_2 + u_3 - u_4 + \cdots + (-1)^{n+1} u_n + \cdots$$

的正负相间的级数, 称为交错级数.

交错级数的一般形式中, 其首项通常为正项; 对首项为负项的交错级数, 可以转化为首项为正项的交错级数.

交错级数中重要的一类是 Leibniz 级数.

设 $\sum_{n=1}^{\infty} (-1)^{n+1} u_n$ 为交错级数, 若 $\{u_n\}$ 单调递减且趋于 0, 称 $\sum_{n=1}^{\infty} (-1)^{n+1} u_n$ 为 Leibniz 级数.

对 Leibniz 级数, 有如下判别定理, 也称为 Leibniz 判别定理.

定理 1 Leibniz 级数必收敛.

定理 1 是判别交错级数收敛性的主要工具, 如 $\sum_{n=1}^{\infty} (-1)^{n+1} \dfrac{1}{n}$ 就是收敛的 Leibniz 级数. 我们继续给出定理 1 的应用举例.

例 1 讨论 $\sum_{n=1}^{\infty} (-1)^{n+1} \dfrac{\ln^k n}{n}$ 的敛散性, 其中 $k > 0$.

结构分析 题型: 具体数项级数的敛散性分析. 结构特点: 具有明显的交错级数的结构特征. 类比已知: 处理交错级数的主要理论就是 Leibniz 判别定理. 确定思路: Leibniz 判别定理. 方法设计: 类比 Leibniz 判别定理, 只需验证相应的条件; 一般来说, 难点是单调性的验证, 较为简单且直接的方法是连续化方法, 即将数列的单调性转化为函数的单调性, 从而可以利用微分理论进行验证.

解 易知 $\sum_{n=1}^{\infty}(-1)^{n+1}\dfrac{\ln^k n}{n}$ 是交错级数, 记 $f(x)=\dfrac{\ln^k x}{x}$, 则

$$f'(x)=\frac{(k-\ln x)\ln^{k-1}x}{x^2}<0, \quad x>\mathrm{e}^k,$$

因而, $f(x)$ 单调递减 (当 $x>\mathrm{e}^k$ 时), 即 $\left\{\dfrac{\ln^k n}{n}\right\}_{n>\mathrm{e}^k}$ 单调递减, 又由于

$$\lim_{x\to+\infty}\frac{\ln^k n}{n}=0,$$

故 $\sum_{n=1}^{\infty}(-1)^{n+1}\dfrac{\ln^k n}{n}$ 是 Leibniz 级数, 从而 $\sum_{n+1}^{\infty}(-1)^{n+1}\dfrac{\ln^k n}{n}$ 收敛.

抽象总结 连续化方法是验证简单结构的数列的单调性的一种简单有效的方法.

例 2 讨论 $\sum_{n=1}^{\infty}(-1)^{n+1}\dfrac{n^k}{2^n}$ 的敛散性, 其中 $k>0$.

结构分析 题型: 具体的交错级数的敛散性分析. 确定思路: Leibniz 判别定理. 方法设计: 只需验证相应的条件; 难点仍是单调性的验证, 本题数列 $\left\{\dfrac{n^k}{2^n}\right\}$ 的结构特点是幂结构和指数结构, 其中困难的因子是指数结构, 具有 "相邻两项能够抵消困难因子" 的特点, 可以考虑利用比值法验证单调性; 当然, 也可以利用连续化方法验证单调性.

解 法一 易知 $\sum_{n=1}^{\infty}(-1)^{n+1}\dfrac{n^k}{2^n}$ 是交错级数, 记 $f(x)=\dfrac{x^k}{2^x}$, 则

$$f'(x)=\frac{2^x x^{k-1}(k-x\ln 2)}{2^{2x}}<0, \quad x>\frac{k}{\ln 2},$$

因而, $f(x)$ 单调递减 $\left(\text{当 } x>\dfrac{k}{\ln 2} \text{ 时}\right)$, 即 $\left\{\dfrac{n^k}{2^n}\right\}_{n>\frac{k}{\ln 2}}$ 单调递减, 又 $\lim_{n\to+\infty}\dfrac{n^k}{2^n}$ $=0$, 故 $\sum_{n=1}^{\infty}(-1)^{n+1}\dfrac{n^k}{2^n}$ 是 Leibniz 级数, 从而, 该级数收敛.

法二 易知 $\sum_{n=1}^{\infty}(-1)^{n+1}\dfrac{n^k}{2^n}$ 是交错级数, 记 $a_n=\dfrac{n^k}{2^n}$, 则

$$\frac{a_n}{a_{n+1}}=2\frac{n^k}{(n+1)^k}\to 2>1,$$

利用极限的保序性, 当 n 充分大时, 有 $\dfrac{a_n}{a_{n+1}} > 1$, 即 $a_n > a_{n+1}$, 因此, 当 n 充分大时, $\left\{\dfrac{n^k}{2^n}\right\}$ 单调递减, 又由于 $\lim\limits_{n\to+\infty}\dfrac{n^k}{2^n}=0$, 故 $\sum\limits_{n=1}^{\infty}(-1)^{n+1}\dfrac{n^k}{2^n}$ 是 Leibniz 级数, 从而, 该级数收敛.

例 3　讨论 $\sum\limits_{n=1}^{\infty}(-1)^{n+1}\dfrac{(2n-1)!!}{(2n)!!}$ 的敛散性.

结构分析　重点分析方法的设计, 即条件的验证; 记 $a_n=\dfrac{(2n-1)!!}{(2n)!!}$, 具有阶乘结构特点, 这是数列的特有结构, 不能利用连续化方法将其转化为函数研究其相关性质, 注意到相邻两项的共同性高, 通常利用比值法研究其单调性, 而其极限的研究需要更精细地分析奇偶项间的关系.

解　记 $u_n=\dfrac{(2n-1)!!}{(2n)!!}$, 则

$$0 < u_{n+1} = \frac{2n+1}{2n+2}\cdot u_n < u_n,$$

即 $\{u_n\}$ 单调递减. 又对任意的 $k\in\mathbf{N}^+$, 成立 $2k > \sqrt{(2k-1)(2k+1)}$, 得

$$0 < u_n = \frac{1\cdot3\cdot5\cdots(2n+1)}{2\cdot4\cdots(2n)} < \frac{1\cdot3\cdot5\cdots(2n+1)}{\sqrt{1}\cdot\sqrt{3}\cdots\sqrt{2n-1}\cdot\sqrt{2n+1}} = \frac{1}{\sqrt{2n+1}},$$

利用极限的夹逼性, 得

$$\lim_{n\to+\infty}u_n=0,$$

即 $\sum\limits_{n=1}^{\infty}(-1)^{n+1}\dfrac{(2n-1)!!}{(2n)!!}$ 是 Leibniz 级数, 从而 $\sum\limits_{n=1}^{\infty}(-1)^{n+1}\dfrac{(2n-1)!!}{(2n)!!}$ 收敛.

抽象总结　上述几个例子都是最基本的例子, 重点以介绍数列单调性的验证方法为主, 这些方法中, 以连续化方法为较为简单且直接的方法, 此方法可以使得我们能够利用高级的微分理论验证数列的单调性; 当然, 没有万能的方法, 必须具体问题具体分析, 针对结构特点设计的方法才是最简单的方法.

例 4　设 $\{u_n\}$ 单调递减收敛于 0, 证明 $\sum\limits_{n=1}^{\infty}(-1)^{n+1}\dfrac{u_1+u_2+\cdots+u_n}{n}$ 收敛.

结构分析　题型为交错级数敛散性分析. 首要思路是 Leibniz 判别定理. 方法设计: 只需验证单调性, 单调性验证的基本思路仍是形式统一的思路.

证明　记 $A_n=\dfrac{u_1+u_2+\cdots+u_n}{n}$, 利用形式统一的方法证明其单调性.

由于

$$A_n - A_{n+1} = \frac{u_1 + u_2 + \cdots + u_n}{n} - \frac{u_1 + u_2 + \cdots + u_n + u_{n+1}}{n+1}$$

$$= \frac{u_1 + u_2 + \cdots + u_n}{n} - \left[\frac{u_1 + u_2 + \cdots + u_n}{n+1} + \frac{u_{n+1}}{n+1} \right]$$

$$= \frac{u_1 + u_2 + \cdots + u_n}{n} - \left[\frac{u_1 + u_2 + \cdots + u_n}{n} \frac{n}{n+1} + \frac{u_{n+1}}{n+1} \right]$$

$$= \frac{u_1 + u_2 + \cdots + u_n}{n} \left(1 - \frac{n}{n+1} \right) - \frac{u_{n+1}}{n+1}$$

$$= \frac{u_1 + u_2 + \cdots + u_n}{n} \frac{1}{n+1} - \frac{u_{n+1}}{n+1}$$

$$= \frac{1}{n+1} \left[\frac{u_1 + u_2 + \cdots + u_n}{n} - u_{n+1} \right]$$

$$= \frac{1}{n+1} \frac{u_1 + u_2 + \cdots + u_n - n u_{n+1}}{n} \geqslant 0,$$

故 $\{A_n\}$ 单调递减, 又由于

$$\lim_{n \to +\infty} A_n = \lim_{n \to +\infty} \frac{u_1 + u_2 + \cdots + u_n}{n} = \lim_{n \to +\infty} u_n = 0,$$

由 Leibniz 判别定理, $\displaystyle\sum_{n=1}^{\infty} (-1)^{n+1} \frac{u_1 + u_2 + \cdots + u_n}{n}$ 收敛.

抽象总结 在验证单调性的过程中, 充分利用形式统一的思想从后项中分离出与前项相同的部分, 实现相邻两项差的分析, 得到单调性.

在设计题目时, 通常将简单结构通过各种形式进行复杂化, 因此, 求解的思路是反向的, 即将复杂结构进行简单化, 因此, 结构简化是处理问题的基本思路.

例 5 讨论 $\displaystyle\sum_{n=1}^{\infty} (-1)^{n+1} \frac{n-1}{(n+1)\sqrt{n}}$ 的敛散性.

结构分析 级数具有最基本的级数 $\displaystyle\sum_{n=1}^{\infty} (-1)^{n+1} \frac{1}{n^p}$ 的结构, 是此结构的复杂化, 可以考虑利用初等的运算建立他们的联系.

解 由于 $\dfrac{n-1}{(n+1)\sqrt{n}} = \dfrac{1}{\sqrt{n}} - \dfrac{2}{(n+1)\sqrt{n}}$, 且

$$\sum_{n=1}^{\infty} (-1)^{n+1} \frac{1}{\sqrt{n}}, \quad \sum_{n=1}^{\infty} (-1)^{n+1} \frac{2}{(n+1)\sqrt{n}}$$

都是收敛的 Leibniz 级数, 因而, $\sum\limits_{n=1}^{\infty}(-1)^{n+1}\dfrac{n-1}{(n+1)\sqrt{n}}$ 收敛.

例 6　讨论 $\sum\limits_{n=1}^{\infty}(-1)^{n+1}\dfrac{1}{\sqrt{n}+(-1)^n}$ 的敛散性.

结构分析　题型: 交错级数的敛散性分析. 结构特点: 由于增加因子 $(-1)^n$, 使得 $\left\{\dfrac{1}{\sqrt{n}+(-1)^n}\right\}$ 不具单调性, 因而, Leibniz 判别定理失效; 进一步分析结构特点, 与此级数关联最紧密的已知级数是 $\sum\limits_{n=1}^{\infty}(-1)^{n+1}\dfrac{1}{\sqrt{n}}$, 是此结构的复杂化, 因此, 解题的思路是如何建立二者的联系. 方法设计: 可以利用形式统一方法建立它们的联系.

解　由于 $\dfrac{1}{\sqrt{n}+(-1)^n}=\dfrac{1}{\sqrt{n}+(-1)^n}-\dfrac{1}{\sqrt{n}}+\dfrac{1}{\sqrt{n}}$, 且

$$\frac{1}{\sqrt{n}+(-1)^n}-\frac{1}{\sqrt{n}}=\frac{(-1)^{n+1}}{(\sqrt{n}+(-1)^n)\sqrt{n}},$$

因而

$$\sum_{n=1}^{\infty}(-1)^{n+1}\frac{1}{\sqrt{n}+(-1)^n}=\sum_{n=1}^{\infty}\left[(-1)^{n+1}\frac{1}{\sqrt{n}}+\frac{1}{(\sqrt{n}+(-1)^n)\sqrt{n}}\right].$$

利用已知理论可知, $\sum\limits_{n=1}^{\infty}(-1)^{n+1}\dfrac{1}{\sqrt{n}}$ 收敛. 另外, 由于 $\sqrt{n}+(-1)^n\leqslant 2\sqrt{n}$, 则

$$\frac{1}{(\sqrt{n}+(-1)^n)\sqrt{n}}\geqslant\frac{1}{2n},$$

故 $\sum\limits_{n=1}^{\infty}\dfrac{1}{(\sqrt{n}+(-1)^n)\sqrt{n}}$ 发散, 所以, $\sum\limits_{n=1}^{\infty}(-1)^{n+1}\dfrac{1}{\sqrt{n}+(-1)^n}$ 发散.

抽象总结　与例 5 类似的例子还有 $\sum\limits_{n=1}^{\infty}\dfrac{(-1)^{n+1}}{\sqrt{n+(-1)^n}}$, $\sum\limits_{n=1}^{\infty}\dfrac{(-1)^{n+1}}{\sqrt{n}+\dfrac{(-1)^n}{\sqrt{n}}}$ 等,

这些题目的设计思路是: 在简单的结构中, 增加辅助因子, 使结构复杂化, 从而设计一些新的题目, 这是常用的题目设计思路. 对这类题目, 通过结构分析, 类比出关联最紧密的、已知的对象, 通过形式统一, 建立已知和未知的联系, 从而实现利用已知研究未知, 这是常用的思路和方法.

二、 具交错结构的函数项级数的一致收敛性

在函数项级数中, 也有交错结构的函数项级数, 但是, 没有对应的类似 Leibniz 判别定理, 我们仅以具体的例子说明常规的处理方法.

例 7 讨论 $\sum\limits_{n=1}^{\infty}(-1)^n x^n(1-x)$, $x \in [0,1]$ 的一致收敛性.

结构分析 题型为函数项级数的一致收敛性讨论. 结构特点: 结构中含有特殊的因子 $u_n(x) = (-1)^n$, 其具有性质 ① 本身的有界性, 即 $|u_n(x)| \leqslant 1$; ② 部分和的有界性, 即 $\left|\sum\limits_{k=1}^{n}(-1)^n\right| \leqslant 1, \forall n$. 类比已知: 在函数项级数一致收敛的判别定理中, 能够利用本身有界性进行判别的, 可以考虑利用 Weierstrass 判别法, 但是, 由于 $\sum\limits_{n=1}^{\infty} x^n(1-x)$, $x \in [0,1]$ 非一致收敛, 因而, 此判别法失效; 利用部分和的有界性进行判别的是 Dirichlet 判别法, 可以考虑利用此判别法判断, 由此确定思路, 具体的讨论就是相应条件的验证.

解 记 $u_n(x) = (-1)^n$, $v_n(x) = x^n(1-x)$, 则

$$\left|\sum_{k=1}^{n} u_k(x)\right| \leqslant 1, \quad \forall n, \quad x \in [0,1],$$

又由于对任意的 $x \in [0,1]$, $\{v_n(x)\}$ 关于 n 单调递减, 且由于

$$0 \leqslant v_n(x) = x^n(1-x) \leqslant v_n\left(\frac{n}{n+1}\right) = \left(\frac{n}{n+1}\right)^n \frac{1}{n+1} \to 0, \quad \forall x \in [0,1],$$

利用最值判别法, 则 $v_n(x) \overset{[0,1]}{\rightrightarrows} 0$, 因此, 利用 Dirichlet 判别法, $\sum\limits_{n=1}^{\infty}(-1)^n x^n(1-x)$ 在 $x \in [0,1]$ 一致收敛.

例 8 讨论 $\sum\limits_{n=1}^{\infty}(-1)^n \dfrac{\mathrm{e}^x + \ln(1+x^2) \cdot n}{(1+x)n^{\frac{3}{2}}}$ 在 $x \in [0,1]$ 的一致收敛性.

解 记 $u_n(x) = (-1)^n$, $v_n(x) = \dfrac{\mathrm{e}^x + \ln(1+x^2)\sqrt{n}}{(1+x)n^{\frac{3}{2}}}$, 则

$$\left|\sum_{k=1}^{n} u_k(x)\right| \leqslant 1, \quad \forall n, \quad x \in [0,1],$$

又由于对任意的 $x \in [0,1]$, $\{v_n(x)\}$ 关于 n 单调递减, 且由于

$$0 \leqslant v_n(x) \leqslant \frac{\mathrm{e} + n\ln 2}{n^{\frac{3}{2}}} < \frac{4}{\sqrt{n}} \to 0, \quad \forall x \in [0,1],$$

利用 Weierstrass 判别法, 则 $v_n(x) \overset{[0,1]}{\Rightarrow} 0$, 因此, 利用 Dirichlet 判别法,

$$\sum_{n=1}^{\infty} (-1)^n \frac{e^x + \ln(1+x^2) \cdot n}{(1+x)n^{\frac{3}{2}}}$$

在 $x \in [0,1]$ 一致收敛.

类似的处理思想可以进行推广.

例 9 讨论 $\displaystyle\sum_{n=1}^{\infty} \frac{(-1)^{\frac{n(n-1)}{2}} \cdot n}{(1+xe^x+n)^{\frac{3}{2}}}$ 在 $x \in [0,1]$ 的一致收敛性.

解 记 $u_n(x) = (-1)^{\frac{n(n-1)}{2}}$, $v_n(x) = \dfrac{n}{(1+xe^x+n)^{\frac{3}{2}}}$, 则

$$\left| \sum_{k=1}^{n} u_k(x) \right| \leqslant 2, \quad \forall n, \quad x \in [0,1],$$

又由于对任意的 $x \in [0,1]$, $\{v_n(x)\}$ 关于 n 单调递减, 且由于

$$0 < v_n(x) < \frac{n}{n^{\frac{3}{2}}} = \frac{1}{\sqrt{n}}, \quad \forall x \in [0,1],$$

利用 Weierstrass 判别法, 则 $v_n(x) \overset{[0,1]}{\Rightarrow} 0$, 因此, 利用 Dirichlet 判别法,

$$\sum_{n=1}^{\infty} \frac{(-1)^{\frac{n(n-1)}{2}} \cdot n}{(1+xe^x+n)^{\frac{3}{2}}}$$

在 $x \in [0,1]$ 一致收敛.

当然, 还可以利用其他的方法进行判断.

例 10 讨论 $\displaystyle\sum_{n=1}^{\infty} \frac{(-1)^{n+1} \cdot x^2}{(1+x^2)^n}$ 在 $(-\infty, +\infty)$ 的一致收敛性.

解 由于

$$\sum_{n=1}^{\infty} \frac{(-1)^{n+1} \cdot x^2}{(1+x^2)^n} = \sum_{n=1}^{\infty} \frac{(-1)^{n+1}}{n} \frac{nx^2}{(1+x^2)^n},$$

且 $\displaystyle\sum_{n=1}^{\infty} \frac{(-1)^{n+1}}{n}$ 收敛, 因而, 其视为函数项级数在 $(-\infty, +\infty)$ 一致收敛.

记 $v_n(x) = \dfrac{nx^2}{(1+x^2)^n}$, 则对任意的 $x, \{v_n(x)\}$ 关于 n 单调递减 (对充分大的 n), 且

$$0 \leqslant v_n(x) \leqslant v_n\left(\frac{1}{\sqrt{n-1}}\right) = \frac{n}{n-1} \frac{1}{\left(1+\frac{1}{n-1}\right)^n} < \frac{n}{n-1} \leqslant 2, \quad \forall x, \forall n,$$

因此, 利用 Abel 判别法, 则 $\sum\limits_{n=1}^{\infty} \dfrac{(-1)^{n+1} \cdot x^2}{(1+x^2)^n}$ 在 $(-\infty, +\infty)$ 一致收敛.

抽象总结　通过上述几个例子, 对交错结构的函数项级数, 可以利用符号因子的部分和的有界性, 即 $\left| \sum\limits_{k=1}^{n} (-1)^k \right| \leqslant 1$, $\forall n$, 再利用 Dirichlet 判别法判别一致收敛性; 也可以利用例 10 的方法, 利用 Abel 判别法判别一致收敛性.

三、 简单小结

交错结构的级数是一类重要的级数, 通过上面系列例子, 我们需要掌握的还是结构分析方法, 通过分析研究对象的结构, 挖掘其结构特点, 根据结构特点, 挖掘相应的特性, 类比已知, 形成解决问题的思路, 进而设计对应的方法.

第**56**讲 内闭一致收敛性引入的数学思想方法
——兼谈和函数分析性质的研究思想方法

函数项级数的和函数的分析性质的研究是函数项级数的主要研究内容. 由于函数项级数结构的复杂性, 为使得和函数具有很好的分析性质, 需要较强的条件, 为此, 引入了函数项级数的一致收敛性. 那么, 为何还要引入内闭一致收敛性? 和函数的分析性质研究的思路方法是什么? 本讲对这两个问题进行简单的回答.

一、 内闭一致收敛性引入的数学思想

为了使和函数具有好的分析性质, 提出了一致收敛性的概念, 由此, 函数项级数的一致收敛性成为研究和函数分析性质时必须验证的条件, 但是, 在具体的应用中, 我们又给出一个内闭一致收敛性的概念, 显然, 一致收敛性强于内闭一致收敛性, 那么, 为何要提出一个较弱的概念? 我们从研究对象和内容出发, 基于概念属性的分析, 阐述引入内闭一致收敛性概念的数学思想.

和函数的分析性质主要是和函数的连续性和可微性, 很多题目需要验证在开区间内的和函数的分析性质. 对这类问题的研究需求, 是内闭一致收敛性概念引入的主要背景. 那么, 这类问题的研究为何必须引入内闭一致收敛性?

从概念的属性看, 连续性和可微性都是局部性概念, 一致收敛性是整体性概念, 整体性概念高于局部性概念, 因此, 利用整体性的一致收敛性的条件来保证局部性的分析性质的成立, 条件太强了, 或者说, 局部性的分析性质的成立可能不需要太强的一致收敛性的整体性条件, 也许过强的整体性的一致收敛性的条件也不成立, 也不必成立, 因此, 需要降低一致收敛性的条件要求; 而开区间具有的结构特点是 "区间内所有的点都是内点 ($x_0 \in I$ 为区间 I 的内点是指存在开邻域 $U(x_0, \delta) \subset I$), 即开区间是由仅内点组成的集合", 因此, 对开区间内的每一点, 都可以取到开区间的一个内闭子区间, 使得该点为内闭子区间的一个内点, 因此, 通过验证在内闭子区间上成立某性质, 以此验证在该点处也成立此性质, 这是验证开区间上成立局部性质的基本思想与方法; 由此, 在验证开区间内的局部性质时, 可以转化为等价的在其内闭子区间上成立的性质, 正是这样的原因, 在验证和函数在开区间内成立的局部性质时, 可以把条件降低到在其内闭子区间上成立即可, 由此, 引入内闭一致收敛性的概念.

二、 和函数分析性质验证的思想方法

函数项级数的和函数分析性质验证的理论基础是教材中给出的三大定理, 即函数项级数的连续性定理、可微性定理和可积性定理, 三大定理都是在闭区间上建立的, 都需要相应的一致收敛性条件, 因此, 定理的条件相对较强, 一般不易得到满足, 特别是在验证开区间内的局部性质时, 因此, 在应用过程中, 需要根据要验证的性质的属性进行灵活运用.

例 1 设 $f(x) = \sum\limits_{n=1}^{\infty} \left(x + \dfrac{1}{n}\right)^n$, 证明 $f(x)$ 在 $(-1, 1)$ 内连续.

结构分析 题型: 由函数项级数所确定的和函数的分析性质 (连续性) 的验证. 类比已知: 函数项级数的连续性定理, 由此确定研究的思路. 方法设计: 类比连续性定理, 需要验证一致收敛性条件, 但是, 由于 $\sum\limits_{n=1}^{\infty} \left(1 + \dfrac{1}{n}\right)^n$ 不收敛, 因此, $\sum\limits_{n=1}^{\infty} \left(x + \dfrac{1}{n}\right)^n$ 在 $(-1, 1)$ 内非一致收敛, 不能直接应用连续性定理. 进一步挖掘结构特点: 由于 $(-1, 1)$ 是开区间, 连续性是局部性质, 可以将开区间内的局部性质转化为内闭子区间上的性质验证, 由此确定具体的方法, 设计具体的技术路线.

证明 任取 $q \in (0, 1)$, 在 $[-q, q]$ 上考虑 $\sum\limits_{n=1}^{\infty} \left(x + \dfrac{1}{n}\right)^n$. 由于当 $n > \dfrac{1}{q}$ 时,

$$\left|\left(x + \frac{1}{n}\right)^n\right| \leqslant \left(q + \frac{1}{n}\right)^n, \forall x \in [-q, q], \text{且} \sum_{n=1}^{\infty} (q + \frac{1}{n})^n \text{ 收敛, 故 } \sum_{n=1}^{\infty} \left(x + \frac{1}{n}\right)^n$$

在 $[-q, q]$ 上一致收敛, 由连续性定理, 则 $f(x)$ 在 $[-q, q]$ 上连续, 由 q 的任意性和连续性质的局部性, 则 $f(x)$ 在 $(-1, 1)$ 内连续.

抽象总结 上述证明过程体现了这类问题研究求解的基本思想与方法, 即将开区间内的局部性质的验证转化为等价的内闭子区间上的性质的验证, 将开区间内的问题转化为闭区间上的问题, 由此, 可以充分利用闭区间上好的性质和结论, 为未知问题的研究与求解创造条件.

例 2 证明 Riemann 函数 $R(x) = \sum\limits_{n=1}^{\infty} \dfrac{1}{n^x}$ 在 $(1, +\infty)$ 内连续, 且存在各阶连续导数.

解 (1) 先证明 $R(x)$ 在 $(1, +\infty)$ 内连续.

对任意的 $[a, b] \subset (1, +\infty)$, 由于 $0 < \dfrac{1}{n^x} \leqslant \dfrac{1}{n^a}, \forall x \in [a, b]$, 且 $\sum\limits_{n=1}^{\infty} \dfrac{1}{n^a}$ 收敛, 因

而, $\displaystyle\sum_{n=1}^{\infty}\frac{1}{n^x}$ 在 $[a,b]$ 一致收敛, 由于对任意的 n, $\dfrac{1}{n^x}$ 在 $[a,b]$ 连续, 因而, 由连续性定理, $R(x)$ 在 $[a,b]$ 连续, 再利用 $[a,b]\subset(1,+\infty)$ 的任意性, 则 $R(x)$ 在 $(1,+\infty)$ 内连续.

(2) 其次证明 $R(x)$ 在 $(1,+\infty)$ 内具有连续的导数.

考察 $\displaystyle\sum_{n=1}^{\infty}\frac{\ln n}{n^x}$, 由于对任意的 $a>1$, $\displaystyle\sum_{n=1}^{\infty}\frac{1}{n^a}$ 收敛, 则由 $\displaystyle\sum_{n=1}^{\infty}\frac{\ln n}{n^x}$ 可以在 $(1,+\infty)$ 定义一个函数, 记 $S(x)=\displaystyle\sum_{n=1}^{\infty}\frac{\ln n}{n^x}, x\in(1+\infty)$.

对任意的 $[a,b]\subset(1,+\infty)$, 类似的方法可以证明: $\displaystyle\sum_{n=1}^{\infty}\frac{\ln n}{n^x}$ 在 $[a,b]$ 一致收敛, 且 $S(x)$ 在 $[a,b]$ 连续. 利用可微性定理, 则 $R'(x)=-S(x), x\in[a,b]$, 因而, $R(x)$ 在 $[a,b]$ 内具有连续的导数, 由 $[a,b]\subset(1,+\infty)$ 的任意性, 则 $R(x)$ 在 $(1,+\infty)$ 内具有连续的导数.

(3) 最后证明 $R(x)$ 在 $(1,+\infty)$ 内具有任意阶的连续导数.

对任意的正整数 k, 由于 $\displaystyle\sum_{n=1}^{\infty}\frac{\ln^k n}{n^x}$ 在 $[a,b]$ 一致收敛, 类似可以证明 $\displaystyle\sum_{n=1}^{\infty}\frac{\ln^k n}{n^x}$ 在 $(1,+\infty)$ 连续, 且 $R^{(k)}(x)=(-1)^k\displaystyle\sum_{n=1}^{\infty}\frac{\ln^k n}{n^x}, x\in(1,+\infty)$, 因而, $R(x)$ 在 $(1,+\infty)$ 内具有任意阶的连续导数.

抽象总结　上述两个例子的处理中, 虽然没有显示用到内闭一致收敛性, 但是, 本质上, 正是验证内闭一致收敛性, 即对应的函数项级数在给定的区间不是一致收敛的, 只满足内闭一致收敛.

三、简单小结

本讲我们对引入内闭一致收敛性的数学思想进行简单介绍, 并通过两个例子介绍了开区间上局部性质验证的思想方法, 也体现了引入内闭一致收敛性的意义.

第57讲 含三角函数因子的函数项级数的一致收敛性

在函数项级数中, 含三角函数因子的函数项级数是较为常见的一种类型, 由于有三角函数因子的出现, 研究这类函数项级数的一致收敛性的难度相对较大, 本讲通过对三角函数因子的结构分析, 挖掘出其特点, 充分利用其不同的结构特点, 实现它在一致收敛性研究中的不同功能.

一、 含三角函数因子的函数项级数的结构分析

含三角函数因子的函数项级数通常指如下形式的函数项级数: $\displaystyle\sum_{n=1}^{\infty} u_n(x) \sin nx$ 或 $\displaystyle\sum_{n=1}^{\infty} u_n(x) \cos nx$, 由于三角函数是变号函数, 函数项级数属于任意项函数项级数, 其一致收敛性的判别难度较大, 其判别理论通常有两个模块: 其一为 Abel 判别法、Dirichlet 判别法, 这两个判别法只能用于判 "是", 可以处理一般的结构; 其二为 Cauchy 收敛准则, 既可以用于判 "是", 也可以用于判 "非", 由于 Cauchy 收敛准则是普适性准则, 理论意义大, 在实际应用中只能处理较简单的结构. 因此, 对具体的含三角函数因子的函数项级数的一致收敛性的判断要结合具体的结构特点选择对应的判别法则, 为此, 先分析三角函数因子的结构特点及其在函数项级数一致收敛性的研究中对应的功能作用, 以 $\displaystyle\sum_{n=1}^{\infty} u_n(x) \sin nx$ 为例.

(1) 本身的一致有界性, 即 $|\sin nx| \leqslant 1, \forall x, \forall n$, 此时三角函数因子是次要因子, 只起到复杂通项结构的形式的作用, 函数项级数是否一致收敛取决于主要因子.

(2) 部分和的有界性, 即利用

$$\sin a \sin b = -\frac{1}{2}[\cos(a+b) - \cos(a-b)],$$

$$\sin a \cos b = \frac{1}{2}[\sin(b+a) - \sin(b-a)],$$

由此得到

$$2\sin\frac{x}{2}(\sin x + \sin 2x + \cdots + \sin nx) = \cos\frac{x}{2} - \cos\frac{2n+1}{2}x,$$

$$2\sin\frac{x}{2}(\cos x + \cos 2x + \cdots + \cos nx) = \sin\frac{2n+1}{2}x - \sin\frac{x}{2},$$

则

$$|\sin x + \sin 2x + \cdots + \sin nx| \leqslant \frac{1}{\left|\sin\dfrac{x}{2}\right|}, \quad x \neq 2k\pi,$$

$$|\cos x + \cos 2x + \cdots + \cos nx| \leqslant \frac{1}{\left|\sin\dfrac{x}{2}\right|}, \quad x \neq 2k\pi,$$

由此得到部分和 $\displaystyle\sum_{k=1}^{n}\sin kx, \sum_{k=1}^{n}\cos kx$ 在某些特定的区间, 如 $[\delta, 2\pi-\delta](\delta \in (0, 2\pi))$ 上的一致有界性, 因此, 此性质通常用于 Dirichlet 判别法以判断一致收敛性.

(3) 周期性: 三角函数因子具有明显的周期性, 此性质通常用于 Cauchy 收敛准则以判断非一致收敛性.

二、 应用举例

例 1　判断 $\displaystyle\sum_{n=1}^{\infty}\frac{\mathrm{e}^{\frac{x}{n}}\sin nx}{2n^2 - nx}$ 在 $[0, 1]$ 的一致收敛性.

结构分析　题型: 函数项级数的一致收敛性的判断. 结构特点: 含三角函数因子的任意项级数; 主要因子 $\dfrac{1}{2n^2 - nx}$, 辅助因子 $\mathrm{e}^{\frac{x}{n}}, \sin nx$; 由于主要因子具有很好的 "收敛特性", 辅助因子的作用主要是构造复杂的函数结构, 制造麻烦. 类比已知: 已知的判别理论有 Weierstrass 判别法、Abel 判别法、Dirichlet 判别法及 Cauchy 收敛准则. 确立思路: 根据结构特点分析, 可以确定用 Weierstrass 判别法. 方法设计: 根据 Weierstrass 判别法, 很容易确定 "优" 级数, 实现判别.

解　由于

$$\left|\frac{\mathrm{e}^{\frac{x}{n}}\sin nx}{2n^2 - nx}\right| \leqslant \frac{\mathrm{e}}{n^2 + (n^2 - nx)} \leqslant \frac{\mathrm{e}}{n^2}, \quad \forall x \in [0, 1], \forall n,$$

且 $\displaystyle\sum_{n=1}^{\infty}\frac{1}{n^2}$ 收敛, 故 $\displaystyle\sum_{n=1}^{\infty}\frac{\mathrm{e}^{\frac{x}{n}}\sin nx}{2n^2 - nx}$ 在 $[0, 1]$ 一致收敛.

抽象总结 解题过程表明: 三角函数因子不影响一致收敛性, 因此, 利用一致有界性消去此因子的影响, 增加此因子只是增加题目形式上的复杂性; 在放大过程中, 对分母的处理用到了主项控制技术, 即利用主项 n^2 控制其他的次要项.

例 2 判断 $\sum\limits_{n=1}^{\infty} \dfrac{x^n}{1 + x + x^2 + \cdots + x^{n-1}} \sin nx$ 在 $[\delta, 1](\delta \in (0,1))$ 上的一致收敛性.

结构分析 结构特点非常明显: 其一含有三角函数因子, 其二讨论区间为 $[\delta, 1]$. 类比已知: 三角函数部分和的一致有界性. 确立思路: Dirichlet 判别法.

解 由于

$$|\sin x + \sin 2x + \cdots + \sin nx| \leqslant \frac{1}{\left|\sin \dfrac{x}{2}\right|} \leqslant \frac{1}{\left|\sin \dfrac{\delta}{2}\right|}, \quad \forall x \in [\delta, 1], \forall n,$$

即部分和 $\sum\limits_{k=1}^{n} \sin kx$ 在 $[\delta, 1]$ 一致有界.

记 $v_n(x) = \dfrac{x^n}{1 + x + x^2 + \cdots + x^{n-1}}$, 则对任意的 $x \in [\delta, 1]$, $\{v_n(x)\}$ 关于 n 单调递减, 且 $0 \leqslant v_n(x) = \dfrac{x^n}{1 + x + x^2 + \cdots + x^{n-1}} < \dfrac{x^{n-1}}{nx^{n-1}} = \dfrac{1}{n}$, 因而, $v_n(x) \rightrightarrows 0$, $x \in [\delta, 1]$.

由 Dirichlet 判别法, $\sum\limits_{n=1}^{\infty} \dfrac{x^n}{1 + x + x^2 + \cdots + x^{n-1}} \sin nx$ 在 $[\delta, 1]$ 上一致收敛.

例 3 判断 $\sum\limits_{n=1}^{\infty} \dfrac{(1-x)x^n}{1 - x^{2n}} \sin nx$ 在 $[\delta, 1](\delta \in (0,1))$ 上的一致收敛性.

结构分析 例 2 与例 3 具有紧密的结构联系, 可以考虑二者的关系, 设计具体的方法.

解 由于

$$\frac{(1-x)x^n}{1 - x^{2n}} \sin nx = \frac{1}{1 + x^n} \frac{x^n}{1 + x + x^2 + \cdots + x^{n-1}} \sin nx,$$

由例 2 的结论, $\sum\limits_{n=1}^{\infty} \dfrac{x^n}{1 + x + x^2 + \cdots + x^{n-1}} \sin nx$ 在 $[\delta, 1]$ 上一致收敛.

记 $u_n(x) = \dfrac{1}{1 + x^n}$, 对任意的 $x \in [\delta, 1]$, $\{u_n(x)\}$ 关于 n 单调递减, 且对任意的 $x \in [\delta, 1]$ 和任意 n, 有 $0 \leqslant u_n(x) < 1$, 因而, $\{u_n(x)\}$ 关于 $x \in [\delta, 1]$ 和 n 一致有界.

由 Abel 判别法, 则 $\displaystyle\sum_{n=1}^{\infty}\frac{(1-x)x^n}{1-x^{2n}}\sin nx$ 在 $[\delta,1]$ 上一致收敛.

抽象总结 在例 2 的基础上, 利用已知的结论, 增加已知的因子 $u_n(x) = \dfrac{1}{1+x^n}$, 设计更复杂的题目是常用的题目设计技术.

例 4 判断 $\displaystyle\sum_{n=1}^{\infty}\frac{\sin x\sin nx}{\ln(1+n+x)}$ 在 $(0,+\infty)$ 内的一致收敛性.

结构分析 题目仍是含三角函数因子的函数项级数的一致收敛性的讨论. 结构特点: 由于因子 $\dfrac{1}{\ln(1+n+x)}$ 收敛性质并不好, 尽可能挖掘三角函数因子的性质, 类似可得

$$2\sum_{k=1}^{n}\sin x\sin kx = \sum_{k=1}^{n}\big(\cos(k-1)x-\cos(k+1)x\big)$$

$$= 1+\cos x-\cos nx-\cos(n+1)x,$$

由此可得一致有界性 $\left|\displaystyle\sum_{k=1}^{n}\sin x\sin kx\right|\leqslant 2,\forall x,\forall n$, 类比已知可以确定思路: 利用 Dirichlet 判别法.

解 由于

$$\left|\sum_{k=1}^{n}\sin x\sin kx\right|\leqslant 2,\quad \forall x,\forall n,$$

即 $\displaystyle\sum_{n=1}^{\infty}\sin x\sin nx$ 的部分和在 $(0,+\infty)$ 一致有界.

记 $v_n(x)=\dfrac{1}{\ln(1+n+x)}$, 则对任意 $x\in(0,+\infty)$, $\{v_n(x)\}$ 关于 n 单调递减, 且

$$0<v_n(x)<\frac{1}{\ln(1+n)}\to 0,\quad n\to+\infty,$$

因此, $\{v_n(x)\}$ 在 $(0,+\infty)$ 一致收敛于 0. 由 Dirichlet 判别法, $\displaystyle\sum_{n=1}^{\infty}\frac{\sin x\sin nx}{\ln(1+n+x)}$ 在 $(0,+\infty)$ 内一致收敛.

抽象总结 上述几个例子中, 我们充分利用三角函数因子对应的部分和的一致有界性, 结合 Dirichlet 判别法得到一致收敛性, 这是研究含三角函数因子的函数项级数一致收敛性的常用方法.

例 5 判断 $\displaystyle\sum_{n=1}^{\infty} \dfrac{\sin\frac{n+1}{2}x}{\sqrt{n+x}}$ 在 $(0,1)$ 内的一致收敛性.

结构分析 由于 $\displaystyle\sum_{n=1}^{\infty}\sin\frac{n+1}{2}x$ 在 $(0,1)$ 内不具备部分和的一致有界性 (坏点为 $x=0$), 因子 $\dfrac{1}{\sqrt{n+x}}$ 对应的收敛性质也不好, 可以考虑非一致收敛性的验证; 由于一致收敛性必要条件和端点发散的验证方法失效, 考虑利用 Cauchy 收敛准则进行验证. 方法设计: 需要对 Cauchy 片段进行缩小估计, 对含三角函数因子的函数项级数的 Cauchy 片段 $\displaystyle\sum_{k=1}^{n} a_k \sin kx$, 方法设计的基本思路是选择合适的 Cauchy 片段和对应的点列 $\{x_n\}$, 使得对应的 $\sin kx_n$ 有正的下界.

解 取 $\varepsilon_0=\dfrac{1}{3}$, 对任意的 $n>1$, 取 $p=n$, $\dfrac{\pi}{2(n+1)}<x_n<\dfrac{\pi}{2n}$, 则

$$\frac{\pi}{4}<\frac{n+1}{2}x_n<\frac{n+2}{2}x_n<\cdots<\frac{2n}{2}x_n<\frac{\pi}{2},$$

因而, 有

$$\left|\sum_{k=n}^{2n}\frac{\sin\frac{k+1}{2}x_n}{\sqrt{k+x_n}}\right|>\frac{\sqrt{2}}{2}\sum_{k=n}^{2n}\frac{1}{\sqrt{k+x_n}}>\frac{\sqrt{2}}{2}\sum_{k=n}^{2n}\frac{1}{\sqrt{k+k}}$$

$$>\frac{\sqrt{2}}{2}\sum_{k=n}^{2n}\frac{1}{\sqrt{4n}}=\frac{\sqrt{2}n}{4\sqrt{n}}>\frac{\sqrt{2}}{4}>\frac{1}{3}=\varepsilon_0,$$

故 $\displaystyle\sum_{n=1}^{\infty}\dfrac{\sin\frac{n+1}{2}x}{\sqrt{n+x}}$ 在 $(0,1)$ 内非一致收敛.

抽象总结 上述求解过程中的难点是特殊点 x_n 的构造, 构造原则是使结构中复杂的因子 $\sin kx_n$ 在对应的 Cauchy 片段内有正的下界, 从而实现简化结构, 使得简化后的 Cauchy 片段能够求和或估计, 为此, 只需将对应的动点 $\dfrac{k+1}{2}x_n$ 限制在某个特定的区间内, 此处, 我们选择特定的区间为 $\left(\dfrac{\pi}{4},\dfrac{\pi}{2}\right)$, 因此, 通过求解不等式 $\dfrac{\pi}{4}<\dfrac{n+1}{2}x_n<\dfrac{n+2}{2}x_n<\cdots<\dfrac{2n}{2}x_n<\dfrac{\pi}{2}$, 构造点列, 当然, 在此原则下构造的方法不唯一.

三、 简单小结

在函数项级数的一致收敛性研究中, 含有变号的周期函数, 使得含三角函数因子的函数项级数的一致收敛性的研究相对复杂, 本讲我们结合三角函数因子的不同的结构特点, 挖掘不同结构特点在问题中的不同功能, 基于已知的判别理论, 给出了一般性的研究思路和方法.

第 58 讲 函数项级数的非一致收敛性的研究方法

函数项级数的非一致收敛性的研究也是函数项级数理论中重要的研究内容之一, 本讲对函数项级数的非一致收敛性的方法进行简单的分析与介绍.

一、 非一致收敛性的判别方法和应用

1. 端点发散性判别法

此判别法基于下述结论.

定理 1 对任意的 n, $u_n(x)$ 在 $x = c$ 点左连续, $\sum\limits_{n=1}^{\infty} u_n(c)$ 发散, 则对任意的 $\delta > 0$, $\sum\limits_{n=1}^{\infty} u_n(x)$ 在 $(c - \delta, c)$ 内非一致收敛.

在另一个端点处, 成立同样的结论.

结构分析 分析定理 1 的结构, 确定定理 1 的作用是利用端点处的发散性得到区间内的非一致收敛性, 由此, 把一致收敛性的判断转化为数项级数的发散性判断, 把一个复杂的问题转化为简单的问题, 体现了非常好的判别思想.

例 1 判断 $\sum\limits_{n=1}^{\infty} \dfrac{1}{1 + n + n^2 x^2}$ 在 $(0, +\infty)$ 内的一致收敛性.

解 由于 $\sum\limits_{n=1}^{\infty} \dfrac{1}{1 + n + n^2 x^2}\bigg|_{x=0} = \sum\limits_{n=1}^{\infty} \dfrac{1}{1 + n}$ 发散, 故 $\sum\limits_{n=1}^{\infty} \dfrac{1}{1 + n + n^2 x^2}$ 在 $(0, +\infty)$ 内非一致收敛性.

抽象总结 由于判断数项级数的敛散性相对简单, 因此, 在判断函数项级数的一致收敛性时优先利用定理 1 进行初步的判断是常规性的技术要求, 也是判断非一致收敛性的基本方法.

2. 利用一致收敛性的必要条件进行判断

定理 2 若 $\sum\limits_{n=1}^{\infty} u_n(x)$ 在区间 I 一致收敛, 则 $\{u_n(x)\}$ 在 I 一致收敛于 0.

结构分析 从定理的结构看, 有两方面的作用: 其一是通过判断 $\sum\limits_{n=1}^{\infty} u_n(x)$ 的

一致收敛性得到函数列 $\{u_n(x)\}$ 的一致收敛性; 其二是定理的逆否结论的应用, 即通过判断 $\{u_n(x)\}$ 的非一致收敛性得到 $\displaystyle\sum_{n=1}^{\infty} u_n(x)$ 的非一致收敛性.

例 2　判断 $\displaystyle\sum_{n=1}^{\infty} \dfrac{n^2}{\left(x+\dfrac{1}{n}\right)^n}$ 在 $(1,+\infty)$ 内的一致收敛性.

结构分析　结构中复杂因子为 $\left(x+\dfrac{1}{n}\right)^n$, 类比已知, 相近结构的因子为 $\left(1+\dfrac{1}{n}\right)^n$, 其具有性质为 $\left(1+\dfrac{1}{n}\right)^n \to \mathrm{e}$, 因此, 可以利用端点发散性判别法得到非一致收敛性; 当然, 由于 $\displaystyle\sum_{n=1}^{\infty} \dfrac{n^2}{\left(1+\dfrac{1}{n}\right)^n}$ 发散性的证明用到了数项级数收敛的必要条件, 因此, 将对应的思想移植过来, 可以利用函数项级数一致收敛的必要条件来证明其非一致收敛性.

解　取 $x = 1 + \dfrac{1}{n}$, 利用 $\left(1+\dfrac{2}{n}\right)^n \to \mathrm{e}^2$, 则

$$\left.\frac{n^2}{\left(x+\dfrac{1}{n}\right)^n}\right|_{x=1+\frac{1}{n}} = \frac{n^2}{\left(1+\dfrac{2}{n}\right)^n} \to +\infty,$$

故 $\left\{\dfrac{n^2}{\left(x+\dfrac{1}{n}\right)^n}\right\}$ 在 $(1,+\infty)$ 非一致收敛于 0, 所以, $\displaystyle\sum_{n=1}^{\infty} \dfrac{n^2}{\left(x+\dfrac{1}{n}\right)^n}$ 在 $(1,+\infty)$ 内非一致收敛.

例 3　判断 $\displaystyle\sum_{n=1}^{\infty} \dfrac{1}{1+n}\left(\mathrm{e}^x - \left(1+\dfrac{x}{n}\right)^n\right)$ 在 $(0,+\infty)$ 内的一致收敛性.

结构分析　结构特点表明, 由于结构中以指数结构为主要结构, 且对应因子, 如 e^x 或 a^n 发散到无穷的速度非常大 (与分母对应的结构, 即 $\{n\}$ 发散到无穷的速度相比), 可以预判其非一致收敛; 但是, 由于 $\left(\mathrm{e}^x - \left(1+\dfrac{x}{n}\right)^n\right)$ 在 $(0,+\infty)$ 的端点没有定义, 因而, 端点发散性判别法失效; 注意到结构特点, 可以利用定理 2 来证明, 坏点是 $+\infty$.

解　由于

$$\frac{1}{1+n}\left(\mathrm{e}^x-\left(1+\frac{x}{n}\right)^n\right)\Big|_{x=n}=\frac{\mathrm{e}^n-2^n}{n+1}=\frac{\mathrm{e}^n}{n+1}\left(1-\left(\frac{2}{\mathrm{e}}\right)^n\right)\to+\infty,$$

故 $\left\{\dfrac{1}{1+n}\left(\mathrm{e}^x-\left(1+\dfrac{x}{n}\right)^n\right)\right\}$ 在 $(0,+\infty)$ 非一致收敛于 0, 因而,

$$\sum_{n=1}^{\infty}\frac{1}{1+n}\left(\mathrm{e}^x-\left(1+\frac{x}{n}\right)^n\right)$$

在 $(0,+\infty)$ 内非一致收敛.

抽象总结 利用必要条件判断非一致收敛性也是常用的方法, 也是研究一致收敛性问题时做为预判优先考虑要解决的问题; 一旦确定非一致收敛性判断的方向, 需要利用必要条件判断非一致收敛性时, 通常需要构造特殊的点列 $\{x_n\}$, 通过验证 $\{u_n(x_n)\}$ 不收敛于 0, 以判断 $\{u_n(x)\}$ 非一致收敛于 0, 由此证明其非一致收敛性; 过程中重点和难点是特殊点列的构造, 构造的原则是 "$\{x_n\}$ 收敛于坏点"(即打破一致收敛性的点), 一般来说, 坏点通常是区间的端点. 因此, 在研究非一致收敛性时, 注意重点考虑和挖掘端点处的性质.

3. 利用和函数的分析性质进行判断

引入一致收敛性主要是为了研究和函数的分析性质, 由此建立了一致收敛性条件下的和函数的连续性定理、逐项求导和逐项求积定理, 但是, 也可以将这些结论作为一致收敛的必要条件, 由此可以用其逆否结论判断非一致收敛性.

例 4 判断 $\sum\limits_{n=1}^{\infty}x^n(1-x)$ 在 $[0,1]$ 上的一致收敛性.

结构分析 由于结构相对简单, 通项具有等比结构或相邻两项差结构, 可以计算部分和, 进而计算出和函数, 因而, 可以将其转化为部分和函数列或利用和函数的性质来判断, 这就是本题的研究思路.

解 记 $u_n(x)=x^n(1-x)$, 则对任意的 n, 有 $u_n(x)$ 在 $[0,1]$ 上连续; 又部分和为

$$S_n(x)=\sum_{k=1}^{n}x^k(1-x)=x-x^{n+1},$$

则对任意的 n, 仍有 $S_n(x)$ 在 $[0,1]$ 上连续; 且 $S(x)=\lim\limits_{n\to\infty}S_n(x)=\begin{cases}0, & x=1,\\ x, & 0\leqslant x<1,\end{cases}$

因而, $S(x)$ 在 $[0,1]$ 上不连续.

若假设 $\sum\limits_{n=1}^{\infty}x^n(1-x)$ 在 $[0,1]$ 上一致收敛性, 根据连续性定理, 则 $S(x)$ 在

$[0,1]$ 上连续, 由此得到矛盾的结论, 因此, $\sum\limits_{n=1}^{\infty} x^n(1-x)$ 在 $[0,1]$ 上非一致收敛.

抽象总结　利用和函数的性质判断非一致收敛性并不是常规性的方法, 此方法只适用于较简单的结构, 即可求部分和的函数项级数, 常见的结构有等比结构、等差结构、相邻两项差结构等, 利用部分和函数进而计算和函数, 由此验证需要的性质.

当然, 也可以利用逐项求积或逐项求导的性质来判断非一致收敛性.

例 5　判断 $\sum\limits_{n=1}^{\infty} (n^2 x^2 \mathrm{e}^{-nx^3} - (n-1)^2 x^2 \mathrm{e}^{-(n-1)x^3})$ 在 $[0,1]$ 上的一致收敛性.

结构分析　通项形式较为复杂, 结构特点也很明显, 其具有相邻两项差的结构; 由此很容易计算和函数, 因此, 可以利用部分和函数列或和函数的性质进行研究; 事实上, 计算出部分和函数列及和函数后, 很容易判断出结论了. 方法设计: 方法不唯一, 我们选择利用和函数来判断.

解　由于

$$S_n(x) = \sum_{k=1}^{n} (k^2 x^2 \mathrm{e}^{-kx^3} - (k-1)^2 x^2 \mathrm{e}^{-(k-1)x^3}) = n^2 x^2 \mathrm{e}^{-nx^3},$$

则 $S(x) = \lim\limits_{n \to +\infty} S_n(x) = 0, \forall x \in [0,1]$, 因而, $\int_0^1 S(x)\mathrm{d}x = 0$.

由于 $\int_0^1 S_n(x)\mathrm{d}x = \dfrac{n}{3}(1-\mathrm{e}^{-n}) \to +\infty$, 因而, $\int_0^1 S(x)\mathrm{d}x \neq \lim\limits_{n \to +\infty} \int_0^1 S_n(x)\mathrm{d}x$,

故 $\sum\limits_{n=1}^{\infty} (n^2 x^2 \mathrm{e}^{-nx^3} - (n-1)^2 x^2 \mathrm{e}^{-(n-1)x^3})$ 在 $[0,1]$ 上非一致收敛.

当然, 在不能计算和函数的情况下, 也可以借用数项级数的相关结论, 利用逐项求极限以判断非一致收敛性, 这也是连续性定理的定量形式.

例 6　判断 $\sum\limits_{n=1}^{\infty} \dfrac{\cos x \cos nx}{n \ln(n+1)}$ 在 $[0,\pi]$ 内的一致收敛性.

结构分析　类比已知的 $\sum\limits_{n=1}^{\infty} \dfrac{1}{n \ln(n+1)}$ 的发散性, 很容易判断其非一致收敛性; 方法不唯一, 可以利用端点发散性判别法, 此处, 我们采用和函数的分析性质.

解　假设 $\sum\limits_{n=1}^{\infty} \dfrac{\cos x \cos nx}{n \ln(n+1)}$ 在 $[0,\pi]$ 内的一致收敛, 记 $f(x) = \sum\limits_{n=1}^{\infty} \dfrac{\cos x \cos nx}{n \ln(n+1)}$,

则

$$f(0) = \lim_{x \to 0+} f(x) = \lim_{x \to 0+} \sum_{n=1}^{\infty} \frac{\cos x \cos nx}{n \ln(n+1)} = \sum_{n=1}^{\infty} \lim_{x \to 0+} \frac{\cos x \cos nx}{n \ln(n+1)}$$

$$= \sum_{n=1}^{\infty} \frac{1}{n \ln(n+1)} = +\infty,$$

矛盾, 因而, $\displaystyle\sum_{n=1}^{\infty} \frac{\cos x \cos nx}{n \ln(n+1)}$ 在 $[0,\pi]$ 内非一致收敛.

抽象总结 $\displaystyle\sum_{n=1}^{\infty} \frac{\sin x \sin nx}{n \ln(n+1)}$ 和 $\displaystyle\sum_{n=1}^{\infty} \frac{\cos x \cos nx}{n \ln(n+1)}$ 具有结构相似性, 但是二者有

不同的一致收敛性结论, 类似前述的方法 (或利用 Dirichlet 判别法) 可以证明

$\displaystyle\sum_{n=1}^{\infty} \frac{\sin x \sin nx}{n \ln(n+1)}$ 在 $(-\infty, +\infty)$ 内都是一致收敛的.

4. 利用 Cauchy 收敛准则判断

Cauchy 收敛准则是极限存在性的基本判断法则, 函数项级数的一致收敛性理论中, 也有对应的 Cauchy 收敛准则, 有些教材中, 直接将 Cauchy 收敛准则作为一致收敛性的定义. 由于 Cauchy 收敛准则是普适性法则, 有着非常重要的理论意义, 在具体应用中, 只能处理较简单的结构. 因此, 对一些简单结构的函数项级数的非一致收敛性的验证, Cauchy 收敛准则也是方法之一.

例 7 判断 $\displaystyle\sum_{n=1}^{\infty} \frac{\cos x \sin nx}{1 + n + n^2 x}$ 在 $[0,\pi]$ 内的一致收敛性.

结构分析 由于 $\displaystyle\sum_{n=1}^{\infty} \cos x \sin nx$ 的部分和不在局部一致有界性 (坏点 $x=0$),

可以预测非一致收敛性, 由于 $\displaystyle\sum_{n=1}^{\infty} \frac{1}{1+n+n^2x}$ 相对简单且已知 $\displaystyle\sum_{n=1}^{\infty} \frac{1}{1+n+n^2x}\bigg|_{x=0}$

$= \displaystyle\sum_{n=1}^{\infty} \frac{1}{1+n}$ 发散, 可以考虑利用 Cauchy 收敛准则判断非一致收敛性.

解 取 $\varepsilon_0 = \dfrac{1}{28}$, 对任意的 $n>1$, 取 $\dfrac{\pi}{6n} < x_n < \dfrac{\pi}{4n}$, 则 $0 < x_n < \dfrac{\pi}{4}$ 且

$$\frac{\pi}{6} < nx_n < (n+1)x_n < \cdots < 2nx_n < \frac{\pi}{2},$$

因而, 有

$$\left|\sum_{k=n+1}^{2n}\frac{\cos x_n\sin kx_n}{1+k+k^2x_n}\right| > \frac{\sqrt{2}}{2}\sum_{k=n+1}^{2n}\frac{\sin kx_n}{1+k+k^2x_n}$$

$$> \frac{\sqrt{2}}{4}\sum_{k=n+1}^{2n}\frac{1}{1+k+k^2x_n} > \frac{\sqrt{2}}{4}\sum_{k=n+1}^{2n}\frac{1}{1+2n+\pi n} > \frac{\sqrt{2}}{4}\sum_{k=n+1}^{2n}\frac{1}{7n} = \frac{\sqrt{2}}{28} > \varepsilon_0,$$

故 $\displaystyle\sum_{n=1}^{\infty}\frac{\cos x\sin nx}{1+n+n^2x}$ 在 $[0,\pi]$ 内非一致收敛.

抽象总结　此处利用 Cauchy 收敛准则判别非一致收敛性的方法的设计思想和前述思想是一致的, 只是具体的技术细节不同, 如为在对应的 Cauchy 片段内取到对应的 x_n, 我们将片段中 kx_n 对应的下界取为 $\dfrac{\pi}{6}$, 当然, 比它小的值都可以, 还可以更简单地取 $x_n = \dfrac{\pi}{4n}$, 因此, 在使得对应的 Cauchy 片段内 $\cos x_n$ 和 $\sin kx_n$ 同时有正的下界的原则下, 可以灵活选取 x_n. 这是 Cauchy 收敛准则应用中的重点和难点.

二、 简单小结

本讲基本按照从简单到复杂的顺序介绍了判别非一致收敛性的各种方法, 各种方法都有其作用对象的特征, 因此, 必须结合结构分析, 通过准确的结构特点选择合适的方法才能设计最为简单的技术路线. 需要强调的是: Cauchy 收敛准则是最基本的法则, 也是较难应用的法则, 需要认真分析应用过程, 掌握其应用于实践解决具体问题的基本思想和方法.

第**59**讲 幂级数的和函数的计算方法

幂级数是特殊而简单的函数项级数, 函数项级数理论都适用于幂级数, 而作为特殊的函数项级数, 其自身也具有特殊的性质; 本讲主要对幂级数和函数的计算方法进行介绍.

一、 幂级数和函数计算的基本理论

1. 基本求和公式

对幂级数和函数计算的基础是如下两个基本求和公式:

$$1 + x + x^2 + \cdots + x^n + \cdots = \frac{1}{1-x}, \quad x \in (-1, 1),$$

$$1 - x + x^2 + \cdots + (-1)^n x^n + \cdots = \frac{1}{1+x}, \quad x \in (-1, 1),$$

公式左端的幂级数都具有等比结构, 是一种最简单的结构, 可以根据等比数列的求和公式建立上面的求和公式, 利用收敛半径和收敛域的计算给出公式成立的范围. 当然, 根据幂级数的首项不同, 公式可以适当调整.

上述两个公式是幂级数和函数计算的基本公式.

2. 基本计算思想和方法

对给定的待求和函数的幂级数, 计算和函数的基本思想是通过各种技术处理, 将幂级数转化为上述两种对比结构的幂级数之一, 从而利用已知的基本公式实现求解. 在设计具体方法时, 基于函数项级数的和函数分析性质, 即逐项求积和逐项求导理论, 通过对幂级数逐项求积或逐项求导, 将其转化为等比结构, 利用基本求和公式计算出求积或求导之后的和函数, 再对此函数进行反向运算, 即求导或求积, 得到要计算的和函数.

具体方法设计时, 也有两个不同的方向: 其一是从待求和函数的幂级数出发, 通过逐项求积或逐项求导转化为等比结构, 得到一个和函数, 再经过反向运算得到待计算的和函数; 其二是从基本公式出发, 通过逐项求积或逐项求导转化为待求和的幂级数.

求解过程中的重点是具体的求积或求导方法的选择; 为此, 简单分析求积和求导对幂级数结构的改变; 利用微积分理论, 则

$$(a_n x^n)' = n a_n x^{n-1}, \quad \int a_n x^n \mathrm{d}x = \frac{1}{n+1} a_n x^{n+1},$$

因此, 对具有 n 幂结构的因子进行求导, 则幂因子的系数增加因子 n; 对其进行求积时, 增加因子 $\dfrac{1}{n+1}$; 由于基本公式中, 通项的系数是常数 1 或 (-1), 因此, 当幂级数通项的系数中有 n 结构因子时, 可以求积将此系数吸收掉, 或将其视为基本公式中的求导产生的因子; 当幂级数通项的系数中有 $\dfrac{1}{n+1}$ 结构因子时, 可以求导将此系数吸收掉, 或将其视为基本公式中的求积产生的因子; 由此形成具体的方法.

二、 应用举例

下面, 通过例子说明计算理论的应用.

例 1 求 $\displaystyle\sum_{n=1}^{\infty} \frac{x^n}{1+n}$ 的和函数.

结构分析 由于系数中有因子 $\dfrac{1}{n+1}$, 可以通过求导消去此因子, 转化为基本公式; 也可以从基本公式出发, 利用求积产生此因子, 由此对应形成两个不同的方法.

解 法一 求导法: 容易判断 $\displaystyle\sum_{n=1}^{\infty} \frac{x^n}{1+n}$ 的收敛域为 $(-1,1)$.

记 $f(x) = \displaystyle\sum_{n=1}^{\infty} \frac{x^n}{1+n}$, $g(x) = xf(x)$, $x \in (-1,1)$, 则 $g(x) = \displaystyle\sum_{n=1}^{\infty} \frac{x^{n+1}}{1+n}$, 因而, 利用逐项求导定理, 有

$$g'(x) = \sum_{n=1}^{\infty} x^n = \frac{x}{1-x}, \quad x \in (-1,1),$$

因此,

$$g(x) = \int_0^x g'(t)\mathrm{d}t = \int_0^x \frac{t}{1-t}\mathrm{d}t = -\ln(1-x) - x, \quad x \in (-1,1),$$

故

$$f(x) = \frac{g(x)}{x} = -\frac{\ln(1-x)}{x} - 1, \quad x \in (-1,1), x \neq 0,$$

根据和函数的性质, $f(x)$ 在 $(-1,1)$ 内连续, 因而,

$$f(x) = \begin{cases} -\dfrac{\ln(1-x)}{x} - 1, & x \in (-1,1), x \neq 0, \\ 0, & x = 0. \end{cases}$$

法二 求积法: 由基本公式

$$1 + x + x^2 + \cdots + x^n + \cdots = \frac{1}{1-x}, \quad x \in (-1,1),$$

利用逐项求积理论, 则

$$\int_0^x \sum_{n=0}^{\infty} t^n \mathrm{d}t = \int_0^x \frac{1}{1-t} \mathrm{d}t, \quad x \in (-1,1),$$

即 $x \displaystyle\sum_{n=1}^{\infty} \frac{1}{n+1} x^n = -\ln(1-x), x \in (-1,1)$, 因此, 若记 $f(x) = \displaystyle\sum_{n=1}^{\infty} \frac{x^n}{1+n}$, 则 $f(0) = 0$, 且

$$f(x) = -\frac{\ln(1-x)}{x} - 1, \quad x \in (-1,1), x \neq 0,$$

即

$$f(x) = \begin{cases} -\dfrac{\ln(1-x)}{x} - 1, & x \in (-1,1), x \neq 0, \\ 0, & x = 0. \end{cases}$$

抽象总结 上述两种方法难易程度差别不大, 思想相近, 方法不同, 即从不同的出发点, 采用了相反的两个方向.

例 2 求 $\displaystyle\sum_{n=1}^{\infty} \frac{x^n}{n(1+n)}$ 的和函数.

结构分析 由于通项中含有两个因子 $\dfrac{1}{n}$, $\dfrac{1}{n+1}$, 需要利用两次求导或求积以实现和函数的计算. 当然, 为了使过程更简单, 可以进行适当的技术处理.

解 考虑 $\displaystyle\sum_{n=1}^{\infty} \frac{x^{n+1}}{n(1+n)}$. 由于 $\displaystyle\sum_{n=1}^{\infty} \frac{x^{n+1}}{n(1+n)}$ 的收敛域为 $[-1,1]$, 由此定义和函数 $f(x) = \displaystyle\sum_{n=1}^{\infty} \frac{x^{n+1}}{n(1+n)}, x \in [-1,1]$. 利用逐项求导定理, 则

$$f'(x) = \sum_{n=1}^{\infty} \frac{x^n}{n}, \quad x \in (-1,1),$$

再求导, 则 $f''(x) = \sum_{n=1}^{\infty} x^{n-1} = \dfrac{1}{1-x}, x \in (-1, 1)$, 因此, 再求积, 有

$$f'(x) = \int_0^x f''(t)\mathrm{d}t + f'(0) = \int_0^x \frac{1}{1-t}\mathrm{d}t = -\ln(1-x), \quad x \in (-1, 1),$$

类似, 继续求积, 有

$$f(x) = \int_0^x f'(t)\mathrm{d}t + f(0) = -\int_0^x \ln(1-t)\mathrm{d}t = (1-x)\ln(1-x) + x, \quad x \in (-1, 1),$$

因此,

$$\sum_{n=1}^{\infty} \frac{x^n}{n(1+n)} = \begin{cases} \dfrac{(1-x)\ln(1-x)}{x} + 1, & x \in (-1, 1), x \neq 0, \\ 0, & x = 0. \end{cases}$$

抽象总结　方法不唯一, 可以利用例 1 的结论; 也可以先对结构简化转化为简单的例 1 结构, 即通过分解 $\sum_{n=1}^{\infty} \dfrac{x^n}{n(1+n)} = \sum_{n=1}^{\infty} \left[\dfrac{1}{n} - \dfrac{1}{1+n} \right] x^n$, 转化为例 1 的结构.

三、 简单小结

本讲我们介绍了幂级数和函数计算的基本理论和方法, 内容相对简单, 但是, 要注意简化结构, 选择更简单的方法来处理.

第 **60** 讲 Fourier 级数理论中数学思想方法

Fourier 级数理论是函数项级数理论中一个重要的模块, Fourier 级数及其后续发展而形成的理论具有非常强烈的应用背景; 但是, 在古典分析 (即数学分析) 中, Fourier 级数理论相对简单, 涉及的题目类型也相对少, 尽管如此, 在涉及具体函数的 Fourier 级数展开及其相关等式的证明中, 仍需要细致的技术分析才能给出正确的解答, 本讲就上述应用中的问题进行分析.

一、 基本理论

首先有如下基本展开定理.

定理 1 假设以 2π 为周期的函数 $f(x)$ 在 $(-\pi, \pi]$ 上是分段可微的, 则对任意的 $x \in (-\pi, \pi]$, 成立展开式:

$$f(x) \sim \frac{a_0}{2} + \sum_{n=1}^{\infty} (a_n \cos nx + b_n \sin nx) = \frac{f(x+0) + f(x-0)}{2},$$

其中 $a_0 = \dfrac{1}{\pi} \displaystyle\int_{-\pi}^{\pi} f(x)\mathrm{d}x$, $a_n = \dfrac{1}{\pi} \displaystyle\int_{-\pi}^{\pi} f(x) \cos nx\mathrm{d}x$, $b_n = \dfrac{1}{\pi} \displaystyle\int_{-\pi}^{\pi} f(x) \sin nx\mathrm{d}x$, $n = 1, 2, \cdots$. 称为 $f(x)$ 的 Fourier 级数的系数, 简称 F-级数.

这里, "$\sim$" 表示展开之意, $f(x) \sim \dfrac{a_0}{2} + \displaystyle\sum_{n=1}^{\infty} (a_n \cos nx + b_n \sin nx)$ 意为 $f(x)$ 展开成 F-级数 $\dfrac{a_0}{2} + \displaystyle\sum_{n=1}^{\infty} (a_n \cos nx + b_n \sin nx)$. "$=$" 表示收敛, $\dfrac{a_0}{2} + \displaystyle\sum_{n=1}^{\infty} (a_n \cos nx + b_n \sin nx) = \dfrac{f(x+0) + f(x-0)}{2}$ 意为 F-级数 $\dfrac{a_0}{2} + \displaystyle\sum_{n=1}^{\infty} (a_n \cos nx + b_n \sin nx)$ 收敛于 $\dfrac{f(x+0) + f(x-0)}{2}$.

此定理将展开定理和收敛定理合二为一了, 前半部分为展开定理, 后半部分为收敛定理.

这是以 2π 为周期的函数的 Fourier 级数展开的基本结论, 也是最基本的展开定理, 也是一般展开定理; 利用特殊函数特殊的性质还可以得到特殊的展开——正弦级数展开和余弦级数展开.

定理 2　在定理 1 条件下, 还成立如下结论:

(1) 当 $f(x)$ 为奇函数时, 则

$$a_n = 0, \quad n = 0, 1, 2, \cdots,$$

$$b_n = \frac{2}{\pi} \int_0^\pi f(x) \sin nx \mathrm{d}x, \quad n = 1, 2, \cdots,$$

因而, $f(x)$ 的 Fourier 级数为 $f(x) \sim \sum\limits_{n=1}^{\infty} b_n \sin nx$.

(2) 当 $f(x)$ 为偶函数时, 则

$$b_n = 0, \quad n = 1, 2, \cdots,$$

$$a_n = \frac{2}{\pi} \int_0^\pi f(x) \cos nx \mathrm{d}x, \quad n = 0, 1, 2, \cdots,$$

因而, $f(x)$ 的 Fourier 级数为 $f(x) \sim \dfrac{a_0}{2} + \sum\limits_{n=1}^{\infty} a_n \cos nx$.

利用上述结论, 可将其推广到以 $2l$ 为周期的函数的展开.

定理 3　设 $f(x)$ 在 $(-l, l]$ 上分段可微, 以 $2l$ 为周期, 则有展开结论

$$f(x) \sim \frac{a_0}{2} + \sum_{n=1}^{\infty} \left(a_n \cos \frac{n\pi}{l} x + b_n \sin \frac{n\pi}{l} x \right),$$

其中,

$$a_n = \frac{1}{l} \int_{-l}^{l} f(x) \cos \frac{n\pi}{l} x \mathrm{d}x, \quad n = 0, 1, 2, \cdots,$$

$$b_n = \frac{1}{l} \int_{-l}^{l} f(x) \sin \frac{n\pi}{l} x \mathrm{d}x, \quad n = 1, 2, \cdots.$$

类似, 还可以给出以 $2l$ 为周期的函数的正弦展开和余弦展开.

定理 4　在定理 3 条件下

(1) 当 $f(x)$ 为奇函数时, 则

$$a_n = 0, \quad n = 0, 1, 2, \cdots,$$

$$b_n = \frac{2}{l} \int_0^l f(x) \sin \frac{n\pi}{l} x \mathrm{d}x, \quad n = 1, 2, \cdots,$$

因而, $f(x)$ 的 Fourier 级数为 $f(x) \sim \sum\limits_{n=1}^{\infty} b_n \sin \dfrac{n\pi}{l} x.$

(2) 当 $f(x)$ 为偶函数时, 则

$$b_n = 0, \quad n = 1, 2, \cdots,$$

$$a_n = \frac{2}{l} \int_0^l f(x) \cos \frac{n\pi}{l} x \mathrm{d}x, \quad n = 0, 1, 2, \cdots,$$

因而, $f(x)$ 的 Fourier 级数为 $f(x) \sim \dfrac{a_0}{2} + \sum\limits_{n=1}^{\infty} a_n \cos \dfrac{n\pi}{l} x.$

上述几个结论构成了 Fourier 级数展开理论的核心结论, 由此表明其理论相对简单, 尽管如此, 我们还是对展开定理进行简单的结构分析, 从中发现展开定理应用过程中的重点和难点.

结构分析 上述展开定理的作用对象: 周期函数的 Fourier 级数的展开. 重点: Fourier 系数的计算; 为此, 必须确定具体的周期和函数的奇偶性, 代入正确的公式, 完成计算, 这些问题正是展开过程中的难点. 难点的解决: 难点解决的线索隐藏在题目的要求中, 即通过题目的要求, 确定展开的周期和奇偶性; 当然, 有时需要通过已知的 Fourier 级数确定对应函数的周期和奇偶性.

二、 应用举例

理论上讲, 将给定的函数展开成 Fourier 级数并不难, 只需代入公式, 计算 Fourier 级数的系数, 得到 Fourier 级数, 判断其与函数的关系即可, 过程中的难点通常是 Fourier 系数计算的复杂性. 但是, 在实际应用中, 还需要解决另一个难点: 如何确定展开类型? 即利用哪个公式计算 Fourier 系数? 破解难点的线索就在题目的要求中, 因此, 我们根据题目的类型给出具体的求解方法.

先看两个例子.

例 1 给定函数 $f(x) = \begin{cases} 0, & x \in [0, \pi), \\ x, & x \in [\pi, 2\pi), \end{cases}$ 将 $f(x)$ 展开成 Fourier 级数.

结构分析 题型: 具体函数的 Fourier 级数展开. 结构特点: 一般展开, 即仅要求将函数展开成 Fourier 级数, 没有特殊的展开要求. 类比已知: 展开定理. 方法设计: 方法设计的基本思路是根据展开定理和展开要求, 通常将函数视为定义在基本周期区间上的周期函数, 由此确定了周期, 代入相应的公式进行计算, 利用收敛定理判断收敛性. 因此, 按照上述思路, 对本题, $[0, 2\pi)$ 为基本周期区间, 则函数的周期应为 2π, 函数视为定义在 $[0, 2\pi)$ 上、以 2π 为周期的函数, 代入以 2π 为周期的计算公式即可.

解　由于

$$a_0 = \frac{1}{\pi} \int_0^{2\pi} f(x)\mathrm{d}x = \frac{1}{\pi} \int_\pi^{2\pi} x\mathrm{d}x = \frac{3\pi}{2},$$

$$a_n = \frac{1}{\pi} \int_0^{2\pi} f(x)\cos nx\mathrm{d}x = \frac{1}{\pi} \int_\pi^{2\pi} x\cos nx\mathrm{d}x = \frac{1}{n^2\pi}(1-(-1)^n),$$

$$b_n = \frac{1}{\pi} \int_0^{2\pi} f(x)\sin nx\mathrm{d}x = \frac{1}{\pi} \int_\pi^{2\pi} x\sin nx\mathrm{d}x = \frac{(-1)^n - 2}{n}, \quad n = 1, 2, \cdots,$$

由于 $f(x)$ 在 $[-\pi, \pi)$ 连续, 根据收敛定理, 则

$$f(x) \sim \frac{3\pi}{4} + \sum_{n=1}^{\infty}\left[\frac{1-(-1)^n}{n^2\pi}\cos nx + \frac{(-1)^n - 2}{n}\sin nx\right] = \begin{cases} 0, & x \in (0, \pi), \\ \dfrac{\pi}{2}, & x = 0, \\ x, & x \in (\pi, 2\pi). \end{cases}$$

例 2　给定函数 $f(x) = \begin{cases} 0, & x \in [0, \pi), \\ x, & x \in [\pi, 2\pi), \end{cases}$　将 $f(x)$ 展开成正弦 Fourier 级数.

结构分析　题型: 具体函数的 Fourier 级数展开. 结构特点: 特殊展开, 即与例 1 相比, 明确要求将函数展开成正弦 Fourier 级数, 这是特殊的展开要求. 类比已知: 展开定理 4. 方法设计: 根据定理 4, 需要确定函数的周期和奇偶性, 由此决定方法设计的基本思路是根据展开定理和展开要求, 通常将函数视为定义在半个基本周期区间上的周期的奇函数, 由此确定周期, 代入相应的公式进行计算, 利用收敛定理判断收敛性. 因此, 按照上述思路, 对本题, $[0, 2\pi)$ 为半个基本周期区间, 函数的周期为 4π, 函数视为定义在半个周期区间 $[0, 2\pi)$ 上、以 4π 为周期的奇函数, 代入相应的计算公式即可.

解　利用定理 4, 则

$$a_n = 0, \quad n = 0, 1, 2, \cdots,$$

$$b_n = \frac{2}{l} \int_0^l f(x)\sin\frac{n\pi}{l}x\mathrm{d}x = \frac{1}{\pi} \int_0^{2\pi} f(x)\sin\frac{n}{2}x\mathrm{d}x = \frac{1}{\pi} \int_\pi^{2\pi} x\sin\frac{n}{2}x\mathrm{d}x$$

$$= \begin{cases} \dfrac{4(-1)^n - 8}{n}, & n = 2k, \\[2mm] \dfrac{4}{(2k+1)\pi}\left[\pi - \dfrac{(-1)^k}{2k+1}\right], & n = 2k+1, \end{cases} \quad k = 1, 2, \cdots,$$

由于 $f(x)$ 在 $[-\pi,\pi)$ 连续, 根据收敛定理, 则

$$
f(x) \sim \sum_{n=1}^{\infty} b_n \sin \frac{n}{2}x = \begin{cases} 0, & x \in (0,\pi), \\ \dfrac{\pi}{2}, & x = 0, \\ x, & x \in (\pi, 2\pi). \end{cases}
$$

抽象总结　(1) 通过上述两个例子的求解, 对具体函数的 Fourier 级数的展开, 重点是确定函数的周期和奇偶性. 这两个问题都可以通过题目的展开要求得以解决, 为此, 我们将题目类型分为两类: 其一, 一般展开——没有任何特殊要求的展开; 其二, 特殊展开——有特殊要求的展开, 即展开成正弦级数或余弦级数. 因此, 对一般要求的展开, 通常将给定的函数视为定义在一个基本周期区间上的周期函数, 由此, 确定函数的周期, 代入公式计算其系数, 得到 Fourier 级数; 对特殊展开, 通常将函数视为定义在半个基本周期区间上的奇函数或偶函数, 由此确定函数的周期和奇偶性. 至此, 我们得到了具体函数 Fourier 级数展开的求解的思想方法.

(2) 由于函数的 Fourier 级数展开是对周期函数的展开, 根据周期性, 对一般展开, 函数定义在一个基本周期区间上, 为满足周期性的要求, 函数在周期区间的端点处的函数值应该相等, 因此, 基本周期区间通常是半开半闭的, 但是, 在实际应用中, 题目的设计不一定严格满足理论要求, 在端点处不一定满足周期性要求; 对奇函数或偶函数也是如此, 允许在个别点处不满足对应要求.

根据上述总结, 可以将具体函数的 Fourier 级数展开的思路和方法的确定分为以下步骤.

(1) 判断题目展开要求: 一般展开还是特殊展开.

(2) 判断周期和奇偶性: 对一般展开, 函数的定义区间就是一个基本周期区间, 由此确定周期, 此时, 不要求函数具有奇偶性; 对特殊展开, 函数的定义区间就是半个基本周期区间, 由此确定周期, 若要求展开成正弦级数, 视函数为奇函数, 若要求展开成余弦级数, 视函数为偶函数.

(3) 代入公式, 将函数在给定区间上的展开成对应的 Fourier 级数, 给出在给定区间上的 Fourier 级数的和函数.

再看一个例子.

例 3　给定函数 $f(x) = x, x \in [-\pi,\pi)$, 将 $f(x)$ 展开成 Fourier 级数.

结构分析　题型: 具体函数的 Fourier 级数展开. 结构特点: 一般展开. 类比已知: 展开定理. 方法设计: 此时, 基本周期区间为 $[-\pi,\pi)$, 函数的周期为 2π, 代入以 2π 为周期的计算公式即可. 当然, 若函数还有其他特点, 可以充分利用特点简化计算.

解　由于函数是定义在对称区间上的奇函数, 因而,

$$a_n = \frac{1}{\pi} \int_{-\pi}^{\pi} f(x) \cos nx \mathrm{d}x = \frac{1}{\pi} \int_{-\pi}^{\pi} x \cos nx \mathrm{d}x = 0, \quad n = 0, 1, 2, \cdots,$$

代入公式, 则

$$b_n = \frac{1}{\pi} \int_{-\pi}^{\pi} f(x) \sin nx \mathrm{d}x = \frac{1}{\pi} \int_{-\pi}^{\pi} x \sin nx \mathrm{d}x = (-1)^{n+1} \frac{2}{n}, \quad n = 1, 2, \cdots,$$

由于 $f(x)$ 在 $[-\pi, \pi)$ 连续, 根据收敛定理, 则

$$f(x) \sim \sum_{n=1}^{\infty} (-1)^{n+1} \frac{2}{n} \sin nx = f(x), \quad x \in [-\pi, \pi).$$

掌握上述的基本思想方法, 就可以对相关题目进行灵活求解.

例 4　将 $f(x) = x$ 在 $x \in [0, 2\pi]$ 上展开成 Fourier 级数, 使得其 Fourier 级数在区间 $[0, 2\pi]$ 上收敛于 $f(x) = x$.

结构分析　题型: 具体函数的 Fourier 级数展开. 特点: 没有明确的展开要求, 提出收敛性要求, 其本质还是展开要求. 类比已知: Fourier 级数的收敛性理论. 方法设计: 思路及原则是, 函数必须满足连续性要求, 特别是在两个端点处的连续性, 因此, 必须先将函数偶延拓至 $[-2\pi, 0]$, 再以 4π 为周期延拓至整个数轴, 然后再进行展开才能满足题目的要求.

解　先将 $f(x) = x$ 偶延拓至 $[-2\pi, 0]$, 再以 4π 为周期延拓至整个数轴, 延拓后的函数在实数轴上都是连续的, 计算其 Fourier 系数, 则

$$a_0 = \frac{2}{2\pi} \int_0^{2\pi} x \mathrm{d}x = 2\pi,$$

$$a_n = \frac{2}{2\pi} \int_0^{2\pi} x \cos \frac{n\pi x}{2\pi} \mathrm{d}x = \frac{4((-1)^n - 1)}{n^2 \pi}, \quad n = 1, 2, \cdots,$$

$$b_n = 0, \quad n = 1, 2, \cdots,$$

因而,

$$f(x) \sim \pi + \sum_{n=1}^{\infty} \frac{4((-1)^n - 1)}{n^2 \pi} \cos \frac{nx}{2} = x, \quad 0 \leqslant x \leqslant 2\pi.$$

例 5　证明 $\displaystyle\sum_{n=1}^{\infty} \frac{4}{n^2 \pi^2} [(-1)^n - 1] \cos \frac{n\pi x}{2} = x - 1, x \in (0, 2)$.

结构分析　题型: Fourier 级数等式的证明, 本质还是函数的 Fourier 级数展开. 方法设计: 右端的函数就是要展开的函数, 重点是确定展开函数的周期和奇偶性, 解决方法是通过分析左端 Fourier 级数的结构特征, 对比一般的以 $2l$ 为周期的展开, 确定周期; 结合级数是正弦级数或余弦级数判断函数的奇偶性; 由此, 应该有 $\frac{n\pi}{l} = \frac{n\pi}{2}$, 由此确定 $l = 2$, 周期 $T = 2l = 4$; 左端的 Fourier 级数是余弦级数, 对应函数应为偶函数; 由于给定的期间是 $(0,2)$, 长度为 2, 这是半个周期区间, 至此, 展开中的问题都已得到解决.

证明　令 $f(x) = x$, $x \in (0,2)$, 将 $f(x)$ 在偶延拓到 $(-2,2)$, 再以 4 为周期延拓到实数轴, 将其展开成 Fourier 级数, 计算得

$$a_0 = \int_0^2 x\,\mathrm{d}x = 2,$$
$$a_n = \int_0^2 x \cos\frac{n\pi x}{2}\mathrm{d}x = \frac{4}{n^2\pi^2}[(-1)^n - 1],$$
$$b_n = 0, \quad n = 1, 2, \cdots,$$

又由于 $f(x) = x^2 \in C(0,2)$, 由 Fourier 级数的收敛定理, 则

$$\sum_{n=1}^{\infty} \frac{4}{n^2\pi^2}[(-1)^n - 1]\cos\frac{n\pi x}{2} = x - 1, \quad x \in (0,2).$$

三、　简单小结

Fourier 级数理论相对简单, 题目类型相对较少, 相对简单, 思路容易确定, 方法设计不难, 但是, 从简单的求解过程中, 仍然需要总结一般性的分析问题、解决问题的思想方法.